现代空中武力

经典飞机识别指南

MODERN MILITARY AIRPOWER

1990-PRESENT

【德】托马斯·纽迪克　【英】汤姆·库珀 著
刘萌 译

中国长安出版社

This new edition of The Essential Aircraft Identification Guide: Modern Military Airpower 1990-Present published in China is published by arrangement with Amber Book Ltd.
Originally published in 2010 by Amber Book Ltd.

本书中文简体字版由英国伦敦安珀图书有限公司授权出版

版贸核渝字（2013）第 218 号

图书在版编目（CIP）数据

现代空中武力：经典飞机识别指南 / (德) 纽迪克,
(英) 库珀著；刘萌译. -- 北京：中国长安出版社,
2014.12
ISBN 978-7-5107-0861-9

Ⅰ. ①现… Ⅱ. ①纽… ②库… ③刘… Ⅲ. ①军用飞机 - 世界 - 普及读物 Ⅳ. ①E926.3-49

中国版本图书馆CIP数据核字(2014)第310064号

现代空中武力：经典飞机识别指南

[德] 托马斯·纽迪克 [英] 汤姆·库珀 著
刘萌 译

策划制作：指文图书®
出版：中国长安出版社
社址：北京市东城区北池子大街14号（100006）
网址：http://www.ccapress.com
邮箱: capress@163.com
发行：中国长安出版社
电话：（010）85099947 85099948
印刷：重庆大正印务有限公司
开本：787mm × 1092mm 16开
印张：13
字数：220千字
版本：2019年1月第2版 2019年1月第1次印刷
书号：ISBN 978-7-5107-0861-9
定价：79.80元

目　　录

第一章

北美

北美空中力量由美国、加拿大和墨西哥组成，其中，美国处于绝对的支配地位。美国空军是世界上最为强大的一支空中力量，除此外，美国还有海军、海军陆战队和陆军的航空部队，这些部队单独来看，远比许多国家全部的空中力量强大。不仅这样，美国还可以通过美国空军预备役司令部(Air Force Reserve Command，AFRC)和空中国民警卫队(Air NationalGuard，ANG)以及其它后备力量迅速补充人员和装备。加拿大和美国的空中力量同属于北约(NATO)和北美防空司令部(NORAD)，可以共同进行海外派遣任务以及对北美大陆进行空中防御。

美国

美国空军

美国空军是世界上规模最大、实力最强的空军，有在世界范围内随时随地执行任务的能力。

每天，美国空军大约有百分之四十的军力投入到形形色色的任务中去。目前，任务的焦点是全球反恐战争，有25000名空军雇员隶属于美军中央司令部。除此之外，还有213000作战人员参与作战行动，其中，30000名作战人员来自空中国民警卫队及空军预备役司令部。这些人员隶属于10个空军航空航天远征军特遣部队(Air and Space

轰炸机部队

美国空军作战中心/内利斯空军基地，内华达州		
第53联队/恩格林空军基地，佛罗里达州		
第53测试和评估大队/内利斯空军基地，内华达州		
第31测试和评估中队	B-1B、B-2A、B-52H	爱德华兹空军基地，加利福尼亚州
第72测试和评估中队	B-2A	怀特曼空军基地，密苏里州
第49测试和评估中队	B-52H	巴克斯代尔空军基地，路易斯安那州
第337测试和评估中队	B-1B	戴伊斯空军基地，德克萨斯州
第57联队/内利斯空军基地，内华达州		
美国空军武器学校/内利斯空军基地，内华达州		
第77武器中队“战鹰”	B-1B	戴伊斯空军基地，德克萨斯州
第325武器中队	B-2A	怀特曼空军基地，密苏里州
第340武器中队	B-52H	巴克斯代尔空军基地，路易斯安那州
第8航空军/空军全球打击司令部/巴克斯代尔空军基地，路易斯安那州		
第2轰炸机联队/巴克斯代尔空军基地，路易斯安那州		
第11轰炸机中队“来自勇士的问候”	B-52H	
第20轰炸机中队“掠夺者”	B-52H	
第96轰炸机中队“红魔鬼”	B-52H	

第5轰炸机联队/迈诺特空军基地，北达科他州	
第23轰炸机中队“男爵”	B-52H
第509轰炸机联队/怀特曼空军基地，密苏里州	
第13轰炸机中队“恶魔的残酷收割者”	B-2A
第393轰炸机中队“虎”	B-2A
第12航空军/南方空军战斗指挥部，戴维斯·蒙森空军基地，亚利桑那州	
第7轰炸机联队/戴伊斯空军基地，德克萨斯州	
第9轰炸机中队“蝙蝠”	B-1B
第28轰炸机中队“莫霍克勇士”	B-1B
第28轰炸机联队/埃尔思沃斯空军基地，南达科他州	
第34轰炸机中队“雷鸟”	B-1B
第37轰炸机中队“虎”	B-1B
第9航空军/海军航空站联合预备役基地 沃斯堡/卡斯维尔，德克萨斯州	
第917联队/巴克斯代尔空军基地，路易斯安那州	
第93轰炸机中队“印第安亡命徒”	B-52H
空军装备司令部	
第412试验联队/爱德华兹空军基地/加利福尼亚州	
第419飞行试验中队	B-1B、B-2A、B-52H

Expeditionary Forces，简称AEF)，当完成120天的任务后开始轮换。每次轮换周期可以同时部署2个远征军特遣部队，每支部队下辖175架飞机和17500名人员。

作为出席参谋长联席会议的五个代表之一，空军参谋长对10个空军一级司令部(MAJCOM)负责，包括：空军全球打击司令部(AFGSC)、空军作战司令部(ACC)、空军教育训练司令部(AETC)、空军装备司令部(AFMC)、空军航天司令部(AFSPC)、空军特种作战司令部(AFSOC)、空军机动司令部(AMC)、美国太平洋空军(PACAF)、美国驻欧洲空军(USAFE)以及美国空军预备役司令部(AFRC)。各空军一级司令部下辖一个或多个带编号的航空军，其中有六个是以其覆盖的地理位置命名的，其它四个以任务职能命名。除了一级司令部和航空军外，美国空军还有一些直接隶属于华盛顿总部的小机构，包括：空军飞行标准局(Air Force Flight Standards Agency)，负责空中交通管制和飞行检查；华盛顿空防区(Air Force District of Washington)，负责首都周边的空域安全和礼仪性职责；美国空军学院(USAF Academy)，提供空军学员的培训；空军辅助单位(USAF Auxiliary)，包括52个主要由志愿者组成的联队，在美国政府支持下承担非战斗任务。

▲ 北美航空/波音公司 B-1B枪骑兵战略轰炸机

枪骑兵轰炸机部队只有2个承担作战任务的联队被分配到第12航空军，基地分别是德克萨斯州的戴伊斯空军基地和南达科他州的埃尔思沃斯空军基地。

战略侦察机部队		
美国空军作战中心/内利斯空军基地，内华达州		
第53联队/恩格林空军基地，佛罗里达州		
第53测试和评估大队/内利斯空军基地，内华达州		
第2分队	RQ-4A/B U-2S	比尔空军基地，加利福尼亚州
第31测试和评估中队	RQ-4A/B	爱德华兹空军基地，加利福尼亚州
第8航空军/空军全球打击司令部/巴克斯代尔空军基地，路易斯安那州，第9侦察联队/比尔空军基地，加利福尼亚州		
第1分队	U-2S	阿克罗蒂里皇家空军基地，塞浦路斯
第1侦察机中队	U-2S,TU-2S,T-38A,RQ-4A	比尔空军基地，加利福尼亚
第5侦察机中队“黑猫”	U-2S	乌山空军基地，韩国
第12侦察机中队“黑鸟”	RQ-4A/B	比尔空军基地，加利福尼亚
第99侦察机中队	U-2S，T-38A	比尔空军基地，加利福尼亚
第55联队/奥福特空军基地，内布拉斯加州		
第1空中指挥管理中队“第一斧”	E-4B	奥福特空军基地/内布拉斯加州
第38侦察机中队“好斗的地狱猫”	RC-135V/W，TC-135W	奥福特空军基地/内布拉斯加州
第45侦察机中队“傻大猫”	WC-135W，OC-135B，RC-135S/U，TC-135S	
第1分队	RC-135S	艾尔森空军基地，阿拉斯加
第82侦察机中队“沉醉者”	RC-135V/W	嘉手纳空军基地，冲绳
第95侦察机中队“追踪者”	RC-135V/W	米登霍尔皇家空军基地，英格兰
第1分队	RC-135V/W	绍达湾，希腊克里特岛
第343侦察机中队“乌鸦”	RC-135V/W，TC-135W	奥福特空军基地/内布拉斯加州

第41电子战中队“天蝎”	EC-130H	戴维斯·蒙森空军基地/亚利桑那州
第42电子战中队	TC-130H	戴维斯·蒙森空军基地/亚利桑那州

空军全球打击司令部

空军全球打击司令部为美国贡献了核威慑力量，共拥有74架B-52H轰炸机和19架B-2A轰炸机，一种新型轰炸机也预定于2018年装备部队。空军全球打击司令部下辖第8、第20航空军(第20航空军是洲际弹道导弹部队)，3支轰炸机部队和4个情报机构以及监视侦察联队。

作为空军一级司令部中最大的一个，空军作战司令部维持着3个航空军和超过60个飞行联队的规模，囊括现役成员，空中国民警卫队和空军预备役司令部的成员，还包括了测试和评估单位以及空军武器学校。空军作战司令部下辖非核轰炸机和所有以美国本土为基地的战斗机，监视侦察和指挥控制中心。3个航空军分别是：第1航空军，下辖10个空中国民警卫队战斗机联队，主要用于支持北美防空司令部；第9航空军，负责美国东部空域，下辖5个战斗机联队；第12航空军，负责中南美洲空域，下辖7个现役联队，包括65架强有力的B-1B轰炸机。

随着F-22A战斗机的入役和F-35A战斗机的蓄势待发，美国空军的战斗机部队目前正处于一个过渡时期。截止2012年10月，美国空军计划装备187架F-22A，首批F-35A也

F-22战斗机中队

第9航空军/中央空军战斗指挥部/肖空军基地，南卡罗来纳州		
第1战斗机联队/兰利空军基地，弗吉尼亚州		
第27战斗机中队“战鹰”	F-22A	兰利空军基地，弗吉尼亚州
第94战斗机中队“挑战者”	F-22A	兰利空军基地，弗吉尼亚州
第192战斗机联队/兰利空军基地，弗吉尼亚州		
第194战斗机中队“叛逆骑士”	F-22A	兰利空军基地，弗吉尼亚州
第12航空军/南方空军战斗指挥部/戴维斯·蒙森空军基地/亚利桑那州		
第49战斗机联队/霍洛曼空军基地，新墨西哥州		
第7战斗机中队“尖叫恶魔”	F-22A	霍洛曼空军基地，新墨西哥州

第9航空军/海军航空站联合预备役基地 沃斯堡/卡斯维尔，德克萨斯州		
第477战斗机大队		
第302战斗机中队“太阳恶魔”	F-22A	埃尔门多夫空军基地，阿拉斯加州
第926大队/内利斯空军基地，内华达州		
第706战斗机中队	F-22A	内利斯空军基地，内华达州
空军教育训练司令部		
第325战斗机联队/廷德尔空军基地，佛罗里达州		
第43战斗机中队“美洲黄蜂”	F-22A	
太平洋空军		
第11航空军/埃尔门多夫空军基地，阿拉斯加州		
加州		
第3联队/埃尔门多夫空军基地，阿拉斯加州		
第90战斗机中队“掷骰者”	F-22A	
第525战斗机中队“斗牛犬”	F-22A	

技术参数

乘员：1名

发动机：两台推力173千牛(38867磅力)的普惠F119-PW-100涡扇发动机

最高速度：2410千米/小时(1500英里/小时)

航程：4830千米(3000英里)

实用升限：19800米(65000英尺)

外形尺寸：翼展13.6米(44英尺6英寸)；机长18.9米(62英尺1英寸)；机高5.1米(16英尺8英寸)

武器：1门20毫米(0.78英寸)M61A2火神机炮、内置弹仓可容纳2枚AIM-9响尾蛇及6枚AIM-120阿斯拉姆空对空导弹。

▼ 洛克希德·马丁/波音公司 F-22A猛禽战斗机，第7战斗机中队、第49战斗机联队，霍洛曼空军基地(Holloman AFB)

F-22A作为一款强调隐身性能的第五代战机，虽然其订单量被大幅缩减，但拥有这款战机的美国空军仍然是世界最强的空战力量。

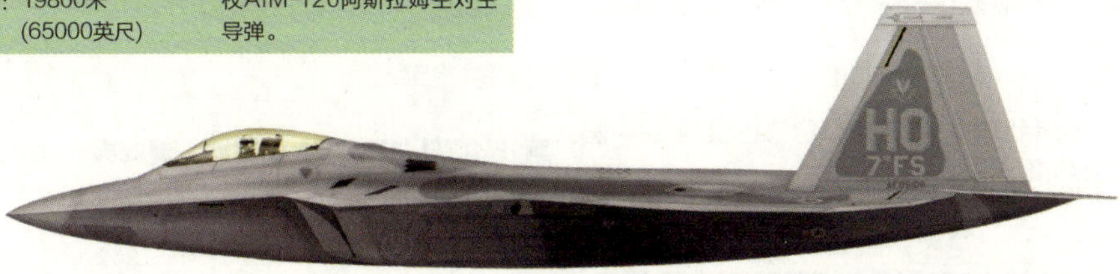

F-15战斗机中队					
空军作战司令部/兰利空军基地,弗吉尼亚州			**第9航空军/海军航空站联合预备役基地/卡斯维尔场德克萨斯州**		
第65假想敌中队	F-15C/D	内利斯空军基地，内华达州	第307战斗机中队“毒刺”		兰利空军基地，弗吉尼亚州
第1航空军/北方空军战斗指挥部/廷德尔空军基地，佛罗里达州			第4分队	F-15C/D	恩格林空军基地，犹他州
第120战斗机联队/格雷特瀑布机场，蒙大拿州			**第926大队/内利斯空军基地，内华达州**		
第186战斗机中队“自卫队员”	F-15C/D		706战斗机中队	F-15C/D/E	
第125战斗机联队/杰克逊维尔国际机场，佛罗里达州			**空军教育训练司令部**		
第159战斗机中队“美洲虎”	F-15A/B/C/D		**第325战斗机联队/廷德尔空军基地，佛罗里达州**		
第1分队	F-15A/C	荷姆斯泰德空军储备基地，佛罗里达州	第2战斗机中队“美国猎兔犬”	F-15C/D	
第142战斗机联队/波特兰国际机场，空中国民警卫队基地，俄勒冈州			第95战斗机中队“傻瓜”	F-15C/D	
第123战斗机中队“红尾鹰”	F-15A/B/C/D		**第173战斗机联队/克拉马斯瀑布国际机场/金斯利营地，俄勒冈州**		
第9航空军/中央空军战斗指挥部/肖空军基地，南卡罗来纳州			第114战斗机中队“辛勤的海狸们”	F-15B/C/D	
第1战斗机联队/兰利空军基地，弗吉尼亚州			**太平洋空军**		
第71战斗机中队“钢铁侠”	F-15C/D		**第5航空军/横田航空基地，日本**		
第4战斗机联队/约翰逊空军基地，北卡罗莱纳州			**第18联队/嘉手纳航空基地，日本**		
第333战斗机中队“枪骑兵”	F-15E		第44战斗机中队“吸血鬼”	F-15C/D	

第334战斗机中队“鹰”	F-15E	
第335战斗机中队“酋长”	F-15E	
第336战斗机中队“火箭人”	F-15E	
第33战斗机联队/恩格林空军基地，佛罗里达州		
第58战斗机中队“暴徒”	F-15C/D	
第104战斗机联队/韦斯特菲尔德巴机场/空中国民警卫队基地，马萨诸塞州		
第131战斗机中队“毒蛇”	F-15C/D	
第12航空军/南方空军战斗指挥部 戴维斯.蒙森空军基地，亚利桑那州		
第336战斗机联队/霍姆山空军基地，爱达荷州		
第389战斗机中队“雷电”	F-15E	
第390战斗机中队“野猪”	F-15C/D	
第391战斗机中队“勇虎”	F-15E	
第131战斗机联队/ 圣路易斯兰伯特国际机场，亚利桑那州		
第110战斗机中队“林德伯格”	F-15C/D	
第159战斗机联队/海军航空站联合预备役基地新奥尔良，路易斯安那州		
第122战斗机中队“法国后裔”	F-15C/D	
第67战斗机中队“好斗的公鸡”	F-15C/D	
第11航空军 埃尔门多夫空军基地，阿拉斯加州		
第3联队/埃尔门多夫空军基地，阿拉斯加州		
第12战斗机中队“十二金刚”	F-15C/D	
第19战斗机中队“斗鸡”	F-15C/D	
第13航空军		
第154联队/希凯姆空军基地，夏威夷		
第199战斗机中队	F-15A/B/C/D	
美国驻欧洲空军		
第3航空军/驻欧空军/拉姆斯泰因航空基地，德国		
第48联队/皇家空军莱肯希思基地，英格兰		
第492战斗机中队“疯狂的哈特”	F-15E	
第493战斗机中队“死神”	F-15C/D	
第494战斗机中队“黑豹”	F-15E	

F-16战斗机中队		
空军作战司令部/兰利空军基地，弗吉尼亚州		
美国空军作战中心/内利斯空军基地，内华达州		
第57联队/内利斯空军基地，内华达州		
美国空军“雷鸟”飞行表演队	F-16C/D	内利斯空军基地，内华达州
第64假想敌中队	F-16C/D	内利斯空军基地，内华达州
第1航空军/北方空军战斗指挥部/廷德尔空军基地，佛罗里达州		
第601空中指挥部/廷德尔空军基地，佛罗里达州		
第127联队/塞尔福里奇联合空中国民警卫队基地，密歇根州		
第107战斗机中队“红魔鬼”	F-16C/D	
第169联队/伊泰联合空中国民警卫队基地，南卡罗来纳州		
第157战斗机中队“沼泽狐”	F-16C/D	
第174战斗机联队/雪城汉考克国际机场，纽约		
第138战斗机中队“眼镜蛇”	F-16C	
第180战斗机中队/托莱多机场，俄亥俄州		

第125战斗机中队第1分队	F-16C/D	埃林顿菲尔德机场/空中国民警卫队基地，德克萨斯州
第112战斗机中队第1分队	F-16C/D	塞尔弗里奇营地空中国民警卫队基地，密歇根州
第144战斗机联队/弗雷斯诺-约塞米蒂国际机场/空中国民警卫队基地，加利福尼亚州		
第194战斗机中队“狮鹫”	F-16C	
第1分队	F-16C	廷德尔空军基地，佛罗里达州
第148战斗机联队/德卢斯国际机场//空中国民警卫队基地，明尼苏达州		
第179战斗机中队“斗牛犬”	F-16C	
第1分队	F-16C	廷德尔空军基地，佛罗里达州
第158战斗机联队/伯灵顿国际机场/伊桑·艾伦空中国民警卫队基地，佛蒙特州		
第134战斗机中队“格林山兄弟会”	F-16C	
第1分队	F-16C	兰利空军基地,弗吉尼亚州
第177战斗机联队/大西洋城国际机场/空中国民警卫队基地，新泽西州		
第119战斗机中队“新泽西魔鬼”	F-16C	
第9航空军/中央空军战斗指挥部/肖空军基地，南卡罗来纳州		
第20战斗机联队/肖空军基地，南卡罗来纳州		
第55战斗机中队“枪骑兵”	F-16C/D	
第77战斗机中队“赌徒”	F-16C/D	
第79战斗机中队“勇士”	F-16C/D	
第113联队/安德鲁斯空军基地,马里兰州		
第121战斗机中队“首都卫士“	F-16C/D	
第122战斗机联队/韦恩堡国际机场，路易斯安那州		
第163战斗机中队“神枪手“	F-16C	

第112战斗机中队“毒刺”	F-16C/D
第187战斗机联队/蒙哥马利地区机场/丹内利，阿拉巴马州	
第100战斗机中队“黑豹”	F-16C/D
第12航空军/南方空军战斗指挥部 戴维斯.蒙森空军基地，亚利桑那州	
第388战斗机联队/希尔空军基地，犹他州	
第4战斗机中队’“好斗的风神”	F-16C/D
第34战斗机中队“粗鲁的公牛”	F-16C/D
第421战斗机中队“黑寡妇”	F-16C/D
第114战斗机联队/苏福尔斯地区机场/苏福尔斯,南达科他州	
第175战斗机中队“森林狼”	F-16C/D
第115战斗机联队/麦迪逊机场/杜亚士，威斯康辛州	
第176战斗机中队“獾”	F-16C
第132战斗机联队/得梅因国际机场，爱荷华州	
第124战斗机中队“鹰眼”	F-16C/D
第138战斗机联队/塔尔萨国际机场，俄克拉荷马州	
第125战斗机中队“塔尔萨毒蛇”	F-16C/D
第140联队/巴克利空军基地, 科罗拉多州	
第120战斗机中队“美洲狮”	F-16C
第150战斗机联队/科特兰空军基地，新墨西哥州	
第188战斗机中队“炸玉米饼”	F-16C/D

F-16战斗机中队

第9航空军/海军航空站联合预备役基地 沃斯堡/卡斯维尔，德克萨斯州		
第307战斗机中队“刺”/兰利空军基地,弗吉尼亚州		
第1分队	F-16C/D	肖空军基地，南卡罗来纳州
第2分队	F-16C/D	希尔空军基地，犹他州
第4分队	F-16C/D	恩格林空军基地，佛罗里达州
926大队/内利斯空军基地，内华达州		
第706战斗机中队	F-16C/D	内利斯空军基地，内华达州
第301战斗机联队/海军航空站联合预备役基地 沃斯堡/卡斯维尔，德克萨斯州		
第457战斗机中队“顾问”	F-16C/D	
第419战斗机联队/希尔空军基地，犹他州		
第466战斗机中队“响尾蛇”	F-16C/D	
第482战斗机联队/荷姆斯泰德空军储备基地, 佛罗里达州		
第93战斗机中队“鲨鱼”	F-16C/D	
空军教育训练司令部		
第56战斗机联队 路克空军基地，亚利桑那州		
第21战斗机中队“赌徒”	F-16A/B	
第61战斗机中队“胜利者”	F-16C/D	
第62战斗机中队“飙升者”	F-16C/D	
第63战斗机中队“黑豹”	F-16C/D	
第308战斗机中队“绿宝石”	F-16C/D	
第309战斗机中队“野鸭”	F-16C/D	
第310战斗机中队“礼帽”	F-16C/D	
第425战斗机中队“黑寡妇”	F-16C/D	
第149战斗机联队/凯利机场，拉克兰空军基地，德克萨斯州		
第182战斗机中队“孤胆枪手”	F-16C/D	

第178战斗机联队/斯普林菲尔德贝克利市机场，俄亥俄州	
第162战斗机中队“军刀”	F-16C/D，F-16AM/BM
第944战斗机联队/路克空军基地，亚利桑那州	
第301战斗机中队“红魔鬼”	F-16C/D
太平洋空军	
第5航空军/横田航空基地，日本	
第35联队/三泽航空基地，日本	
第13战斗机中队“黑豹”	F-16C/D
第14战斗机中队“武士”	F-16C/D
第7航空军 吴山航空基地，韩国	
第8战斗机联队/群山航空基地，韩国	
第35战斗机中队“潘顿”	F-16C/D
第80战斗机中队“勇者”	F-16C/D
第51战斗机联队/吴山航空基地，韩国	
第36战斗机中队“飞行恶魔”	F-16C/D
第11航空军 埃尔门多夫空军基地，阿拉斯加州	
第354战斗机联队/艾尔森空军基地，阿拉斯加州	
第18假想敌中队“蓝狐”	F-16C/D
美国驻欧洲空军	
第3航空军/驻欧空军/拉姆斯泰因航空基地，德国	
第31战斗机联队/阿维亚诺航空基地，意大利	
第510战斗机中队“秃鹰”	F-16C/D
第555战斗机中队“三个五美分硬币”	F-16C/D
第52战斗机联队/斯潘达勒姆航空基地，德国	
第22战斗机中队“毒刺”	F-16C/D

第162战斗机联队/图森国际机场，德克萨斯州			第23战斗机中队“战鹰”	F-16C/D
第148战斗机中队“海扁王”	F-16E/F			
第152战斗机中队“勇士”	F-16C/D			
第195战斗机中队“战争之鹰”	F-16C/D			

▲ **费尔柴尔德飞机公司 A-10雷电II攻击机**

一架A-10攻击机从阿富汗的巴格拉姆空军基地起飞，美国空军组建了两个空中远征联队来执行阿富汗任务：第445空中远征联队，驻地巴格拉姆；第451空中远征联队，驻地坎大哈机场。这两个联队与其他大多数辅助单位一起部署了四个月时间。

装备在即。F-35战斗机本来用于替代F-16战斗机，但是其订购数量已经在2012年从1245架下降到1086架。2012年，美国空军战斗机部队由178架F-15C/D和217架F-15E组成。另外一种被F-35替代的战斗机是A-10，截止2012年10月，还有268架这种战斗机在继续使用。

目前美国空军正急于将兴趣转到无人机项目上，空军将直接从大学毕业生中间招募无人机操纵人员，不要求有实际飞行经验。美国空军数量最多的无人机是MQ-1和MQ-9，后者具有攻击能力。

空军教育训练司令部(AETC)总部位于伦道夫空军基地(Randolph AFB)，德克萨斯州，为美国空军提供各方面的飞行和军事训练，包括2个航空军：第2航空军(4个联队和1个大队，但没有飞行单位)和第19航空军(5个活跃的现役联队、5个国民警卫队联队和1个空军预备役联队)。空军航天司令部(AFSPC)，总部位于彼得森空军基地(Peterson AFB)，包括：第14航空军，负责其他空间任务；第24航空军，负责空间网络作战。空军装备司令部(AFMC)，其多样化测试总部位于俄亥俄州赖特帕特森空军基地(Wright-Patterson AFB)，负责各种空军装备的开发、测试和评估。

特种部队

空军特种作战司令部(AFSOC)负责非常规作战行动，下辖第23航空军的2个联队，该司令部的总部位于佛罗里达州赫尔伯特机场(Hurlburt Field)。此外，还有2个特种作战大队部署于日本和英国。

空军机动司令部(AMC)下辖第18航空军，主要有12个空军基地，提供空运、加油以及航空医疗支持。第18航空军包括2个远征机动任务部队，辖13个现役联队和1个大队，还有45个空中国民警卫队联队和24个预备役联队。

海外的空军支援任务由太平洋空军和驻欧空军负责，太平洋空军总部位于夏威夷希凯姆空军基地，包括4个航空军；驻欧空军的总部位于德国拉姆斯泰因航空基地，包括2个航空军，其中一个航空军还负责非洲任务。

最后，空中国民警卫队在美国有87个联队，这些联队属于空军作战司令部、空军教育训练司令部、空军特种作战司令部、空军机动司令部和美国太平洋空军管辖，也被赋予全球范围的任务。在这些单位中，空中国民警卫队的飞机约占有三分之一的比例，任务范围广泛。美国空军预备役司令部，总部位于乔治亚州罗宾斯空军基地，下辖3个航空军和39个飞行联队，包括现役飞行联队的后备部队在内。

技术参数

乘员：1名

发动机：2台推力106千牛(23810磅力)的普惠F100-PW-100涡扇发动机

最高速度：3000千米/小时（1875英里/小时）

航程：5745千米（3570英里）

实用升限：19800米(65000英尺)

外形尺寸：翼展13.05米（42英尺9英寸）；机长19.43米（63英尺9英寸）；机高5.68米（18英尺7英寸）

起飞重量：20500千克（45155磅）

武器：1门20毫米（0.79英寸）M61A1火神机炮，武器挂架可以携带7300千克（16000磅）武器，包括导弹，炸弹，副油箱，各种吊舱和火箭弹。

▼ 麦克唐纳·道格拉斯/波音综合国防系统集团F-15A鹰战斗机，第199战斗机中队，第154战斗机联队，希凯姆空军基地

77-083号F-15A采用夏威夷的空中国民警卫队第199战斗机中队的涂装，该机经过了多阶段改进计划(第2阶段)的改进，性能接近F-15C的水平，可以携带AIM-120阿斯拉姆空对空导弹和其他升级项目。

技术参数

乘员：1名

发动机：1台最大推力129.6千牛(29160磅力)的普惠F100-PW-229涡扇发动机

最高速度：2173千米/小时(1350英里/小时)

航程：1930千米(1200英里)

实用升限：15240米(50000英尺)

外形尺寸：翼展9.45米（31英尺）；机长15.09米（47英尺8英寸）；机高5.09米（16英尺8英寸）

起飞重量：19187千克（42300磅）

武器：一门通用电气20毫米（0.79英寸）M61A1多管机炮；7个外挂点可以携带9276千克（20450磅）武器。

▼ 通用动力/洛克希德·马丁公司 F-16C隼战斗机，第510战斗机中队，第31战斗机联队，阿维亚诺空军基地

89-2137号F-16C，涂装为第510战斗机中队“秃鹰”，座舱下三个战果标志代表该机曾在波黑禁飞区任务中击落过3架索科S-21鹰轻型攻击机，该机隶属于第86战斗机联队第526战斗机中队。1994年2月，波斯尼亚上空。

A-10攻击机中队					
空军作战司令部/兰利空军基地，弗吉尼亚州			**第188战斗机联队/史密斯堡地区机场/埃宾联合空中国民警卫队基地，阿肯色州**		
第9航空军/中央空军战斗指挥部/肖空军基地，南卡罗来纳州			第184战斗机中队“飞行野猪”	A/OA-10A/A+	
第23联队/蒙迪空军基地，佐治亚州			**第10航空军/海军航空站联合预备役基地/卡斯维尔场 德克萨斯州**		
第74战斗机中队“飞虎”	A/OA-10C	蒙迪空军基地，佐治亚州	**第926大队/内利斯空军基地，内华达州**		
第75战斗机联队“鲨鱼”	A/OA-10C		第706战斗机中队	A/OA-10C	内利斯空军基地，内华达州
第110战斗机联队/W.K.凯洛机场/巴特克里市联合空中国民警卫队基地，密歇根州			**第422战斗机联队/怀特曼空军基地，密苏里州**		
第172战斗机中队“疯狂的鸭子”	A/OA-10C		第303战斗机中队“猎鹰”	A/OA-10 +	怀特曼空军基地，密苏里州
第111战斗机联队/威洛格罗夫海军航空站联合预备役基地，宾夕法尼亚州			第76战斗机中队“地狱天使”	A/OA-10C	蒙迪空军基地，乔治亚州
第103战斗机中队“黑猪”	A/OA-10A/A+		**第917联队/巴克斯代尔空军基地，路易斯安那州**		
第175联队/马丁国家机场/沃菲尔德联合空中国民警卫队基地，马里兰州”			第47战斗机中队“斑点狗	A/OA-10A +	
第104战斗机联队“金莺”	A/OA-10C		**太平洋空军**		
第12航空军/南方空军战斗指挥部 戴维斯·蒙森空军基地，亚利桑那州			**第7航空军/吴山航空基地，韩国**		
第355战斗机联队/戴维斯·蒙森空军基地，亚利桑那州			**第51战斗机联队/吴山航空基地，韩国**		
第354战斗机中队“斗牛犬”	A/OA-10C	戴维斯·蒙森空军基地，亚利桑那州	第25战斗机中队“阿萨姆之龙”	A/OA-10A	
第357战斗机中队“龙”	A/OA-10C	戴维斯·蒙森空军基地，亚利桑那州	**美国驻欧洲空军**		
第358战斗机中队“森林狼”	A/OA-10C	戴维斯·蒙森空军基地，亚利桑那州	**第3航空军/驻欧空军/拉姆斯泰因航空基地，德国**		
第124联队/博伊斯机场/高恩机场，爱达荷州			**第52战斗机联队/斯潘达勒姆航空基地，德国**		
第190战斗机中队	A/OA-10A		第81战斗机中队“黑豹”	A/OA-10A/C	

美国

美国海军

作为世界上最大和最强有力的海军航空力量，美国海军航空兵拥有1300架舰载固定翼飞机和直升机，以及超过200架陆基飞机和700架教练机。

美国海军的基本战术组织按照职能划分为任务编组和行政编组，每个分支的指挥官对海军作战部长负责，而海军作战部长向参谋长联席会议负责。

美国海军的指挥机关包括美国海军舰队司令部(U.S.Fleet Forces Command，前身是1906年成立的美国大西洋舰队，如今主要负责大西洋水域内美国舰队的训练、调度等工作)，总部位于弗吉尼亚州诺福克海军基地，是美国联合部队司令部(U.S.Joint Forces Command structure)的一部分。隶属于海军舰队司令部的各舰种司令部分别为航空兵部队司令部、水面舰艇部队司令部和潜艇部队司令部。其中，海军航空兵部队司令部有以下几个分支：海军航空兵司令部、大西洋舰队海军航空兵司令部、海军攻击和空中作战中心。大西洋舰队海军航空兵司令部主要指挥第2、第5和第6舰队的航空兵。

位于美国西海岸的太平洋舰队海军航空兵司令部隶属于海军太平洋舰队司令部，是美国太平洋司令部的一部分，其总部位于夏威夷的珍珠港，是美军最早成立的联合作战司令部，也是目前美国9个联合司令部中规模最大、责任区最广的一个。

大西洋舰队海军航空兵司令部和太平洋舰队海军航空兵司令部指挥岸基联队(包括空中指挥、控制、后勤，电子战，直升机海上打击，直升机海上战斗，战斗攻击机以及巡逻和侦察)、舰载机联队和舰载机平台。

海军航空兵司令部总部位于加利福尼亚州的北岛海军航空站，该司令部除了为太平洋舰队海军航空兵司令部服务外，还负责为大西洋舰队海军航空兵司令部和海军空中训练司令部提供行政管理。海军航空兵司令部/太平洋舰队海军航空兵司令部主要指挥第2、第3、第5、第6以及第7舰队的航空兵。

技术参数

乘员：1名
发动机：2台推力97.9千牛(22000磅力)的通用电气F414-GE-400加力涡扇发动机
最高速度：1814千米/小时(1127英里/小时)
航程：3300千米(2070英里)
实用升限：15000米(50000英尺)
外形尺寸：翼展18.31米(60英尺1英寸)；机长13.62米(44英尺9英寸)；机高4.88米(16英尺)
武器：1门20毫米(0.78英寸)M61A2火神机炮、11个外挂点可携带8050千克(17750磅)的各型武器。

▼ 麦道/波音/诺斯洛普公司 F/A-18E超级大黄蜂战斗攻击机，第81舰载战斗攻击机中队“阳光”，“卡尔·文森”号航空母舰

F/A-18战斗攻击机是美国海军舰载机的核心，并且在S-3退役后，还可扮演舰载空中加油机的角色。该战斗机装备有AIM-120和AIM-9X空对空导弹。图中这架F/A-18E的涂装显示该机为第81舰载战斗攻击机中队的指挥官座机。

战斗攻击机中队		
战斗攻击机联队，太平洋-勒莫尔海军航空站，加利福尼亚州		
第2战斗攻击机中队“赏金猎人”	勒穆尔海军航空站，加利福尼亚州	F/A-18F
第14战斗攻击机中队“高帽人”	勒穆尔海军航空站，加利福尼亚州	F/A-18E
第22战斗攻击机中队“好斗的红公鸡”	勒穆尔海军航空站，加利福尼亚州	F/A-18F
第25战斗攻击机中队“舰队之拳”	勒穆尔海军航空站，加利福尼亚州	F/A-18C
第27战斗攻击机中队“皇家之锤”	厚木航空基地，日本	F/A-18E
第41战斗攻击机中队“黑色王牌”	勒穆尔海军航空站，加利福尼亚州	F/A-18F
第94战斗攻击机中队“勇猛百舌鸟”	勒穆尔海军航空站，加利福尼亚州	F/A-18C
第97战斗攻击机中队“战鹰”	勒穆尔海军航空站，加利福尼亚州	F/A-18C
第102战斗攻击机中队“菱斑纹响尾蛇”	厚木航空基地，日本	F/A-18F
第113战斗攻击机中队“毒刺”	勒穆尔海军航空站，加利福尼亚州	F/A-18C
第115战斗攻击机中队“老鹰”	勒穆尔海军航空站，加利福尼亚州	F/A-18E
第122战斗攻击机中队“飞鹰”中队(训练和舰队替补中队)	勒穆尔海军航空站，加利福尼亚州	F/A-18E/F
第125战斗攻击机中队“莽骑兵”中队(训练和舰队替补中队)	勒穆尔海军航空站，加利福尼亚州	F/A-18B/C/D
第137战斗攻击机中队“红隼”	勒穆尔海军航空站，加利福尼亚州	F/A-18E
第146战斗攻击机中队“蓝钻石”	勒穆尔海军航空站，加利福尼亚州	F/A-18C
第147战斗攻击机中队“阿尔戈英雄”	勒穆尔海军航空站，加利福尼亚州	F/A-18E
第151战斗攻击机中队“民团”	勒穆尔海军航空站，加利福尼亚州	F/A-18C
第154战斗攻击机中队“黑骑士”	勒穆尔海军航空站，加利福尼亚州	F/A-18F
第192战斗攻击机中队“金龙”	厚木航空基地，日本	F/A-18C
第195战斗攻击机中队“水坝破坏者”	厚木航空基地，日本	F/A-18C
战斗攻击机联队，大西洋——奥西安纳海军航空基地，佛吉尼亚州		
第11战斗攻击机中队“红野猪”	奥西安纳海军航空基地，佛吉尼亚州	F/A-18F
第15战斗攻击机中队“弗吉尼亚狮子”	奥西安纳海军航空基地，佛吉尼亚州	F/A-18E
第31战斗攻击机中队“雄猫人”	奥西安纳海军航空基地，佛吉尼亚州	F/A-18E
第32战斗攻击机中队“剑士”	奥西安纳海军航空基地，佛吉尼亚州	F/A-18F
第34战斗攻击机中队“蓝色冲击波”	奥西安纳海军航空基地，佛吉尼亚州	F/A-18C
第37战斗攻击机中队“公牛”	奥西安纳海军航空基地，佛吉尼亚州	F/A-18C
第81战斗攻击机中队“阳光”	奥西安纳海军航空基地，佛吉尼亚州	F/A-18E
第83战斗攻击机中队“暴跳者”	奥西安纳海军航空基地，佛吉尼亚州	F/A-18C
第86战斗攻击机中队“响尾蛇”	博福特海军陆战队航空基地，南卡罗来纳州	F/A-18C
第87战斗攻击机中队“黄金战士”	奥西安纳海军航空基地，佛吉尼亚州	F/A-18A+
第103战斗攻击机中队“海盗”	奥西安纳海军航空基地，佛吉尼亚州	F/A-18F
第105战斗攻击机中队“枪手”	奥西安纳海军航空基地，佛吉尼亚州	F/A-18E
第106战斗攻击机中队“角斗士”(训练和舰队替补中队)	奥西安纳海军航空基地，佛吉尼亚州	F/A-18B/C/D/E/F
第131战斗攻击机中队“野猫”	奥西安纳海军航空基地，佛吉尼亚州	F/A-18C
第136战斗攻击机中队“骑士之鹰”	奥西安纳海军航空基地，佛吉尼亚州	F/A-18E
第143战斗攻击机中队“呕吐犬”	奥西安纳海军航空基地，佛吉尼亚州	F/A-18E
第211战斗攻击机中队“战斗将军”	奥西安纳海军航空基地，佛吉尼亚州	F/A-18F
第213战斗攻击机中队“黑狮子”	奥西安纳海军航空基地，佛吉尼亚州	F/A-18F

电子攻击机中队		
电子攻击机联队，太平洋——惠德比岛海军航空站，华盛顿州		
第129电子攻击机中队“维京人”	惠德比岛海军航空站，华盛顿州	EA-6B，F/A-18F，EA-18G
第130电子攻击机中队“灭杀器”	惠德比岛海军航空站，华盛顿州	EA-6B
第131电子攻击机中队“枪骑兵”	惠德比岛海军航空站，华盛顿州	EA-6B
第132电子攻击机中队“天蝎”	惠德比岛海军航空站，华盛顿州	EA-18G
第133电子攻击机中队“男巫”	惠德比岛海军航空站，华盛顿州	EA-6B
第134电子攻击机中队“金翅鸟”	惠德比岛海军航空站，华盛顿州	EA-6B
第135电子攻击机中队“黑乌鸦”	惠德比岛海军航空站，华盛顿州	EA-6B
第136电子攻击机中队“铁手套”	厚木航空基地，日本	EA-6B
第137电子攻击机中队“白嘴鸦”	惠德比岛海军航空站，华盛顿州	EA-6B
第138电子攻击机中队“黄夹克”	惠德比岛海军航空站，华盛顿州	EA-6B
第139电子攻击机中队“美洲狮”	惠德比岛海军航空站，华盛顿州	EA-6B
第140电子攻击机中队“爱国者”	惠德比岛海军航空站，华盛顿州	EA-6B
第141电子攻击机中队“影子鹰”	惠德比岛海军航空站，华盛顿州	EA-6B
第142电子攻击机中队“灰狼”	惠德比岛海军航空站，华盛顿州	EA-6B

美国海军航空力量的核心是航母舰队及航母上的舰载机联队。美国海军有11艘核动力航空母舰：10艘尼米兹级和1艘“企业”号。新的主力航母正在建造中，“福特”号航母将在2015年投入现役，“企业”号航母将在2012年退役(已退役)，美国海军希望到2040年投资建造10艘福特级航空母舰。

任何时候，美国海军都有10艘航母在服役，拥有10个航母攻击群(CSG)和10个舰载机联队(CVW)，其中5个属于大西洋和太平洋舰队。

一个舰载机联队主要包括67—68架飞机。固定翼飞机主要包括4个战斗攻击机中队(VFA)，机型为大黄蜂或者超级大黄蜂(一般一个中队装备F/A-18E，一个装备F/A-18F，两个装备F/A-18C)，一个电子攻击机中队(VAQ)装备4架EA-6B或5架EA-18G，一个空中指挥和控制中队(VAW)装备4架E-2C。在最新的编制中，舰载直升机部队整合为

技术参数

乘员：1名
发动机：2台最大推力22.2千牛的通用电气J85-GE-21B涡轮喷气发动机
最高速度：1700千米/小时
航程：3720千米
实用升限：15800米
外形尺寸：翼展8.13米；机长14.45米；机高4.08米
武器：2门M39A2机炮，能携带3180千克的武器。

▼ 诺斯洛普·格鲁曼公司F-5N虎II，海军第111战斗中队“流浪汉”，肯威斯特海军航空站

这架编号为761548的F-5N战斗机以前曾是一架瑞士战斗机，现服役于海军第111战斗机中队，该中队是海军三个全天候假想敌战斗机中队的一个，全天候假想敌战斗机中队是为海军“侵略者”空战训练而准备的。

▲诺斯洛普·格鲁曼公司 E-2C鹰眼预警机

作为美国海军的“空中之眼”，E-2预警机服役于美国海军10个舰载空中指挥和控制中队，图中这架E-2C属于第123舰载空中指挥和控制中队“螺旋眼”，所在航母为“西奥多·罗斯福”号。

一个海上打击直升机中队【(HSM)，装备11架MH-60R(其中6架装备在除航母外的其他战舰上)】以及一个海上战斗直升机中队【(HSC)，装备8架MH-60S(6架在航母上，2架在航母攻击群的后勤支援舰上)】。海上战斗直升机中队主要负责搜索与救援、作战侦察、后勤支援、垂直补给、特种作战、攻击水面舰艇以及反水雷。另外，还有2架C-2A负责递送重要物品或人员运输。

早期留下来的F/A-18A/C预定于2015年前让位于F/A-18E/F，最终将装备22个中队，F/A-18E/F到2012年年底已经有493架。EA-18G于2009年入役，预计于2013年替代全部EA-6B，装备10个中队。为避免舰载战斗机力量出现缺口，美国海军对早期的老式大黄蜂进行升级改造，延长其服役时

空中指挥和控制中队		
空中指挥，控制，后勤联队—— 文图拉县海军基地/莫古岬航空站，加利福尼亚州		
第112空中指挥和控制中队“黄金鹰”	莫古岬航空站，加利福尼亚州	E-2C
第113空中指挥和控制中队“黑鹰”	莫古岬航空站，加利福尼亚州	E-2C
第115空中指挥和控制中队“独立钟”	厚木航空基地，日本	E-2C
第116空中指挥和控制中队“太阳王”	莫古岬航空站，加利福尼亚州	E-2C
第117空中指挥和控制中队“伏特加橙汁鸡尾酒”	莫古岬航空站，加利福尼亚州	E-2C
第120空中指挥和控制中队“灰鹰”（训练和舰队替补中队）	诺福克海军基地，佛吉尼亚州	E-2C
第121空中指挥和控制中队“蓝尾”	诺福克海军基地，佛吉尼亚州	E-2C
第123空中指挥和控制中队“螺旋眼”	诺福克海军基地，佛吉尼亚州	E-2C
第124空中指挥和控制中队“熊王”	诺福克海军基地，佛吉尼亚州	E-2C
第125空中指挥和控制中队“虎尾”	诺福克海军基地，佛吉尼亚州	E-2C
第126空中指挥和控制中队“海鹰”	诺福克海军基地，佛吉尼亚州	E-2C

间。F/A-18A/C指定的接班人是F-35C，计划2015年达到初步任务能力，届时将装备18个中队。

另外一种具有代表性的新装备是E-2D，已经于2011年开始替换空中指挥和控制中队的E-2C。

▲ 西科斯基飞机公司 MH-60S海鹰直升机

在波斯湾的一次侦察搜救演习中，一名救援潜水员从一架MH-60S上跳下来，这架直升机隶属于第28海上战斗直升机中队“龙鲸”，该机随黄蜂级两栖攻击舰“奇尔沙治”号执行全球反恐任务。

合理化的旋翼部队

作为美国海军最新的直升机，MH-60R和MH-60S从2009年开始服役于舰载机联队，截止2013年，每个机型装备了10个中队，分散部署于各舰载机联队。另外，还有6个直升机中队(每中队12架)分配给远征部队和两栖作战支援部队。这些直升机将会以新的濒海战斗舰为平台来执行任务。现有的反潜直升机中队(HS)在2012年改编为海上战斗直升机中队，装备MH-60S。与此同时，反潜直升机轻型中队(HSL)改编为海上打击直升机中队，装备MH-60R。

美国海军陆基部队的骨干是17个中队规模的150架P-3C海上巡逻机、16架EP-3E ISR电子侦察机和16架E-6B“墨丘利”战略对潜

海上打击直升机中队		
海上打击直升机联队，太平洋——北岛海军航空站，加利福尼亚州		
第37反潜直升机轻型中队“逍遥骑士”	卡内奥赫湾联合海军航空兵基地，夏威夷	SH-60B
第43反潜直升机轻型中队“斗猫”	北岛海军航空站，加利福尼亚州	SH-60B
第45反潜直升机轻型中队“狼群”	北岛海军航空站，加利福尼亚州	SH-60B
第49反潜直升机轻型中队“蝎子”	北岛海军航空站，加利福尼亚州	SH-60B
第51反潜直升机轻型中队“战神”	厚木航空基地，日本	SH-60B/F
第41直升机海上打击中队“海鹰”(训练和舰队替补中队)	北岛海军航空站，加利福尼亚州	MH-60R
第47海上打击直升机中队“战鹰”	北岛海军航空站，加利福尼亚州	MH-60R
第71海上打击直升机中队“猛龙”	北岛海军航空站，加利福尼亚州	MH-60R
海上打击直升机联队，大西洋——梅波特海军基地，佛罗里达州		
第40反潜直升机轻型中队“飞狼”(训练和舰队替补中队)	梅波特海军基地，佛罗里达州	SH-60B
第42反潜直升机轻型中队“骄傲的勇士”	梅波特海军基地，佛罗里达州	SH-60B
第44反潜直升机轻型中队“沼泽狐”	梅波特海军基地，佛罗里达州	SH-60B
第46反潜直升机轻型中队“大师”	梅波特海军基地，佛罗里达州	SH-60B
第48反潜直升机轻型中队“毒蛇”	梅波特海军基地，佛罗里达州	SH-60B
第60反潜直升机轻型中队“美洲虎”	梅波特海军基地，佛罗里达州	SH-60B
第70海上打击直升机联队“斯巴达人”	杰克森维尔海军航空站，佛罗里达州	MH-60R

指挥机。从2013年起，美国海军订购的84架P-8A会逐步替代P-3C，装备在12个现役巡逻机中队(VP)中。

海军后备队空运部队

美国海军保留了一个舰队的运输机用于后勤运输，机型包括C-9、C-40、C-130(KC-130J将要取代老型号的C-130)C-20和C-37。这些飞机装备海军后备队，例行任务是为海军的海外行动提供支持。

美国海军航空兵下属有海军飞行训练司令部，其飞行训练由5个飞行训练联队负

海上战斗直升机中队		
海上战斗直升机联队，太平洋——北岛海军航空站，加利福尼亚州		
第4反潜直升机中队“黑骑士”	北岛海军航空站，加利福尼亚州	SH-60F,HH-60H
第6反潜直升机中队“印第安人”	北岛海军航空站，加利福尼亚州	SH-60F,HH-60H
第8反潜直升机中队“黑色八号”	北岛海军航空站，加利福尼亚州	SH-60F,HH-60H
第10反潜直升机中队“战争之鹰”（训练和舰队替补中队）	北岛海军航空站，加利福尼亚州	SH-60F,HH-60H
第14反潜直升机中队“突击者”	厚木航空基地，日本	SH-60F,HH-60H
第3海上战斗直升机中队“灰背隼”（训练和舰队替补中队）	北岛海军航空站，加利福尼亚州	MH-60S
第12海上战斗直升机中队“黄金猎鹰”	北岛海军航空站，加利福尼亚州	MH-60S
第21海上战斗直升机中队“黑杰克”	北岛海军航空站，加利福尼亚州	MH-60S
第23海上战斗直升机中队“通配符”	北岛海军航空站，加利福尼亚州	MH-60S
第25海上战斗直升机中队“岛屿骑士”	安德森空军基地，关岛	MH-60S
第25海上战斗直升机中队第6分队	岩国海军陆战队航空基地，日本	MH-60S
第85海上战斗直升机中队“金色鳄鱼”	北岛海军航空站，加利福尼亚州	MH-60S
海上战斗直升机联队，大西洋——诺福克海军基地，佛吉尼亚州		
第14直升机中队“先锋”	诺福克海军基地，佛吉尼亚州	MH-53E
第14直升机中队第1分队	浦项航空基地，韩国	MH-53E
第15直升机中队“黑鹰”	科珀斯克里斯蒂海军航空站，德克萨斯州	MH-53E
第3反潜直升机中队“三叉戟”	杰克森维尔海军航空站,佛罗里达州	SH-60F,HH-60H
第5反潜直升机中队“夜杓”	杰克森维尔海军航空站,佛罗里达州	SH-60F,HH-60H
第7反潜直升机中队“三叶草”	杰克森维尔海军航空站,佛罗里达州	SH-60F,HH-60H
第11反潜直升机中队“屠龙者”	杰克森维尔海军航空站,佛罗里达州	SH-60F,HH-60H
第15反潜直升机中队“红狮子”	杰克森维尔海军航空站,佛罗里达州	SH-60F,HH-60H
第2海上战斗直升机中队“舰队天使”（训练和舰队替补中队）	诺福克海军基地，佛吉尼亚州	MH-60S
第22海上战斗直升机中队“海上骑士”	诺福克海军基地，佛吉尼亚州	MH-60S
第26海上战斗直升机中队“电光”	诺福克海军基地，佛吉尼亚州	MH-60S
第28海上战斗直升机中队“龙鲸”	诺福克海军基地，佛吉尼亚州	MH-60S
第84海上战斗直升机中队“红狼”	诺福克海军基地，佛吉尼亚州	HH-60H

责，总部位于德克萨斯州的科珀斯克里斯蒂海军航空基地(NAS Corpus Christi)，而大西洋舰队和太平洋舰队航空兵的换装训练和战术训练则是由舰队战备中队(FRS)完成的。海军飞行训练司令部正在进行现代化改造，包括升级现有机型和使用新机型，计划在2012年装备221架T-45教练机。T-6B教练机于2009年入役，并将于2014年完全取代T-34C。直升机飞行训练部队也在更新装备，现有的TH-57B/C会在2014年升级成为TH-57D基本型。

美国南方司令部的海军部队在中美洲和南美洲有基地用于飞机维护；而美国欧洲司令部的海军则利用在欧洲的基地支援第6舰队；美国中央司令部的海军部队利用位于中东的基地支援第5舰队，同时进行飞机维护。

技术参数

乘员：5—8名
发动机：2台64.5千牛(14500磅力)推力的普惠JT8D-9涡扇发动机
最高速度：927千米/小时(562英里/小时)
航程：4700千米(2900英里)
实用升限：11000米(37000英尺)
外形尺寸：翼展28.47米(93英尺5英寸)、机长36.37米(119英尺3英寸)、机高8.38米(27英尺6英寸)
起飞重量：50000千克(114000磅)
爬升率：每分钟900米(每分钟3000英尺)

▼ 麦克唐纳·道格拉斯/波音公司 C-9B空中列车II，第61舰队后勤支援中队“岛民”，华盛顿州惠德比岛海军航空站

以橡树港市为名，这架编号为164608的C-9B隶属于第61舰队后勤支援中队(VR-61)，美国海军有4个使用空中列车II的海军后备中队。

技术参数

乘员：3—4名
动力系统：2台1210千瓦(1622马力)通用电气T-700-GE-401涡轴发动机
最高速度：357千米/小时(222英里/小时)
航程；2220千米(1380英里)
实用升限：5790米(19000英尺)
外形尺寸：螺旋桨直径16.36米(53英尺8英寸)；机长19.76米(64英尺10英寸)；机高5.13米(16英尺10英寸)
起飞重量：11113千克(24500磅)
武器：MK-54型空射鱼雷，地狱火导弹和2挺12.7毫米(0.5英寸)机枪。

▼ 西科斯基飞机公司 MH-60R海鹰，第71海上打击直升机中队“猛龙”，约翰C斯坦尼斯号航空母舰

这架编号166520的MH-60R直升机隶属于约翰C斯坦尼斯号航空母舰，是第9舰载机联队的一部分，这支部队部署于圣迭戈的北岛海军航空站。第71海上打击直升机中队是第一个接收MH-60R的舰载机部队。

巡逻和侦察中队		
第2巡逻和侦察联队——夏威夷联合航空基地/卡内奥赫湾联合航空基地，夏威夷		
第2巡逻侦察机中队“巫师”	卡内奥赫湾联合航空基地，夏威夷	P-3C
第4巡逻机中队“瘦龙”	卡内奥赫湾联合航空基地，夏威夷	P-3C
第9巡逻机中队“金雕”	卡内奥赫湾联合航空基地，夏威夷	P-3C
第47巡逻机中队“黄金剑士”	卡内奥赫湾联合航空基地，夏威夷	P-3C
第10巡逻和侦察联队——惠德比岛海军航空站，华盛顿州		
第1巡逻机中队“呼啸鹰”	惠德比岛海军航空站，华盛顿州	P-3C
第40巡逻机中队“战斗旗鱼”	惠德比岛海军航空站，华盛顿州	P-3C
第46巡逻机中队“灰色骑士”	惠德比岛海军航空站，华盛顿州	P-3C
第69巡逻机中队“图腾”(海军后备队)	惠德比岛海军航空站，华盛顿州	P-3C
第1电子战中队“世界观察者”	惠德比岛海军航空站，华盛顿州	EP-3E, P-3C
第2电子战中队“蝙蝠侠”	惠德比岛海军航空站，华盛顿州	EP-3E, P-3C
巡逻和侦察大队——诺福克海军基地，弗吉尼亚州		
第30巡逻机中队“明星之家”（训练和舰队替补中队）	杰克森维尔海军航空站,佛罗里达州	P-3C
第5巡逻和侦察联队——布伦瑞克海军航空站，缅因州		
第8巡逻机中队“虎”	布伦瑞克海军航空站，缅因州	P-3C
第10巡逻机中队“红色枪骑兵”	布伦瑞克海军航空站，缅因州	P-3C
第26巡逻机中队“三叉戟”	布伦瑞克海军航空站，缅因州	P-3C
第1巡逻侦察机中队“老秃鹰”	布伦瑞克海军航空站，缅因州	P-3C
第11巡逻和侦察联队——杰克森维尔海军航空站,佛罗里达州		
第5巡逻机中队“疯狂狐狸”	杰克森维尔海军航空站,佛罗里达州	P-3C
第5巡逻机中队“战争之鹰”	杰克森维尔海军航空站,佛罗里达州	P-3C
第45巡逻机中队“塘鹅”	杰克森维尔海军航空站,佛罗里达州	P-3C
第62巡逻机中队“阔箭”(海军后备队)	杰克森维尔海军航空站,佛罗里达州	P-3C

美国

美国海军陆战队

美国海军陆战队擅长于执行远距离作战任务，其战场包括空中、陆地和海上，拥有超过1200架固定翼战机和直升机。

美国海军陆战队的航空力量包括陆基和舰载航空部队，这些航空部队包含在4个联队里面，并纳入海军部和海军陆战队司令部的指挥之下。美国海军陆战队作战部队的基本框架是海军陆战队空地特遣队(MAGTF)，其下属的空中力量叫作空中战斗部队(ACE)。

美国海军陆战队由太平洋海军陆战队

司令部和海军陆战队部队司令部进行指挥，每个司令部下辖的部队可以根据需求组成不同规模的空地特遣队，包括海军陆战远征军(MEF)、海军陆战远征旅(MEB)和海军陆战远征队(MEU)。海军陆战远征军是由海军陆战师作为地面部队，海军陆战队航空联队(MAW)作为空中力量以及海军陆战队后勤群(MLG)保障后勤；而海军陆战远征旅的编制比较小，由团级地面战斗部队、航空作战大队(MAG)及作战后勤团(CLR)所组成。除此之外，还有一支海军陆战队预备部队，这支部队不辖海军陆战远征军和海军陆战远征旅。

为了适应海外派兵的需求，美国海军陆战队目前已经建立了3个结构相近的海军陆战远征军。

目前，美国海军陆战队有3个现役的海军陆战队航空联队和1个预备役航空联队。海军陆战队航空联队的典型结构是：1个司令部、1个陆战空中管制大队、1个陆战联队支援大队(MWSG)及若干陆战航空大队(MAG)。

一个海军陆战队航空联队可以作为一支海军陆战远征军的空中战斗部队，或者提

▲ **西科斯基飞机公司 CH-53E超级种马**

在吉布提上空，一架海军陆战队第464重型直升机中队的CH-53E正在接受空军HC-130P的空中加油。2008年，美国海军陆战队拥有152架CH-53E，计划从2015年起换成200架CH-53K，CH-53K的载重能力是CH-60E的2倍。

第1海军陆战远征军-彭德尔顿海军陆战队营地，加利福尼亚州	
第3海军陆战队航空联队——米拉玛海军陆战队航空站，加利福尼亚州	
第11陆战队航空大队——米拉玛海军陆战队航空站，加利福尼亚州	
第101陆战队战斗机攻击训练中队“神枪手”（训练和舰队替补中队）	F/A-18A/B/C/D
第121陆战队全天候战斗机中队“绿骑士”	F/A-18D
第225陆战队全天候战斗机中队“维京海盗”	F/A-18D
第232陆战队战斗机中队“红魔”	F/A-18A+
第314陆战队战斗机中队“黑骑士”	F/A-18C
第323陆战队战斗机中队“死亡之声”	F/A-18C
第352陆战队空中加油机中队“袭击者”	KC-130J
第13陆战队航空大队——尤马海军陆战队航空站，亚利桑那州	
第211陆战队攻击机中队“威克岛复仇者”	AV-8B/AV-8B+
第214陆战队攻击机中队“黑羊”	AV-8B/AV-8B+
第311陆战队攻击机中队“雄猫”	AV-8B/AV-8B+
第513陆战队攻击机中队“飞行梦魇”	AV-8B/AV-8B+
第6陆战队航空大队——米拉玛海军陆战队航空站，加利福尼亚州	
第161陆战队中型直升机中队“灰鹰”	MV-22B
第163陆战队中型直升机中队“巅峰行者”	CH-46E
第165陆战队中型直升机中队“白马骑士”	CH-46E
第166陆战队中型直升机中队“海上麋鹿”	CH-46E
第361陆战队重型直升机中队“飞虎”	CH-53E
第462陆战队重型直升机中队“重型吊车”	CH-53E
第465陆战队重型直升机中队“战马”	CH-53E
第466陆战队重型直升机中队“狼群”	CH-53E

第39陆战队航空大队——米拉玛海军陆战队航空站，加利福尼亚州	
第164陆战队中型直升机训练中队“飞车敢死队”	CH-46E
第169陆战队轻型攻击直升机中队“毒蛇”	UH-1N，AH-1W
第267陆战队轻型攻击直升机中队“毒刺”	UH-1N/Y，AH-1W
第268陆战队中型直升机中队“红色蛟龙”	CH-46E
第303陆战队轻型攻击直升机训练中队“大力神”(训练和舰队替补中队)	HH-1N，UH-1N/Y，AH-1W/Z
第364陆战队中型直升机中队“紫狐狸”	CH-46E
第367陆战队轻型攻击直升机中队“疤面煞星”	UH-1N/Y，AH-1W
第369陆战队轻型攻击直升机中队“枪手”	UH-1N，AH-1W

供一些单位为海军陆战队空地特遣队提供空中支援。每个陆战队航空联队和陆战队航空大队均可独立部署，但通常用于对海军陆战远征旅提供适当的空中支援。多个海军陆战远征队(MEU)可以部署成为远征打击群(ESG)，或者两栖戒备大队(ARG)，并且有一支空中战斗部队来加强其机动能力，主要是海军陆战队中型倾转旋翼中队或者直升机中队。

美国海军陆战队司令是美国参谋长联席会议中的一员，陆战队司令部位于弗吉尼亚州诺福克海军基地，该地还包括第2海军陆战远征军和第2海军陆战队航空联队等陆战队单位，受司令部直接指挥。太平洋海军陆战队司令部，总部位于夏威夷瓦胡岛H·M·史密斯军营，下辖第1、第3海军陆战远征军以及这两个远征军的空中战斗部队：第1、第3海军陆战队航空联队。海军陆战队预备部队司令部总部位于路易斯安那州新奥尔良海军航空站联合预备役基地，下辖第4海军陆战队航空联队(该联队成员单位分散于全美各地)。

倾转旋翼机革命

美国海军陆战队最吸引眼球的新装备就是MV-22B“鱼鹰”倾转旋翼机，该机将彻底取代东海岸陆战队单位中的CH-64E直升机。预计到2017年，MV-22B将会装备19个现役和4个预备役中队，美国海军陆战队希望能采购360架。除此之外，陆战队还计划装备新的重型直升机CH-53K，来替代10

贝尔直升机公司/波音直升机公司 MV-22B鱼鹰倾转旋翼机

图为第264海军陆战队中型倾转旋翼中队的MV-22B在一场火力展示中。鱼鹰第一次部署是2007年随第263中型倾转旋翼中队在伊拉克。最新的Block C型装备了气象雷达，增强了对环境感知的灵敏度和电子对抗能力。

第2海军陆战远征军-勒琼海军陆战队营地，北卡罗莱纳州			
第2海军陆战队航空联队——切里岬海军陆战队航空站，北卡罗莱纳州			
第14陆战队航空大队——切里岬海军陆战队航空站，北卡罗莱纳州		**第29陆战队航空大队——纽威瑞尔海军陆战队航空站，北卡罗莱纳州**	
第1陆战队战术电子战中队“女妖”	E/A-6B	第261陆战队中型倾转旋翼机中队“金鹰”	MV-22B
第2陆战队战术电子战中队“死亡小丑”	E/A-6B	第263陆战队中型倾转旋翼机中队“雷霆老鹰”	MV-22B
第3陆战队战术电子战中队“月亮狗”	E/A-6B	第365陆战队中型倾转旋翼机中队“蓝骑士”	MV-22B
第4陆战队战术电子战中队“海鹰”	E/A-6B	第269陆战队轻型攻击直升机中队“军火商”	UH-1N，AH-1W
第203陆战队攻击机训练中队(训练和舰队替补中队)“鹰”	AV-8B，TAV-8B	第467陆战队轻型攻击直升机中队“军刀”	UH-1N，AH-1W
第223陆战队攻击机中队“牛头犬”	AV-8B	第302陆战队重型直升机训练中队“凤凰”（训练和舰队替补中队）	CH-53E
第231陆战队攻击机中队“黑桃王牌”	AV-8B	第366陆战队重型直升机中队“双髻鲨”	CH-53E
第542陆战队攻击机中队“飞虎”	AV-8B	第464陆战队重型直升机中队“秃鹰”	CH-53E
第252陆战队空中加油机中队“奥蒂斯”	KC-130J	**第31陆战队航空大队——博福特海军陆战队航空站，南卡罗莱纳州**	
第26陆战队航空大队——纽威瑞尔海军陆战队航空站，北卡罗莱纳州		第115陆战队战斗机中队“银鹰”	F/A-18A+
第167陆战队轻型攻击直升机中队“勇士”	UH-1N，AH-1W	第122陆战队战斗机中队“狼人”	F/A-18C
第204陆战队倾转旋翼飞机训练中队“猛禽”	MV-22B	第224陆战队全天候战斗机中队“孟加拉虎”	F/A-18D/C
第261陆战队中型倾转旋翼机中队“愤怒的公牛”	MV-22B	第251陆战队战斗机中队“雷电”	F/A-18C
第264陆战队中型倾转旋翼机中队“黑骑士”	MV-22B	第312陆战队战斗机中队“棋盘”	F/A-18A+
第266陆战队中型倾转旋翼机中队“战神狮鹫”	MV-22B	第533陆战队全天候战斗机中队“老鹰”	F/A-18D
第461陆战队重型直升机中队“铁骑”	CH-53E		

个现役中队和1个预备役中队中的CH-53D/E(预计服役到2015年)。

新型的UH-1Y直升机的入役计划已于2008年开始，此外，AH-1Z武装直升机也于2011年加入现役。美国海军陆战队希望用226架AH-1Z和123架UH-1Y装备10个现役和1个预备役中队。

垂直起降战斗机F-35B的到来，使美国海军陆战队看到了用其替代现有F/A-18、AV-8B和EA-6B的希望。这些机型中，F/A-18将会使用到2023年，尽管装备数量达235架，而双座的F/A-18D将会在2018年前陆续退役。根据战术航空兵一体化倡议，美国海军陆战队的F/A-18单位将部署在美国海军的航空母舰上。陆战队还有145架AV-8在服役，一个改进升级计划使它们能服役到2021

技术参数

乘员：2名

发动机：2台1300千瓦(1680马力)通用电气T700涡轴发动机

最高速度：352千米/小时(218英里/小时)

作战半径：587千米(365英里)

实用升限：3720米(12200英尺)

外形尺寸：螺旋桨直径14.6米(46英尺)、机长13.6米(44英尺7英寸)、机高4.1米(13英尺5英寸)

起飞重量：4953千克(14750磅)负载

武器：1门20毫米(0.78英寸)M197机炮，8枚70毫米(2.75英寸)祖尼人火箭弹、8枚陶氏反坦克导弹、2枚空对空导弹。

▲ 贝尔直升机公司 AH-1W超级眼镜蛇武装直升机，美国海军陆战队涂装

这架携带AGM-114地狱火导弹的AH-1W是美国海军陆战队使用的典型型号。老型号威士忌眼镜蛇开始退役的同时，美国海军陆战队开始接收新型的AH-1Z装备西海岸彭德尔顿营海军陆战队航空站的各中队。目前，美国海军陆战队还拥有160架AH-1W，这种直升机在伊拉克自由行动和持久自由行动中被广泛用来执行战场任务。

技术参数

乘员：2—3名

发动机：2台1360千瓦(1828马力)通用电气T700-GE-401C涡轴发动机

最高速度：366千米/小时(227英里/小时)

作战半径：241千米(130英里)

实用升限：6100米(20000英尺)

外形尺寸：螺旋桨直径14.88米(48英尺10英寸)、机长17.78米(58英尺4英寸)、机高4.5米(14英尺7英寸)

起飞重量：8390千克(18500磅)

武器：2枚70毫米(2.75英寸)九头蛇70火箭弹，2个机枪挂架可挂载2挺7.62毫米(0.3英寸)M240D通用机枪或7.62 mm GAU-17/A加特林机枪。

▲ 贝尔直升机公司 UH-1Y直升机，第303海军陆战队轻型攻击直升机/训练中队，彭德尔顿营海军陆战队航空站

这架编号为167796的UH-1Y，隶属于第303海军陆战队轻型攻击直升机/训练中队，该中队是为休伊和眼镜蛇培养飞行员的，是第3海军陆战队航空联队的一部分，基地位于加利福尼亚州，装备有HH-1N、UH-1N/Y和AH-1W/Z。

第3海军陆战远征军-考特尼海军陆战队营地，日本冲绳	
第1海军陆战队航空联队——福斯特海军陆战队兵营(瑞庆览营)，日本冲绳	
第12陆战队航空大队——岩国海军陆战队航空站，日本本州	
第211陆战队攻击机中队	AV-8B
第242陆战队全天候战斗机中队“蝙蝠”	F/A-18D
第224陆战队攻击机中队	F/A-18D
第225陆战队攻击机中队	F/A-18D
陆战队战术电子战中队	E/A-6B
第36陆战队航空大队——普天间海军陆战队航空站，日本冲绳	
第262陆战队中型直升机中队“飞虎”	CH-46E
第265陆战队中型直升机中队“龙”	CH-46E
陆战队重型直升机中队	CH-53
陆战队轻型攻击直升机中队	AH-1W，UH-1N
第152陆战队空中加油机中队“相扑”	KC-130J
第24陆战队航空大队——夏威夷海军陆战队兵营，卡内奥赫湾联合海军航空兵基地，夏威夷	
第362陆战队重型直升机中队“地狱天使”	CH-53D
第363陆战队重型直升机中队“红色狮子”	CH-53D
第463陆战队重型直升机中队“飞马”	CH-53D

▲ **麦道/波音/诺斯洛普公司 F/A-18A+大黄蜂战斗攻击机**

一架来自第115海军陆战队战斗机中队的“大黄蜂”战斗机在泰国呵叻着陆。在F-35战斗机到来之前，美国海军陆战队将35架大黄蜂战斗机升级到F/A-18C+的标准，包括安装头盔瞄准具，发射AIM-9X空对空导弹的能力，增加座舱的现代化显示设备以及加强电子对抗措施。

年，尽管从2013年它们就开始陆续退役了。EA-6B将会继续服役到2019年。

第一个F-35B的三机预备中队在2010年9月接收了第一架飞机，并在2012年形成初步的任务能力。然而，该项目已经遭受严重的拖延。到2024年，F-35B将会装备21个现役中队、1个测试中队、3个训练和舰队替补中队。美国海军陆战队计划采购420架F-35B，其中一些将作为下一代电子攻击机，来全面替代EA-6B。

美国海军陆战队的总统专机“海军陆战队一号”现有机型为VH-3D和VH-60N，装备第1特种直升机中队(HMX-1)，由于新型直升机VH-71项目已于2009年取消，该中队的现有机型还将进行改进升级。

技术参数

乘员：1名

发动机：1台105.8千牛(23800磅力)的“飞马”11-61矢量推力涡轮风扇发动机

最高速度：1085千米/小时(675英里/小时)

航程：2200千米(1400英里)

实用升限：15240米(50000英尺)

外形尺寸：翼展 9.25米(30英尺4英寸)、机长14.12米(46英尺4英寸)、机高3.55米(11英尺7.75英寸)

起飞重量：14061千克(31000磅)负载

武器：1门25毫米(0.98英寸)GAU-12U机炮，6个外挂点可携带7711千克(17000磅)武器(短距离起飞)或3175千克(7000磅)武器(垂直起飞)。

▼ **麦道/波音/英国宇航公司 AV-8B+鹞II攻击机，第231海军陆战队攻击中队“黑桃王牌”，切里波因特海军陆战队航空站**

第231海军陆战队攻击中队是第14海军陆战队航空大队的3个一线鹞II攻击机中队之一，该中队隶属于第2海军陆战队航空联队，为美国东海岸主要的海军陆战队航空单位。

美国

美国陆军

近期，美国陆军结构的变化使其更适合远征作战和联合行动，编制简单灵活，更适应长期的海外部署。

美国陆军自2004年以来，发生了深远的变化，将基本组成部分由师改成旅。

美国陆军航空兵拥有大约287800名现役和26900名预备役人员。其基本编制是旅，以驻地为划分，分为战斗航空旅(CAB)和战区航空旅(TAB)，这两种旅都可以根据具体的任务需要做出调整。每个战斗航空旅可以支援5个营或者4个旅级战斗群(BCT)。战斗航空旅可以采用以下四种配置：重型、中型、轻型和远征型航空旅(AEB)。远征型航空旅被分配给8个陆军国民警卫队师(ARNG)中的6个师。

四种不同的战斗航空旅的主要区别在于其侦察和攻击单位的混合比例。重型战斗航空旅有2个攻击/侦察营(ARB)，中型战斗航空旅有1个攻击/侦察营和1个骑兵中队，轻型战斗航空旅有2个骑兵中队，远征型航空旅有1个攻击/侦察营。对只有1个攻击/侦察营的战斗航空旅，配备1个勤务与支援营(SSB)。勤务与支援营有3个连的，也有4个连的，4个连的是增加了1个空中救护连。每个航空旅都有1个通用支援航空营(GSAB)，该通用支援航空营由1个指挥航空连、1个重型直升机连和1个空中救护连组成。

美国陆军航空兵直升机清单			
UH-1H/V	123	HH-60L	31
AH/MH-6M	51	UH-60L	664
CH-47D	309	HH-60M	11
CH-47F	65	UH-60M	31
MH-47E	6	AH-64M	155
MH-47G	50	AH-64D(Block I)	252
OH-58A/C	276	AH-64D(Block II)	280
OH-58D	339	TH-67A	181
UH-60A	954		

美国陆军固定翼飞机清单			
C-12C/D	14/12	C-31A	2
RC-12D	9	UC-35A	20
RC-12H	6	UC-35B	8
JRC-12G	1	C-37A	2
C-12J	2	C-37B	1
RC-12K	7	C-41A	2
RC-12N	14	O-2A	2
RC-12P	9	EO-5C	8
RC-12Q	3	TO-5C	1
C-12R/V	29	T-34C	4
C-12U	71	UV-18A	4
C-20E	1	Cessna 182	2
C-20F	1	Beech 1900D	1
C/JC-23A	3	DHC-7-102	1
C-23C	43	King Air 300	11
C-26B/E	13		

在新的美国陆军航空旅结构中，2个战区航空司令部都各自指挥着2个战区航空旅，战区航空旅的主要装备是CH-47和UH-60运输直升机，也有固定翼飞机和救援直升机。战区航空旅也有通用支援航空营，但其每个通用支援营都有2个空中救护连，而不是1个。

第160特种作战航空团(SOAR)为非常规战争提供空中支援。第160特种作战航空团本质上相当于一个旅，拥有大约2100名人员和190架飞机，共分为4个营，其中3个营负责空中运输(每个营有2个重型直升机连和1个突击直升机连，或者3个重型直升机连)，剩下的那个营有1个轻型攻击运输直升机连和2个突击直升机连。

技术参数

乘员：3名

发动机：2台3460千瓦(4640马力)的罗·罗AE2100-D2A涡轮螺旋桨发动机

最高速度：602千米/小时(374英里/小时)

航程：1852千米(1151英里)

实用升限：9144米(30000英尺)

外形尺寸：翼展28.7米(94英尺2英寸)、机长22. 7米(74英尺6英寸)、机高9.64米(31英尺8英寸)

起飞重量：30500千克(67241磅)

螺旋桨：6叶4.15米(13英尺7英寸) 391/6-132-F/10型螺旋桨

▼ 阿莱尼亚宇航公司 C-27J斯巴达人，配属于阿拉巴马州红石兵工厂的阿拉斯加州陆军国民警卫队

斯巴达人是美国陆军为了替代C-23C夏尔巴人而采购的，从而是美国陆军总共250架固定翼飞机中的一份子。首架C-27J已经于2008年10月交付。美国陆军计划采购超过50架C-27J，尽管2010年美国国防部预算要求陆军把C-27J转给空军。

技术参数

乘员：2名

发动机：1台1300千瓦(约1800马力)莱康明T53-L-703涡轴发动机

最高速度：277千米/小时(172英里/小时)

航程：510千米(315英里)

实用升限：3720米(12200英尺)

外形尺寸：螺旋桨直径14.6米(48英尺)、机长13.6米(44英尺7英寸)、机高4.1米(13英尺5英寸)

起飞重量：4500千克(10000磅)

武器：1门20毫米(0.78英寸)M197机炮，14枚70毫米(2.75英寸)九头蛇70火箭弹、4或8枚陶式反坦克导弹。

▼ 贝尔直升机公司 AH-1F眼镜蛇，配属于在伊拉克战场的第2装甲骑兵团第4中队N连

这架名叫双髻鲨的改进型眼镜蛇武装直升机(编号67-15643)参加了1991年的沙漠风暴行动，并于1999年开始从美国陆军现役部队退役，该机最终服役于第25轻型步兵师。

技术参数

乘员：3—4名

发动机：2台1210千瓦(约1622马力)通用电气T700-GE-701涡轴发动机

最高速度：357千米/小时(222英里/小时)

航程：2220千米(1380英里)

实用升限：5790米(19000英尺)

外形尺寸：螺旋桨直径16.36米(53英尺8英寸)；机长19.76米(64英尺10英寸)；机高5.13米(16英尺10英寸)

起飞重量：11113千克(24500磅)

武器：2部7.62毫米M60机枪、M240机枪或M134六管航空机枪、AGM-114地狱火导弹、19联装“九头蛇”70mm火箭发射巢。

▼ 西科斯基飞机公司 EH-60A黑鹰电子战设备搭载型，配属于第212航空团“十字军”第1营

EH-60A是美国陆军电子战系统的有机组成部分之一，搭载“快速固定II”电子战平台，可利用外置天线拦截和干扰敌方通讯。

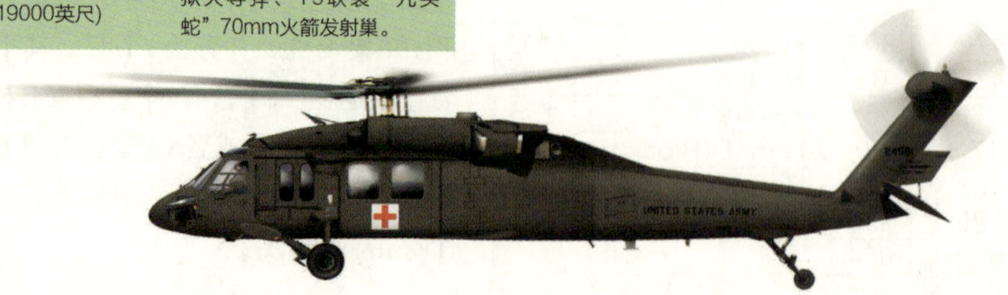

驻韩美国陆军		
美国陆军第8军，位于韩国首尔的龙山兵营		
第2步兵师红云基地，韩国议政府市		
美国陆军航空兵第2战斗航空旅“德西德里奥”陆军航空基地，位于韩国平泽市的汉弗莱斯营		
第2战斗航空旅1营	巴茨陆军航空基地，美国陆军卡森堡，科罗拉多州	AH-64D
第2战斗航空旅2营	首尔空军基地(K-16)，韩国	UH-60A/L
第2战斗航空旅3营	“德西德里奥”陆军航空基地，汉弗莱斯营，平泽市，韩国	UH-60A，CH-47D，C-12J/U
第2战斗航空旅4营	“德西德里奥”陆军航空基地，汉弗莱斯营，平泽市，韩国	AH-64D

第160特种作战航空团，坎贝尔堡，肯塔基州		
第160特种作战航空团1营	坎贝尔陆军航空基地，坎贝尔堡，肯塔基州	AH/MH-6M，MH-60K/L
第160特种作战航空团2营	坎贝尔陆军航空基地，坎贝尔堡，肯塔基州	MH-47G
第160特种作战航空团3营	猎人陆军航空基地，沙瓦那，乔治亚州	MH-47G，MH-60K/L
第160特种作战航空团4营	格雷陆军航空基地，刘易斯堡，华盛顿	MH-47G，MH-60K/L

美国陆军航空兵还有3个团级航空中队(RAS)，其中2个被打造为空中骑兵中队(ACS)。最新的空中骑兵中队有3个攻击/侦察连(装备OH-58D或者AH-64D)和1个突击直升机连(装备UH-60)。除此之外，还有5个军事情报营(MIBN)，其中3个营以1个连的RC-12侦察机和1个连的RQ-5无人机为基本装备。另外2个军事情报营，1个以韩国为基地(有2个固定翼飞机连)，1个以美国本土为基地(只有1个连)。

新装备

美国陆军正在致力于锻造各种先进装备。用于取代OH-58D侦察/攻击直升机的先进武装侦察直升机项目已经于2008年取消，致使多达368架OH-58D“奇奥瓦战士”不得不继续改造升级。UH-72A“勒科塔”轻型多用途直升机获得了很大的成功，并已于2006年入役取代了UH-1和OH-58A/C。同时，AH-64D“长弓阿帕奇”通过继续建造和升级(AH-64A)，在2013年前已达到718架。UH-60和CH-47直升机也在继续建造中。最新的MH-47G改进型已于2005年加入现役，而CH-47“支奴干”直升机的最新改型CH-47F比MH-47G的入役时间晚了

▲ 比奇飞机公司 C-12休伦人

美国陆军有100架各型C-12运输机，主要是C-12U、C-12RH和改进型C-12V。一些C-12R/V和C-12C/D被改装，以适应侦察、监视和目标锁定(RSTA)任务。

两年。到2019年，美国陆军将接收262架利用旧型号改装的CH-47F和190架新机。最新的HU-60M直升机在2006年加入现役，随后HH-60M型救援直升机也于2008年入役。美国陆军计划用1235架M型(包括303架HH-60M和72架MH-60M)，来取代MH-60K/L。

此外，超过250架固定翼飞机在美国陆军的后勤支援和电子战部队服役，其中绝大多数来自C-12家族，它们充实着各种单位。最终，C-12和C-26会被116架未来多用途飞机(FUA)取代，而RC-12和EQ-5C将会被空载通用监视系统(ACS)所取代。

作为无人机使用大户，美国陆军主要使用MQ-7和MQ-1C“捕食者”无人机，后者用来取代RQ/MQ-5。美国陆军还计划装备MQ-8B垂直起降无人机。

加拿大

加拿大武装部队

加拿大的领土面积世界第二，有着世界最长的海岸线，防卫由加拿大武装部队负责，加拿大武装力量自1968年2月1日起，被统称为加拿大军队，当日，海、陆、空三军也被加拿大联邦政府合并。

加拿大是北约(NATO)和北美防空司令部(NORAD)成员，也是联合国维和部队的正式成员。

加拿大航空兵受空军司令部司令和空军总参谋长领导，总部位于渥太华。加拿大本土和海外航空力量受第1航空师(1 Cdn Air Div)司令部和北美防空司令部的加拿大部分(总部位于温尼伯)指挥控制。

加拿大空军司令部在加拿大拥有13个联队，装备超过330架飞机。

第1联队装备CH-146直升机，包括6个战术和训练直升机中队，这些中队以加拿大本土为基地。第3联队是一支多用途部队。第4联队是一支联合作战部队，主要装备是直升机，但也为战斗机培训飞行员。第5联队下辖一支搜索与救援(SAR)中队，其基地

技术参数

乘员：1名
发动机：2台推力79.2千牛(17751磅力)的通用电气F414-GE-400涡轮风扇发动机
最高速度：1814千米/小时(1127英里/小时)
航程：3330千米(2070英里)
实用升限：15000米(50000英尺)
外形尺寸：翼展11.43米(37英尺6英寸)、机长17.07米(56英尺)、机高4.66米(15英尺3.5英寸)
武器：1门20毫米(0.78英寸)M61A1火神机炮，6个旋转炮管共备弹570发；9个外挂点可携带6215千克(13700磅)的各型武器。

▼ 麦道/波音/诺斯洛普公司 CF-188A大黄蜂战斗机 CF-188A大黄蜂战斗机，配属于波格特维尔空军基地的第425中队

CF-188是加拿大空军的主力战斗机，加拿大空军共获得138架，但现在该机数量已经大幅度缩减——仅有3个中队的约80架CF-188接受了中期性能提升改进。

加拿大武装力量飞行中队		
第1联队，金斯顿空军基地，安大略省		
第400中队	CH-146狮鹫	博登空军基地，安大略省
第403中队	CH-146狮鹫	格治城空军基地，新不伦瑞克省
第408中队	CH-146狮鹫	艾登蒙顿空军基地，艾伯塔省
第427中队	CH-146狮鹫	彼得华华空军基地，安大略省
第430中队	CH-146狮鹫	瓦卡迪亚空军基地，魁北克市
第438中队	CH-146狮鹫	圣胡博特机场，魁北克市
第3联队，波格特维尔空军基地，魁北克市		
第425中队	CF-188大黄蜂	波格特维尔空军基地，魁北克市
第439中队	CH-146狮鹫	波格特维尔空军基地，魁北克市
第4联队，冷湖空军基地，艾伯塔省		
第409中队	CF-188大黄蜂	冷湖空军基地，艾伯塔省
第410中队	CF-188大黄蜂	冷湖空军基地，艾伯塔省
第417中队	CH-146狮鹫	冷湖空军基地，艾伯塔省
第419中队	CT-155 鹰	冷湖空军基地，艾伯塔省
第5联队，古斯贝空军基地，纽芬兰		
第444中队	CH-146狮鹫	古斯贝空军基地，纽芬兰
第8联队，特伦顿空军基地，安大略省		
第412中队	CC-144挑战者	渥太华空军基地，安大略省
第424中队	CH-149鸬鹚 CC-130大力神	特伦顿空军基地，安大略省
第426中队	CC-130大力神 CC-144挑战者	特伦顿空军基地，安大略省
第429中队	CC-177环球霸王III	特伦顿空军基地，安大略省
第436中队	CC-130大力神	特伦顿空军基地，安大略省
第437中队	CC-150 北极星	特伦顿空军基地，安大略省
第9联队，甘德空军基地，纽芬兰		
第103中队	CH-149鸬鹚	甘德空军基地，纽芬兰
第12联队，海鸥空军基地，新斯科舍省		
第406中队	CH-124海王	海鸥空军基地，新斯科舍省
第423中队	CH-124海王	海鸥空军基地，新斯科舍省
第443中队	CH-124海王	维多利亚国际机场，不列颠哥伦比亚省
第14联队，格林伍德空军基地，新斯科舍省		
第404中队	CP-140曙光女神	格林伍德空军基地，新斯科舍省
第405中队	CP-140曙光女神	格林伍德空军基地，新斯科舍省
第413中队	CC-130大力神 CH-149鸬鹚	格林伍德空军基地，新斯科舍省
第15联队，穆斯乔空军基地，萨斯喀彻温省		
第431中队“雪鸟”	CT-114“家庭教师”	穆斯乔空军基地，萨斯喀彻温省
第17联队，温尼伯空军基地，马尼托巴省		
第402中队	CC-142达什8	温尼伯空军基地，马尼托巴省
第435中队	CC-130大力神	温尼伯空军基地，马尼托巴省
第440中队	CC-138双水獭	耶洛奈夫空军基地，西北地区
第19联队，科莫克斯空军基地，不列颠哥伦比亚省		
第407中队	CP-140曙光女神	科莫克斯空军基地，不列颠哥伦比亚省
第442中队	CC-115北美野牛 CH-149鸬鹚	科莫克斯空军基地，不列颠哥伦比亚省

位于古斯贝，这也是北约的战术飞行训练基地和加拿大CF-188战斗机分遣队定期举行训练的地方。

第8联队的任务是空中机动和搜救，第9联队则为纽芬兰和拉布拉多提供搜救服务，装备CH-149直升机。

海上作业

加拿大海军航空兵有12个联队，主要以分遣队的形式驻扎在海军战舰上，装备机型是CH-124直升机。加拿大空军第14联队也执行海上任务，该联队的CP-140“曙光女神”巡逻机执行对大西洋的监视任务，并接受海上搜救的任务分派。第19联队的职责与此类似，主要任务是在空中巡逻太平洋，同时接受海上搜救和战术训练任务。

第15联队的驻地是北约驻加拿大飞行训练中心(NFTC)，也是加拿大雪鸟特技飞行表演队的基地。第16联队是最大的飞行训练联队，但是没有飞机分配给它下属的学校。另外一支训练部队——第17联队，下辖3个中队及地面学校，为中心飞行学校提供各类设施。最后，第22联队的职责是监视和为北美洲空间安全提供早期预警。

▼ 贝尔直升机公司 CH-146狮鹫，第430中队“银隼”，瓦卡迪亚空军基地

CH-146狮鹫是贝尔412CF的军用型，是加拿大武装力量中战术直升机力量的核心，以魁北克为基地的430中队，主要为加拿大第5机械化旅提供支援。

技术参数

乘员：3名
发动机：2台671千瓦(约900马力)普.惠加拿大PT6T-3D涡轴发动机
最高速度：260千米/小时(160英里/小时)
航程：656千米(405英里)
载重能力：10名士兵或6副担架
外形尺寸：螺旋桨直径14米(45英尺11英寸)、机长17.1米(56英尺)、机高4.6米(15英尺1英寸)
起飞重量：5355千克(11900磅)
武器：1挺7.62毫米(0.29英寸)C6通用机枪、1挺7.62毫米(0.29英寸)迪龙公司M134D“米尼冈”机枪。

技术参数

乘员：8—15名
发动机：4台3700千瓦(4600马力)的艾莉森T-56-A-14-LFE涡轮螺旋桨发动机
最高速度：750千米/小时(462英里/小时)
航程：9300千米(5737英里)
实用升限：10700米(35100英尺)
外形尺寸：翼展30.38米(99英尺8英寸)、机长35.61米(116英尺10英寸)、机高10.49米(34英尺5英寸)
起飞重量：64400千克(142000磅)
武器：Mk 46 Mod V 型鱼雷，发烟设备，信号充电器，闪光照明弹。

▼ 洛克希德·马丁公司 CP-140曙光女神，第407中队，科莫克斯空军基地

CP-140曙光女神基本上是一个“加拿大版”的P-3猎户座”反潜巡逻机。设计时，它的任务是反潜，但也被用于监控非法捕捞、走私毒品、污染探测，搜寻和救援工作。

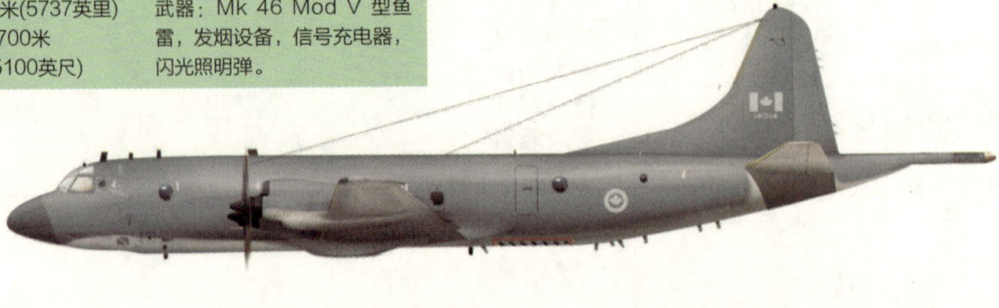

▲ 麦道/波音公司 C-177环球霸王III运输机

以特伦顿为基地的第429中队装备加拿大版C-17环球霸王III运输机。2007—2008年入役后，这种四发重型运输机被用于人道主义救援任务，并且参加了阿富汗的反恐战争，在“雅典娜”行动中，该机型搭建了从加拿大到阿富汗的空中桥梁。

墨西哥

墨西哥空军和墨西哥海军航空兵

作为最小的北美国家，墨西哥拥有的航空力量是其较小的外部威胁的反映，尽管它越来越深地参与到国内事务和缉毒行动中去。

墨西哥空军的基础是2个战斗联队，这2个联队又被分为若干大队，大队由固定翼飞机中队或者直升机中队组成。墨西哥共有18个空军基地，其中一些基地长期没有飞机。其空军指挥体系总体上依靠地理位置进行划分(分为中央空军区、西部空军区和南方空军区)。各中队依飞机种类执行争夺制空权、近距支援、运输、训练和各种后勤任务。

墨西哥海军航空兵包括2支陆基航空部队以及海军战舰上搭载的直升机，还有1支独立的训练部队。

技术参数

乘员：3名

发动机：1台1342千瓦(约1800马力)普.惠加拿大PT6T-3D涡轴发动机

最高速度：223千米/小时
(138英里/小时)

航程：439千米(237英里)

外形尺寸：螺旋桨直径14.64米(48英尺)；机长17.43米(57英尺1.7英寸)；机高3.83米(12英尺7英寸)

起飞重量：5080千克
(11200磅)

▼ 贝尔直升机公司 贝尔212，第103航空中队，瓦哈卡州

以瓦哈卡州为基地的墨西哥空军第103航空中队是一支混合的直升机部队，装备有贝尔206直升机，其装备数量较多的另一种直升机是以色列帮忙改进的CH-53s。

技术参数

乘员：1名

发动机：2台推力22.2 千牛(5000磅力)的通用电气J85-GE-21B 涡轮喷气发动机

最高速度：1741千米/小时
(1082英里/小时)

航程：3720(2311英里)

实用升限：15790米
(51800英尺)

最大起飞重量：11187千克
(24644磅)

外形尺寸：翼展8.13米(26英尺8英尺)、机长14.45米(47英尺4.75英寸)、机高4.07米(13英尺4.5英寸)

武器：2门20毫米(0.79英寸)机炮、2枚空对空导弹、7个外挂点可挂装3175千克(7000磅)重的武器，包括导弹、炸弹、电子对抗吊舱、集束炸弹、火箭发射装置和可抛弃副油箱。

▼ 诺斯洛普·格鲁曼公司 F-5E虎II战斗机，第401航空中队，桑塔露琪娅

第401航空中队是墨西哥最强的战斗机部队，装备有F-5E/F战斗机。2005年进行现代化改装后，换用了AN/APQ-159雷达，具备了发射AIM-9P空对空导弹的能力。墨西哥虎II战斗机的1号空军基地(No 1 BAM)，位于首都墨西哥城附近桑塔露琪娅。

第二章

中美和南美

经历了多年的动荡，今日的中美洲国家空军大都只装备有运输机和直升机，只有洪都拉斯装备了高性能喷气式战斗机。而在加勒比海地区，实力已经被严重削弱的古巴空军仍然是这个地区唯一有影响力的空中力量。没什么意外的是，近期的经济不景气对中美洲和南美洲空军力量的组织和维护都产生了消极的影响。在南美洲，阿根廷和巴西还是延续传统，维持着本地区最强的空中力量，但智利和委内瑞拉后来居上，通过采购最好的武器装备，挑战着这两个南美洲传统空军强国的地位。

阿根廷

阿根廷空军，陆军航空兵和海军航空兵

作为南美洲最强的空中力量之一，阿根廷空军如今饱受缺乏资金的困扰，不得不继续使用已经日趋老化的一线装备。

阿根廷的三军都有自己独立的航空部队。除了马岛战争之外没有进行过大规模军事行动，但都参与过当地危机救援和反走私行动。

阿根廷空军(FAA)的许多飞机已经亟需更换。第1航空旅负责空运，装备大力神运输机。其装备的主要机型KC-130运输机除了空运外，还负责空中加油。装备有5架波音707，其中一架安装了电子战设备，其余4架用于运输要员和战略物资。另外，在阿根廷国家航空专线(LADE)和空军的专用航线上，第1航空旅使用了5架福克F28运输机。

第2航空旅负责运输、联络、空中照相侦察和其他支援任务。第3航空旅装备约40架“普卡拉”反暴乱飞机。“普卡拉”被广泛运用于沿北部边疆的反毒品走私战场。第4航空旅除了搜救直升机和“南十字星”特技飞行表演队(装备苏-29教练特技飞行机)，还装备有18架“潘帕斯”教练机，用于进行飞行训练和低强度对地攻击，阿根廷空军现在又订购了12架“潘帕斯”教练机，老飞机也在改进升级中。

阿根廷空军航空旅		
第1航空旅	C-130B/H，KC-130H，L-100-30“大力神”，福克F28，波音707	埃尔帕洛马尔
第2航空旅	里尔喷气31A，福克F27	巴拉那
第3航空旅	IA-58A/D“普卡拉”	雷孔基斯塔
第4航空旅	IA-63“帕潘草原”，SA315B“拉玛”苏-29AR	门多萨莫龙
第5航空旅	OA/A-4AR	雷诺兹
第6航空旅	幻影IIIEA/DA，幻影5A“玛拉”，“手指/匕首”战斗机	坦迪尔
第7航空旅	支奴干直升机，贝尔212直升机，UH-1N，休斯369/500直升机	莫雷诺
第9航空旅	萨博340，DHC-6	里瓦达维亚海军准将城

技术参数

乘员：1名

发动机：1台推力52.9千牛(9436磅力)(净推力)的通用电气J79-J1E涡喷发动机

最高速度：2马赫(2440千米/小时，1516英里/小时)

最大转场航程：3230千米(2000英里)

实用升限：18000米(59055英尺)

外形尺寸：翼展8.22米(26英尺11英寸)；机长15.55米(51英尺4英寸)；机高4.55米(14英尺11英寸)

武器：2门30毫米(1.18英寸)DEFA 552机炮，载弹量6085千克(13415磅)。

▼ 以色列航空公司 幼狮战斗机，第1中队，第5航空旅，坦迪尔

幼狮战斗机是以色列综合幻影III及幻影V战斗机优点研发的轻型战斗机，这架幼狮战斗机服役于第一中队，曾和幻影战斗机一起驻扎在坦迪尔，图中这架战斗机的涂装显示该机曾经在马岛战争摧毁过两艘英国皇家海军战舰。

第5航空旅装备33架OA/A-4AR天鹰战斗轰炸机，这是阿根廷空军最先进的战机之一，除此之外，还装备有相对陈旧的幻影截击机。阿根廷空军的战斗机部队由9架以色列提供的**“幼狮”**战斗机和10架幻影IIIEA组成，此外还有一支训练部队装备7架幻影5A“玛拉”、2架幻影III DA和3架双座型“幼狮”战斗机。

阿根廷空军主要的直升机部队是第7航空旅，但该旅装备的支奴干直升机已不能使用了。第9航空旅执行国家航空专线和阿根廷南极地区的支援任务。还有一所军事飞行学校装备T-34教练机和巴西EMB-312“巨嘴鸟”(Tucano)涡轮螺旋桨初级教练机。

阿根廷陆军航空兵主要装备UH-1H直升机，这些直升机集中部署于阿根廷陆军第601战斗飞行营，位于五月营区，其他较小的类似部队则分布于全国各地。阿根廷陆航的固定翼飞机部队装备OV-1D战场监视飞机和G222运输机(即C-27J的原始版本)。

阿根廷海军航空兵的主要装备是S-2T反潜巡逻机，超军旗攻击机及直升机，还有P-3B和比奇200用以执行海上监控任务。其他单位包括航空照相侦察，训练和运输机部队。

技术参数

乘员：1名

发动机：1台推力49千牛(11000磅力)的斯奈克玛 亚塔8K-50涡轮喷气发动机

最高速度：1180千米/小时（733英里/小时）

航程：3400千米(2200英里)

实用升限：13700米(44950英尺)

外形尺寸：翼展9.6米(31英尺6英寸)；机长14.31米(45英尺10英寸)；机高3.86米(12英尺4英寸)

起飞重量：12000千克(26455磅)

武器：2门30毫米机炮，可挂载2100千克(4630磅)武器，包括核武器和飞鱼反舰导弹。

▼ **达索航空 超军旗攻击机，阿根廷海军航空兵第2战斗和攻击中队，巴希亚巴兰卡海军机场**

如图中所示，携带飞鱼反舰导弹的超军旗攻击机是阿根廷海军最强大的攻击力量。该机曾部署于火地岛的格兰德河。

▲ **诺斯洛普·格鲁曼公司 S-2T涡轮追踪者反潜巡逻机**

该机是阿根廷海军航空兵第2号机，以巴希亚巴兰卡海军机场为基地，属于海航反潜中队，该中队有5架S-2T，任务是反潜作战，还有1架PC-6涡轮搬运工通用运输机。

阿根廷海军航空兵中队		
海航反潜中队	S-2T，PC-6	巴希亚巴兰卡海军机场
海航第2战斗攻击中队	超军旗	巴希亚巴兰卡海军机场
海航第1直升机中队	SA316B“云雀III”,AS555“非洲狐”	巴希亚巴兰卡海军机场
海航第2直升机中队	SH-3D，ASH-3D	巴希亚巴兰卡海军机场
海航第2后勤中队	福克F28	埃塞萨海军基地
海航巡逻中队	P-3B	伊利萨尔海军上将海军基地
海航海洋监测中队	比奇200	伊利萨尔海军上将海军基地

玻利维亚

玻利维亚空军

玻利维亚空军(FAB)只有非常有限的战斗装备，是一支以运输和训练为主的空中力量。各中队按照地理区域被分成三个部分(I、II、III航空旅)。

玻利维亚空军的主要基地位于拉巴斯、考科皮罗和圣克鲁斯。每个基地进驻一个航空旅，再按照任务类型分成大队。飞行大队下辖中队。“航空军事运输线”是玻利维亚空军的军用航线，其基地位于拉巴斯。

技术参数

乘员：1-4名

发动机：1台1044千瓦(1400马力)艾维科.莱康明T53-L-13涡轴发动机

最高速度：220千米/小时(135英里/小时)

航程；511千米(317英里)

实用升限：5910米(19390英尺)

外形尺寸：螺旋桨直径14.63米(48英尺)；机长17.44米(57英尺1英寸)；机高4.41米(14英尺5英寸)

起飞重量：4309千克(9500磅)

▲ 贝尔直升机公司 UH-1H，第51飞行大队，查帕库拉

玻利维亚空军第51飞行大队主要装备直升机。这架UH-1H直升机服役于“特遣部队”中队，基地位于查帕库拉。

哥斯达黎加

空中警察

作为民事警察的一部分，哥斯达黎加规模很小的空中警察部队主要有三个基地(利韦里亚、圣何塞以及一个位于戈尔菲托的海上基地)，核心基地位于首都圣何塞。

作为一支民事警察部队，哥斯达黎加空中力量缺乏武装飞机，但能够胜任常规禁毒任务，也有能力执行救援，医疗后送和运送要员等任务。主要装备派珀和赛斯纳轻型飞机，并有MD500直升机作为后援。

技术参数

乘员：1-2名
发动机：1台236千瓦(316马力)艾莉森250-C18A涡轴发动机
最高速度：244千米/小时(151英里/小时)
航程：606千米(375英里)
外形尺寸：螺旋桨直径8.03米(26英尺4英寸)；机长9.40米(30英尺8英寸)；机高2.71米(8英尺9英寸)
起飞重量：1361千克(2994磅)

麦克唐纳·道格拉斯直升机公司 MD500E，空中警察部队，圣何塞/圣玛利亚

圣何塞是哥斯达黎加空中警察部队的主要基地，只装备了MD500直升机，用于执行监视任务，图中MSP018号采用警察部队涂装。

巴西

巴西空军，陆军航空兵和海军航空兵

作为本地区最大的一支空中力量，巴西空军(FAB)拥有5个司令部，除此之外还有巴西陆军和巴西海军的航空兵。

巴西空军目前迫切地需要新型战斗机，为了替换现有的幻影2000战斗机，巴西出台了FX-2竞标方案，并且最终选择了AMX项目(注：意大利和巴西两国合作研制的单座单发超音速轻型攻击机)。

总部位于巴西利亚的巴西空军第3航空

技术参数

乘员：1名
发动机：1台推力95.1千牛（21834磅）的斯奈克玛M53-P2涡轮风扇发动机
最高速度：2530千米/小时（1500英里/小时）
航程：3330千米（2073英里）
实用升限：18000米（59055英尺）
外形尺寸：翼展9.13米（29英尺）；机长14.36米（47英尺1英寸）；机高5.2米（17英尺）
起飞重量：17000千克（37500磅）
武器：2门DEFA 554机炮，9个外挂点可挂装6300千克（13889磅）的武器，包括空对空导弹，火箭发射巢和各种攻击载荷，包括454千克（1000磅）炸弹。

达索航空 幻影2000C，第1中队，第1防空大队，安那波里斯

图中这架幻影2000C以安那波里斯为基地，主要任务是保卫首都巴西利亚。巴西空军的幻影2000是采购法国空军的二手机，共12架，分三批各4架在2006—2008年间每年各接收一批，全机队均采用RDI-S4雷达与M53-5发动机，已于2013年退役。

军包含了巴西最主要的战斗机部队，其中位于安那波里斯的第1防空大队，装备有幻影2000B/C战斗机、EMB-326喷气教练机和EMB-312巨嘴鸟教练机。位于圣克鲁斯的第1战斗机大队，下辖2个中队，装备有改进型F-5战斗机和EMB-312教练机。第3飞行大队(GAv)下辖3个中队，装备有EMB-314超级巨嘴鸟、EMB-312和赛斯纳208，基地位于波娃·薇丝塔、韦柳港和大坎普。第5飞行大队在福塔雷萨有一个装备EMB-110轻型运输机的中队。第6飞行大队在累西腓有一个装备里尔喷气35和EMB-110的中队，还有一个装备赛斯纳208和EMB-145SA/RS空中早期预警机的中队在安那波里斯。第10飞行大队位于圣玛利亚，是第3航空军的一支AMX战斗攻击机部队，拥有两个中队的该型机。第14飞行大队位于卡罗斯，装备F-5战斗机和EMB-312教练机。最后还有第16飞行大队，位于圣克鲁斯，只下辖一个AMX战斗攻击机中队。

第5航空军总部位于里约热内卢，下辖3个运输机大队，主要装备C-130运输机，其中第9飞行大队有一个中队的C-295运输机，位于玛瑙斯；第15飞行大队，混装EMB-110和C-295，位于大坎普。

第2航空军的总部也位于里约热内卢，下辖第7飞行大队，该大队拥有四个装备EMB-111的中队，分别位于萨尔瓦多、弗洛里亚诺

巴西空军战斗和运输部队					
巴西空军特技飞行表演队			**第2地区司令部直属部队**		
“拉烟中队”	EMB-312	皮拉苏农加	第2运输机中队	EMB-110，EMB-120	累西腓
巴西空军特种运输机大队			**第3地区司令部直属部队**		
第1/1运输机大队	A319、ERJ-190、波音737、AS332、EC635、HB355	巴西利亚	第3运输机中队	EMB-110，EMB-120	加利昂
第2/1运输机大队	里尔喷气35/55、BAe125和莱格赛600	巴西利亚	**第4地区司令部直属部队**		
巴西空军支援司令部 电子战部队			第4运输机中队	EMB-110，EMB-120	圣保罗
特种支援大队	BAe125 EMB-110	桑托斯杜蒙空军基地	**第5地区司令部直属部队**		
巴西空军总司令部	第5运输机中队	EMB-110	卡诺阿斯		
巴西空军地区司令部			**第6地区司令部直属部队**		
第1地区司令部直属部队			第6运输机中队	EMB-110，EMB-120，EMB-121	巴西利亚
第1运输机中队	EMB-110，赛斯纳208	贝伦	**第7地区司令部直属部队**		
			第7运输机中队	EMB-110，EMB-120赛斯纳208，	玛瑙斯

波利斯、贝伦和圣克鲁斯。其中圣克鲁斯空军基地从2010年起开始接收P-3AM巡逻机。第2航空军的直升机部队主要是第8飞行大队，下辖5个中队，装备UH-1H、HB350(巴西本国制造的AS350直升机)、AS332和UH-60L直升机(除此外还有轻型固定翼飞机)。这些中队以贝伦、累西腓、阿朗索、圣玛利亚和玛瑙斯为基地。第2航空军还下辖第10飞行大队，该大队仅有一个中队，装备UH-1H、EMB-110和C-295，位于大坎普。

训练指挥部

巴西空军训练指挥部，总部位于纳塔尔，下辖第1、第4飞行大队，装备EMB-326喷气教练机。第2、第5飞行大队装备EMB-314。第11飞行大队下辖一个中队，装备HB350直升机。还有一个飞行训练营地提供初级飞行训练，使用一些轻型飞机和滑翔机，位于皮拉苏农加。巴西空军的特技飞行表演队“拉烟中队”(装备EMB-312教练机)也驻扎在这里。

巴西是一个幅员辽阔的国家，境内许多地方刚刚打通陆上联系，因此巴西空军需要维持一支庞大的运输机部队。巴西空军总司令部下辖7个地区司令部。正常情况下，每个地区司令部都有一支运输机中队，装备EMB-110、EMB-120直升机和赛斯纳208，基地分别是贝伦、伯南布哥、加利昂、圣保罗、卡诺阿斯和圣玛利亚、巴西利亚和玛瑙斯(后者是第7运输机中队的基地之一，第7运输机中队的其他基地还有博阿维斯塔和亚玛逊老港)。

巴西空军特种运输机大队包括第1/1运输机大队和第2/1运输机大队，基地位于巴西利亚。装备有一些要员专机和政府用机，机种包括：A319、ERJ-190、波音737、AS332、EC635、HB355、里尔喷气35/55、BAe125和莱格赛600。

巴西空军支援司令部下辖电子战部队——特种支援大队，装备BAe125和EMB-110，该大队负担航空设备检查职责，基地位于桑托斯杜蒙空军基地。

巴西海军航空兵是目前南美洲唯一的一支舰载航空部队。该部队驻扎在航母圣保罗号上。巴西海军第1舰载战斗攻击机中队是巴西海航唯一装备固定翼飞机的部队(TA/A-4KU“天鹰”战斗攻击机)。海航飞机主要部署于圣佩德罗海军基地，该基地还部署了直升机部队，包括一个中队的SH-3(正在被SH-60取代)，一个中队的“山猫”直升机，一个中队的AS335和HB350混合部队，一个中队的AS332(正在被AS532取代)，两个中队的HB350(分别位于玛瑙斯和东堤岛)，以及两个中队的贝尔206(分别位于拉达瑞奥港和圣佩德罗海军基地)。

巴西陆军航空兵

巴西陆军航空兵(AvEx)，正式建立于1986年，主要力量是陆航第1大队，由4个旅组成。其中第4陆航旅的基地位于亚马逊的玛瑙斯，主要从事禁毒工作。其余3个旅位于陶巴特市。随着AS352直升机的引进，一个新的陆航基地将要在巴西南部的马托格罗索高原建起来。除AS352外，巴西陆航还装备有AS550、HB350、AS565、HB565和S-70A直升机。

智利

智利空军，海军航空兵和陆军航空兵

通过装备最新型战机并且对老旧的战斗装备进行技术升级改造，智利空军(FACH)已经成为该地区最有实力的空中力量之一。

▲ **通用动力/洛克希德·马丁公司 F-16D战隼**

太平洋上，一架智利空军第3飞行大队的F-16D正在接受美国空军KC-135的空中加油。智利F-16C/D的技术水平很高，用以色列产的怪蛇4和德比空对空导弹替代美国机载武器。

智利空军曾经是拉丁美洲地区最小最弱的空军力量，但现在或许是最强的。原因是智利空军进行了全方位的现代化改造：将F-5E/F虎II战斗机升级到“虎III”的标准，并且引进F-16C/D Block 50战斗机，该机从2006年3月开始已经交付了10架。幻影5战斗轰炸机已让位于18架二手的F-16AM/BM战斗机，这些F-16是2007年从荷兰购买的，继续购买的12架也已经运到，用于替换退役的幻影50战斗机。此外，智利空军目前已经开始用EMB-314“超级巨嘴鸟”来替换A/T-36猎鹰喷气式教练机；在初级教练机方面，T-35A/B仍然在使用中，装备着智利空军的军事飞行学校。

智利空军运输机部队的基础是3架C-130H运输机和2架波音707，其中1架波音707用于空中加油，另外1架用于电子战。不久之后，从美国空军引进的KC-135E空中加油机将会加入智利空军。智利空军其他的运输机还有总统专机，以及用于轻型运输任务的DHC-6和C-212。

智利空军	
第1航空旅，伊基克	
第1飞行大队	A/T-36“猎鹰”，EMB-314
第2飞行大队	比奇99A，C-212，SA315B“拉玛”
第3飞行大队	F-16C/D
第2航空旅，圣地亚哥	
军事飞行学校，埃尔博斯克	T-35A/B“宝乐”
第9飞行大队	UH-1H，贝尔412，贝尔206，BK 117，S-70A，PA-28，达科塔，O-2A
第10飞行大队	KC-135E，C-130H，波音707，波音737，比奇200，湾流四
航空摄影队	里尔喷气35A，DHC-6，比奇100
空中技巧表演班	Extra 300L
第3航空旅，蒙特港	
第5飞行大队	DHC-6，C-212，赛斯纳“奖状”喷气
第4航空旅，蓬塔阿雷纳斯	
第6飞行大队	DHC-6，UH-1H
第12飞行大队	F-5E/F 虎II
第19南极洲探险队	UH-1H，BO105
空中联系中队	贝尔412
第5航空旅，安托法加斯塔	
第7飞行大队	F-16AM/BM
第8飞行大队	F-16AM/BM
空中联系中队	贝尔412，C-212

智利有5架比奇99A用于海上监视，但这支部队现在由智利海军航空兵指挥。此外，比奇空中霸王和里尔喷气35A被用于空中照相侦察。其他的轻型飞机还有“达科塔(C-47)”、赛斯纳O-2A、比奇超级空中霸王和赛斯纳“奖状”。智利空军装备的直升机有UH-1D/H、贝尔412和SA315B“拉玛”。

海军航空兵

智利有超过5950千米(3700英里)的海岸线，并有大量岛屿，在南极圈内也有领土。智利海军航空兵的指挥机构是第1海军航空队，该机构指挥着大部分海军飞行部队——包括3个飞行中队(第1巡逻飞行中队，第1攻击直升机中队，第1通用直升机中队，和第1运输飞行中队)，还包括海军航空学校下辖的1个中队(VT-1)和海军航空维修中心。

智利海军航空兵	
第1海军航空队，比尼亚德尔马海军航空基地	
海军航空学校	O-2，PC-7
第1运输飞行中队	C-212
第1巡逻飞行中队	EMB-111，P-3ACH，UP-3A
第1通用直升机中队	贝尔206，BO105，SA365
舰载直升机中队，尼亚德尔马海军航空基地	
HA-1	AS332，AS532，SA365
第2海军航空队，彭塔阿雷纳斯	
装备飞机	EMB-111，C-212，BO105，SA365，P-3ACH，彭塔阿雷纳斯，威廉姆斯港，伊斯拉道森

第2海军航空队的总部位于智利南部的彭塔阿雷纳斯，在伊斯拉道森和威廉姆斯港也有基地。此外，彭塔阿雷纳斯还部署了其他中队，包括1-2架P-3A和1架EMB-111巡逻飞机，1架C-212通用运输机和若干直升机。

智利还有一小部分的海军航空部队兵力驻扎在北方的伊基克，主要装备EMB-111和BO105。

◀ **欧洲直升机公司 AS532SC美洲狮**

智利海军的超级山猫和美洲狮直升机携带本国设计的SH-32型雷达，装备于第1攻击直升机中队(HA-1)。智利海军于90年代引进了6架美洲狮(如图中所示)，还引进了一架AS332B1。第1攻击直升机中队部署在智利海军的护卫舰上。

技术参数

乘员：2名

发动机：1台最大推力131.5千牛(29588磅力)的通用电气F100-GE-129涡扇发动机

最高速度：2173千米/小时(1350英里/小时)

航程：1930千米(1200英里)

实用升限：15240米(50000英尺)

外形尺寸：翼展9.45米（31英尺）；机长15.09米（47英尺8英寸）；机高5.09米（16英尺8英寸）

起飞重量：19187千克（42300磅）

武器：一门通用电气20毫米（0.79英寸）M61A1多管机炮；7个外挂点可以携带9276千克（20450磅）武器。

▼ **通用动力/洛克希德·马丁公司 F-16D战隼**

智利空军先进的F-16D战斗机隶属于第1航空旅，基地为伊基克的迭戈阿拉塞纳空军基地(以秃鹰基地闻名

智利陆军航空旅(BAVE)的总部位于兰卡瓜，下辖第1航空团，分成5个航空分队，每个航空分队属于一个陆军师。智利陆军航空旅的主要装备是：C-212、赛斯纳208等轻型固定翼飞机，松鼠、花栗鼠、拉玛、美洲豹(智利陆军航空旅希望替换为美洲狮)、超级美洲豹和MD530F等型号的直升机。

哥伦比亚

哥伦比亚空军

哥伦比亚空军(FAC)分成6个主要的司令部，积极地活跃于其国内的平叛、打击毒品生产和走私的战争中。

哥伦比亚空军6个主要的司令部分别是：空军战斗司令部(CACOM)、空军战术支援司令部(CAATA)、空军军事运输司令部(CATAM)、空军军事飞行学校(EMAVI)、空军维护司令部(CAMAN)和国家国土空中导航服务队(SATENA)。

每个司令部下辖若干大队，每个大队由若干中队组成。空军战斗司令部下属的第1战斗大队，位于潘普洛纳，主要职责是防空，装备“幼狮”战斗机、幻影5战斗机及T-37教练机；第2战斗大队位于阿皮亚，职责是国内禁毒和平叛，装备机型为“巨嘴鸟”、“超级巨嘴鸟”、AC-47和AH-60L等，第2战斗大队还有1个装备OV-10的中队，驻扎在约帕尔，该基地也是哥伦比亚空军打击反政府武装的主要基地，约帕尔还驻扎着1个固定翼飞机和直升机混编的平叛中队；第3战斗大队位于巴兰基亚，装备OA-37和“超级巨嘴鸟”；第4战斗大队位于梅尔加，装备有各类直升机；第5战斗大队位于里奥内格罗，使用AH-60L空中炮艇机；第6战斗大队位于崔斯，装备巨嘴鸟。空军军事运输司令部位于波哥大，装备C-130、CN235和C-295运输机。

技术参数

发动机：1台最大推力79.62千牛(17860磅力)(带加力燃烧室)的以色列航空公司/通用电气公司J79-J1E涡轮喷气发动机
最高速度：2440千米/小时，1516英里/小时
作战半径：768千米(477英里)
实用升限：17690米(58038英尺)
外形尺寸：翼展8.22米(26英尺11英寸)；机长15.65米(51英尺4英寸)；机高4.55米(14英尺11英寸)
武器：2门30毫米(1.18英寸)拉斐尔DEFA533机炮，载弹量5774千克(12730磅)，挂架可携带集束炸弹和导弹。

▼ 以色列航空公司 幼狮C7战斗机，第111战斗中队，第11战斗大队，潘普洛纳

幼狮C7战斗机是以色列幼狮系列战斗机中的最后一个型号，和本图中装备幼狮C7战斗机的哥伦比亚空军第111战斗中队的一样，潘普洛纳空军基地还部署了装备幻影5的第112战斗中队和装备T-37B/C的第116战斗中队。

技术参数

乘员：3名
发动机：2台1545千瓦(2225马力)卡里莫夫TV3-117VM涡轴发动机
最高速度：250千米/小时(156英里/小时)
航程：495千米(301英里)
实用升限：5000米(16400英尺)
外形尺寸：螺旋桨直径21.35米(69英尺10英寸)；机长18.42米(60英尺5英寸)；机高5.34米(17英尺6英寸)
最大起飞重量：13000千克(28660磅)
武器：6个外挂架，可携带1500千克(3300磅)炸弹，火箭和机炮吊舱

米里设计局 米-17MD，第3运输航空营，第25航空作战指挥部，托莱麦得

第3运输航空营装备混合了俄罗斯支援的米-17MD，米-17-1V和米-17-5V直升机，这支部队被拆分成遍布全国的直升机派遣部队。

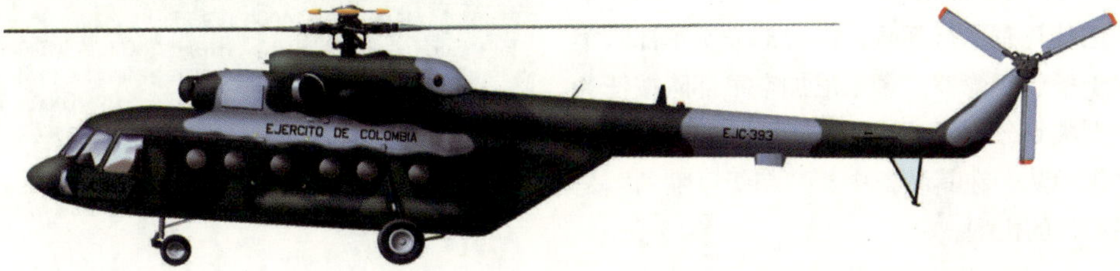

古巴

古巴空军

古巴空军曾经是中美洲最强大的一支空中部队，如今古巴防空军/空军革命武装力量(DAAFAR)陷入非常窘迫的境地——极度缺乏资金并且出勤率很低。

古巴防空军/空军革命武装力量分布在三个航空区域内，每个区域配备的空军中队按任务分属于防空、轰炸、后勤支援和飞行训练司令部。2007年，古巴空军拥有4个主要基地，共有约31个作战单位。

米高扬-格列维奇设计局 米格-29战斗机，第231战斗机中队，第1779航空团，圣安东尼奥·德洛斯巴尼奥斯

古巴防空军/空军革命武装力量最有战斗力的作战飞机是米格-29，只装备了一个中队。2007年，西方情报显示只有3架该机型还能飞行。

技术参数

乘员：1名
发动机：2台最大推力81.4千牛(18298磅力)的萨尔基索夫RD-33涡扇发动机
最高速度：2400千米/小时(1491英里/小时)
航程：1500千米(932英里)
实用升限：17000米(55775英尺)
外形尺寸：翼展11..36米(37英尺3.75英寸)；机长(包括空速管)17.32米(56英尺10英寸)；机高4.73米(15英尺6英寸)
起飞重量：18500千克(40785磅)
武器：1门30毫米(1.18英寸)GSh-30机炮，可挂载4500千克(9921磅)武器

多米尼加共和国

多米尼加空军

多米尼加空军(FAD)把多米尼加共和国分成南、北两个航空区域，总部分别位于圣伊西德罗和圣地亚哥德洛斯卡瓦莱洛斯。

多米尼加空军的飞行部队归多米尼加空军司令部指挥。多米尼加空军共有8个基地驻扎有飞行部队，但大部分空军部队集中于圣伊西德罗。多米尼加空军部队按任务类型被划分为战斗、运输、联络、训练和直升机中队，在其装备中，“超级巨嘴鸟”是最有效的机型。

技术参数

乘员：1-4名

发动机：1台1044千瓦(1400马力)艾维科.莱康明T53-L-13涡轴发动机

最高速度：220千米/小时(135英里/小时)

航程；511千米(317英里)

实用升限：5910米(19390英尺)

外形尺寸：螺旋桨直径14.63米(48英尺)；机长17.44米(57英尺1英寸)；机高4.41米(14英尺5英寸)

起飞重量：4309千克(9500磅)

▼ 贝尔直升机公司 UH-1H，多米尼加空军

除了11架UH-1H外，多米尼加空军还装备了OH-58、贝尔430、多芬、OH-6和施瓦泽直升机。

厄瓜多尔

厄瓜多尔空军，海军航空兵和陆军航空兵

厄瓜多尔空军(FAE)在过去经历过与邻国秘鲁的战斗，近期，厄瓜多尔空军的防空力量和对地攻击力量达到了平衡。

厄瓜多尔空军的结构包括：位于基多的总部，下辖第1空军区，负责运输和通讯；第2空军区，负责3个战斗联队和飞行学校。

第1空军区的基地位于基多，下辖第11运输联队，该联队分为四个运输机中队，装备C-130、BAe748、DHC-6和北极星式直升机。厄瓜多尔军用航线(TAME)，也位于基多，是厄瓜多尔空军的军用专线。第2空军区的兵力包括3个联队，分别是第21战斗联队，位于陶拉(1个中队的幻影F1战斗机以及1个中队的幼狮战斗机)；第22战斗联队位于瓜亚基尔(2个中队分别装备直升机和联络机)；第23战斗联队位于曼塔(1个中队的A-37B攻击机，同时有分遣队驻扎于拉戈阿格里奥；此外还有1个中队的“打击能手”攻击机，即英国宇航公司BAC 167攻击机)。

厄瓜多尔陆军航空队既装备固定翼飞机，又装备直升机，用于直接支援陆军。厄瓜多尔海军只有一支很小的航空部队。

▼ 欧洲战斗教练和战术支援飞机制造公司 美洲豹ES攻击机，第2111战斗机中队，第21战斗联队，陶拉

图中的美洲豹攻击机挂装魔术2空对空导弹和炸弹，该机出现在1995年厄瓜多尔与秘鲁的冲突之中，当时准备深入秘鲁去轰炸，但是最终这些美洲豹还是没参加作战行动。厄瓜多尔空军的美洲豹攻击机现在全部入库封存。

技术参数

乘员：1名

发动机：2台推力32.5千牛（7305磅力）的罗.罗/Turbomeca Adour Mk 811涡扇发动机

最高速度：1699千米/小时（1056英里/小时）

航程：3524千米（2190英里）

实用升限：14000米（45931英尺）

外形尺寸：翼展8.7米(28英尺6英寸)；机长16.83米(55英尺2.5英寸)；机高4.9米(16英尺)

起飞重量：15700千克（34613磅）

武器：2门30毫米(1.18英寸) Aden MK.4机炮；可挂载4763千克(10500磅)武器。

▼ 达索航空 幻影F1JA战斗机，第2112战斗机中队，第21战斗联队，陶拉

FAE806号是在1995年战争中取得空战胜利，击落秘鲁空军苏霍伊设计局苏-22的两架幻影F1战斗机其中之一。本图中该机携带的是魔术2和怪蛇3空对空导弹。

技术参数

乘员：1名

发动机：1台最大推力100千牛(15873磅力)的斯奈克玛 阿塔尔9K-50涡喷发动机

最高速度：2350千米/小时(1460英里/小时)

作战半径：425千米(264英里)

最大升限：20000米(65615英尺)

外形尺寸：翼展8.4米(27英尺7英寸)；机长15米(49英尺2.25英寸)；机高4.5米(14英尺9英寸)

武器：2门30毫米(1.18英寸)553 DEFA机炮，备弹135发；5个外挂点可挂装6300千克(13889磅)的武器

▼ 以色列航空公司 幼狮C2战斗机，第2113战斗机中队，第21战斗联队，陶拉

图中的幼狮战斗机以陶拉(瓜亚基尔)为基地，采用于秘鲁的1995战争期间的涂装。马塔上尉驾驶这架飞机于1995年2月击落一架秘鲁空军A-37B。

技术参数

乘员：1名

发动机：1台最大推力79.62千牛(17860磅力)(带加力燃烧室)的以色列航空公司/通用电气公司J79-J1E涡喷发动机

最高速度：2440千米/小时(1516英里/小时)

作战半径：768千米(477英里)

实用升限：17690米(58038英尺)

外形尺寸：翼展8.22米(26英尺11英寸)；机长15.65米(51英尺4英寸)；机高4.55米(14英尺11英寸)

武器：2门30毫米(1.18英寸)拉斐尔DEFA533机炮，载弹量5774千克(12730磅)，挂架可携带集束炸弹和导弹。

萨尔瓦多

萨尔瓦多空军

萨尔瓦多只有一支小规模的，只装备轻型攻击机、通用运输机和直升机的空军部队(FAS)，分为第1和第2航空旅。

萨尔瓦多空军的第一架喷气式飞机引进于20世纪70年代，今天萨尔瓦多空军的主力是OA/A-37喷气式攻击机，装备第2航空旅，位于科马拉帕，主要用于禁毒和低强度对地攻击，还装备O-2观测机来扩大空中监视范围。

空军战斗部队以装备BT-67(C-47的涡轮螺旋桨飞机改型)、“阿拉瓦”运输机、UH-1和MD500直升机的第1航空旅为主要力量。第1航空旅位于伊洛潘戈，这些运输机中的一部分被改装作为炮艇机或者支援特种部队。T-35教练机也在继续使用中，贝尔407和贝尔412直升机则作为要员专机来使用。

技术参数

乘员：1-2名
发动机：2台671千瓦普.惠加拿大PT6T-3B-1涡轴发动机
最高速度：259千米/小时(161英里/小时)
航程：745千米(463英里)
实用升限：6096米(20000英尺)
外形尺寸：螺旋桨直径14.02米(46英尺)；机长17.1米(56英尺1英寸)；机高4.6米(15英尺)
起飞重量：5397千克(11900磅)

▼ 贝尔直升机公司 贝尔412EP守护者，直升机中队，第1航空旅，伊洛潘戈

贝尔412EP直升机，绰号“守护者”，除了这个机型外，萨尔瓦多空军直升机中队还装备了UH-1H、UH-1M和MD500以及1架贝尔407。

技术参数

乘员：1名
发动机：2台推力12.7千牛(2850磅力)的通用电气J85-GE-17A涡轮喷气发动机
最高速度：816千米/小时(507英里/小时)
航程：1480千米(920英里)
实用升限：12730米(41765英尺)
外形尺寸：翼展10.93米(35英尺10.3英寸)；机长8.62米(28英尺3.4英寸)；机高2.7米(8英尺10.3英寸)
最大起飞重量：6350千克(14000磅)
武器：1挺7.62毫米(0.308英寸)GAU-2B/A米尼冈机枪(装在机鼻)，8个外挂架可以挂载1230千克(2712磅)武器。

▼ 赛斯纳公司 A-37B蜻蜓，对地攻击中队，第2航空旅，科马拉帕

A-37B，绰号“蜻蜓”，装备萨尔瓦多空军对地攻击中队，位于科马拉帕空军基地，该基地还部署了萨尔瓦多空中监视中队，装备赛斯纳O-2A。

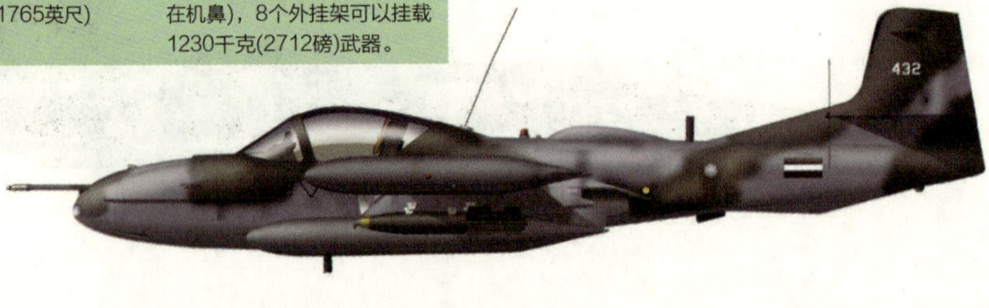

危地马拉

危地马拉空军

危地马拉武装力量包括陆军、海军和空军，其中空军部队以运输机和直升机为主，主力装备是A-37B喷气式攻击机，以PC-7和T-35教练机为支援力量。

危地马拉已经从一场长期而麻烦的游击战争中摆脱出来①，其空军力量包括攻击飞行中队(装备A-37)；侦查及攻击中队(装备PC-7)以及位于晨曦国际机场的运输中队。运输中队装备BT-67、福克F27和阿拉瓦运输机。其他驻扎在晨曦国际机场的空军部队还有航空中队(装备比奇和赛斯纳通用运输机)、总统专机中队和直升机中队(装备贝尔205、206、212、214和UH-1直升机)，这些中队分别隶属于3个不同的联队，即混合联队、直升机联队和航空维护联队。飞行部队目前的主要基地是晨曦国际机场和雷塔卢莱乌。

技术参数

乘员：1-2名
发动机：2台671千瓦普.惠加拿大PT6T-3B-1涡轴发动机
最高速度：259千米/小时(161英里/小时)
航程：745千米(463英里)
实用升限：6096米(20000英尺)
外形尺寸：螺旋桨直径14.02米(46英尺)；机长17.1米(56英尺1英寸)；机高4.6米(15英尺)
起飞重量：5397千克(11900磅)

▼ 贝尔直升机公司 贝尔412，直升机中队，直升机联队，晨曦国际机场

危地马拉空军直升机中队位于晨曦国际机场，装备除了贝尔412以外，还有贝尔205A、贝尔206B、贝尔206L、贝尔212和UH-1H直升机。

洪都拉斯

洪都拉斯空军

洪都拉斯空军(FAH)的飞机置于其所在基地的管辖之中，主要有四个空军基地设施，分别位于通孔廷、巴麦洛拉、蒙卡达和圣佩德罗苏拉。

和该地区的其他国家一样，洪都拉斯空军的战斗力量主要依靠OA/A-37，除此之外，洪都拉斯空军还有用于防空的F-5E/F战斗机。这些老旧F-5已经是中美洲最先进的战斗机之一了。通孔廷是洪都拉斯运输和直升机部队的基地，空军总部也位于

① 1996年签署的和平条约结束了危地马拉长达36年的内战。

这里。洪都拉斯空军的装备包括1架C-130运输机、1架要员专机、若干架贝尔412直升机及赛斯纳和派珀通用运输机。巴麦洛拉是洪都拉斯空军航空学校的所在地，装备T-41和巨嘴鸟飞机(洪都拉斯空军是这种机型的第一个海外用户)。蒙卡达则驻扎着F-5战斗机部队，不过因为维护不善，其勤务能力非常有限。圣佩德罗苏拉是A-37“蜻蜓”攻击机的基地，有一个飞行大队，共9架“蜻蜓”部署在这里。

尼加拉瓜

尼加拉瓜空军

尼加拉瓜空军诞生于持续了整个20世纪八十年代的内战中，如今已经是尼加拉瓜武装力量中不可或缺的一部分。

尼加拉瓜空中力量从前的名称是“尼加拉瓜空军”，现在已经更名为“尼加拉瓜武装部队——空军”。尼加拉瓜空军主要有2个飞行中队，1个运输机中队(装备少量的An-26、AN-2、比奇200和赛斯纳206、404运输机)，还有1个直升机中队（装备曾经强大的米-8/17直升机）。这两个中队都以马那瓜为基地，但是直升机部队也可以部署到布卢菲尔兹、蒙特利马尔、卡贝萨斯港、蓬塔豪雅、圣卡洛斯、惠加尔帕、马塔加尔帕和休纳。

位于马那瓜的航空学院主要用于飞行训练，装备赛斯纳和派珀教练机。

技术参数

乘员：3名
发动机：2台1545千瓦(2225马力)卡里莫夫TV3-117VM涡轴发动机
最高速度：250千米/小时(156英里/小时)
航程：495千米(301英里)
实用升限：5000米(16400英尺)
外形尺寸：螺旋桨直径21.35米(69英尺10英寸)；机长18.42米(60英尺5英寸)；机高5.34米(17英尺6英寸)
最大起飞重量：13000千克(28660磅)
武器：6个外挂架，可携带1500千克(3300磅)炸弹和火箭弹。

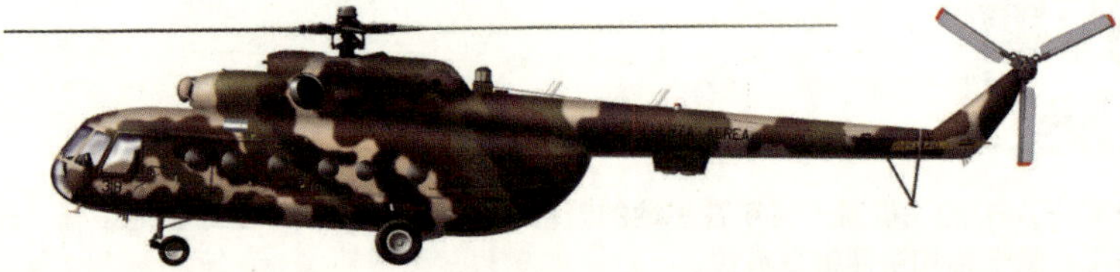

▼ 米里设计局 米-17，直升机中队，马那瓜

尽管称为米-17，本图中的318号直升机其实是一架米-8MT。河马直升机家族曾是尼加拉瓜政府军陆军在内战中的主要依靠，直到今天估计还有12架在服役。

巴拿马

巴拿马空军

巴拿马空中力量，以前叫作“巴拿马空军”，后来在1989年恢复更名为“巴拿马国家航空服务(SAN)”，如今是一支小规模的，包括固定翼飞机和直升机的航空部队。

国家航空服务(SENAN)是巴拿马公共交通的一部分。其任务主要是沿海岸和边境巡逻、灾难救援和禁毒，巴拿马国家航空服务在托库门有3个飞行中队，在巴尔博亚有1个专机飞行队。

技术参数

乘员：1-2名
发动机：2台671千瓦普.惠加拿大PT6T-3B-1涡轴发动机
最高速度：259千米/小时(161英里/小时)
航程；745千米(463英里)
实用升限：6096米(20000英尺)
外形尺寸：螺旋桨直径14.02米(46英尺)；机长17.1米(56英尺1英寸)；机高4.6米(15英尺)
起飞重量：5397千克(11900磅)

▼ 贝尔直升机公司 贝尔412，第2直升机中队，托库门

除此之外，巴拿马国家航空服务第2直升机中队还装备有贝尔205、212、407和421型直升机。

巴拉圭

巴拉圭空军

巴拉圭空军(FAP)的指挥机构是第1航空旅，该航空旅负责指挥按不同任务分成的7个飞行大队。巴拉圭空军的主要战斗力量是战术飞行大队(GAT)。

巴拉圭空军战术飞行大队主要的职责是对地攻击，装备EMB-312和EMB-326(现已退役)。其他的飞行大队主要负担运输(属于运输航空旅)、训练任务(使用T-35教练机)以及直升机部队(直升机飞行大队)。巴拉圭空军的主要基地分别位于锡尔维奥佩蒂罗西、亚松森、努瓜苏和康赛普希奃。

技术参数

乘员：2名
发动机：1台推力11.1千牛(2500磅力)的布里斯托尔.西德利“毒蛇”Mk.11涡喷发动机
最高速度：806千米/小时(501英里/小时)
航程：1665千米(1035英里)
实用升限：12500米(41765英尺)
外形尺寸：翼展10.56米(34英尺8英寸)；机长10.65米(34英尺11.25英寸)；机高3.72米(12英尺2.5英寸)
最大起飞重量：3765千克(8300磅)
武器：2挺12.7毫米(0.5英寸)勃朗宁机枪，6个外挂架可以挂载900千克(2000磅)的武器，包括机炮吊舱，炸弹和火箭弹。

▼ 巴西航空工业公司 EMB-326GB(AT-26)沙万提人，第1战斗机中队，锡尔维奥佩蒂罗西国际机场

图中这架“沙万提人”隶属于第1战斗机中队“瓜拉尼”(现已退役)，驻地是锡尔维奥佩蒂罗西国际机场。

秘鲁

秘鲁空军

秘鲁空军(FAP)的装备来源十分广泛，既有来自西方的空军装备，也有来自俄罗斯的。但是目前出勤率和资金支持都非常低。

秘鲁空军主要由5个联队组成，每个联队被分为3个飞行大队，再按飞机的类型划分为若干中队。秘鲁空军大部分的飞机都是在20世纪八十年代引进的，直到现在还在使用。这些飞机包括：幻影2000、米格–29、MB339、苏–22M和苏–25等喷气式飞机，还有贝尔212、米–17和米–25等直升机。

技术参数

乘员：1名

发动机：1台推力95.1千牛（21834磅）的斯奈克玛M53-P2涡轮风扇发动机

最高速度：2530千米/小时（1500英里/小时）

航程：3330千米（2073英里）

实用升限：18000米（59055英尺）

外形尺寸：翼展9.13米（29英尺）；机长14.36米（47英尺1英寸）；机高5.2米（17英尺）

武器：2门DEFA 554 30毫米机炮，9个外挂点可挂装6300千克(13889磅)的武器，包括空对空导弹，火箭发射巢和各种其他航空武器，包括454千克(1000磅)炸弹。

▼ **达索航空 幻影2000P，第412战斗轰炸中队，第4飞行大队，纳迪亚·马里亚诺·梅尔加**

幻影2000仍然是秘鲁最有威力的战斗机，还有12架在役。

乌拉圭

乌拉圭空军

乌拉圭空军现有的装备都是在20世纪80年代取得的，包括运输机、教练机、通用运输机、直升机和轻型攻击机。

卡内洛内斯是乌拉圭空军第1航空旅的基地，有1个运输机中队和部分直升机中队。在杜拉斯诺，第2航空旅装备OA/A–37和“普卡拉”轻型攻击机，还有1个联络机中队和1个高级教练机中队。第3航空旅位于蒙得维的亚，包含1个观测/联络机中队。

技术参数

乘员：1-4名

发动机：1台1044千瓦(1400马力)艾维科.莱康明T53-L-13涡轴发动机

最高速度：220千米/小时(135英里/小时)

航程；511千米(317英里)

实用升限：5910米(19390英尺)

外形尺寸：螺旋桨直径14.63米(48英尺)；机长17.44米(57英尺1英寸)；机高4.41米(14英尺5英寸)

起飞重量：4309千克(9500磅)

▶ **贝尔直升机公司 贝尔UH–1H，第5直升机飞行中队，卡内洛内斯**

该中队是乌拉圭空军第1航空旅的一部分，和图中这架休伊一起服役的还有法国航宇公司AS365和贝尔212直升机。

委内瑞拉

委内瑞拉空军

委内瑞拉空军(AMV)近年来一跃成为该地区最强的一支空中力量之一，正在执行一项雄心勃勃的装备更新计划。

委内瑞拉空军在20世纪70-80年代引进了一批战斗装备，包括：F-16、VF-5、T-2、OV-10和“巨嘴鸟”，这些飞机还在服役，但正在被新锐机型所取代，包括苏-30MKV多用途战斗机和K-8“喀喇昆仑”喷气式教练机。委内瑞拉更急需的运输机和空中加油机也因Il-76和Il-78的到来得到缓解。委内瑞拉最主要的战斗机基地位于巴塞隆纳，驻扎着装备苏-30MKV的第13大队；马拉凯，驻扎着装备F-16的第16大队；圣保雷罗，驻扎着第11大队，其装备的幻影战斗机正在更换

技术参数

乘员：2名
发动机：2台推力74.5千牛(16750磅力)的AL-31FL低涵道比涡扇发动机
最高速度：2马赫(2120千米/小时；1320英里/小时)
航程：3000千米(1864英里)
实用升限：17300米(56800英尺)
外形尺寸：翼展14.7米(48英尺2.5英尺)；机长21.94米(72英尺11英寸)；机高6.36米(20英尺9英尺)
起飞重量：24900千克(54900磅)
武器：1门30毫米(1.18英寸)GSh-3-1机炮，可挂载空对空、空对地、反舰导弹和航空炸弹。

▼ 苏霍伊设计局 苏-30MKV，第131中队，第13战斗机大队，巴塞隆纳

第13战斗机大队“利贝尔塔多·西蒙·玻利瓦尔”是委内瑞拉空军最早装备的苏-30MKV双座战斗机单位。委内瑞拉空军共有24架这种战斗机。图中所示这架，携带Kh-29T反舰导弹，属于第131中队“王牌”。

技术参数

乘员：2名
发动机：1台16.01千牛(3600磅)的盖瑞特TFE731-2A-2A涡扇发动机
最高速度：0.75马赫(800公里/小时，498英里/小时)
航程：2250千米(1398英里)
实用升限：13000米(42651英尺)
外形尺寸：翼展9.63米(31英尺7英寸)；机长11.6米(38英尺)；机高4.21米(13英尺9英寸)
起飞重量：4330千克(9546磅)
武器：1门23毫米(0.9英寸)机炮吊舱，5个挂架可携带1000千克(2205磅)外挂燃料箱和武器。

▼ 中航工业江西洪都航空工业集团有限责任公司K-8教练机，第35中队，第12战斗机大队，巴基西梅托

委内瑞拉空军的训练司令部从2010年开始接收K-8教练机，K-8教练机正在替代T-2D俄亥俄人成为委内瑞拉人最喜欢的初级喷气式教练机。

成苏–30MKV。除此之外，还有博卡德尔里奥，驻扎着第14大队，属于训练单位；拉卡尔洛塔，驻扎着总统专机单位——第4大队和第5运输机大队；马拉开波，驻扎着第15大队，装备OV–10和巨嘴鸟；马拉凯，驻扎着第6运输机大队和第10直升机大队。委内瑞拉的轻型运输机主要属于空军第9大队，基地位于阿亚库乔港。委内瑞拉的陆军和海军也有自己的航空部队，即委内瑞拉陆军航空兵和海军航空兵，其中陆航装备包括A109、AS–61D、米–17、米–26和米–35直升机。

第三章

西欧

目前，西欧地区除永久中立国奥地利、芬兰、瑞典、瑞士及少数小国之外，西欧主要国家的空军力量都包含在北约组织(NATO)的框架之内。西欧国家的军事航空力量原本是为了随时应对与华约组织的大规模战争所建立的，但随着冷战结束，它们不得不重新适应冷战后的世界，这导致一系列措施的出台，包括减少防务预算、裁军、增强部队的灵活性以利于其执行和平时期的任务和应对非对称战争。西欧国家的空中力量还有一个显著特点是以多国联合研制飞机项目为主，欧洲战斗机、A400M运输机和NH-90多用途直升机项目就是典型。

奥地利

奥地利空军

奥地利空军彻底奉行专属防御的态势，作为永久中立的奥地利联邦军队的一部分，奥地利空军本质上是一支空中警戒力量。

奥地利空军的指挥机构是空军司令部，空军司令部对奥地利国防部负责，并指挥：1个空中监视联队（装备台风战斗机和Saab 105多用途飞机）；1个包含有3个中队的空中支援联队；还有1个直升机联队（包含很多分遣队）。这些单位按特定规律部署于8个基地当中，其中最重要的是策尔特韦格（战斗机基地）、兰根尔巴尼（直升机和轻型运输机）、施瓦茨/蒂罗尔以及艾根/Ennatal都可以作为直升机基地使用。除了台风战斗机外，这些部队还装备了3架C-130K运输机、Saab 105喷气式多用途飞机、PC-7教练机、AB212和S-70A运输直升机、PC-6通用运输机、云雀III和OH-58联络/搜索直升机。

技术参数

乘员：1名
发动机：2台推力90千牛（20250磅力）的欧洲喷气发动机公司EJ200加力涡扇发动机
最高速度：2390千米/小时（1480英里/小时）
航程：2600千米（1613英里）
实用升限：19810米（65000英尺）
起飞重量：23500千克（34280磅）
外形尺寸：翼展10.95米（35英尺11英寸）；机长15.96米（52英尺5英寸）；机高5.28米（17英尺4英寸）
武器：1门27毫米（1.06英寸）毛瑟BK-27机炮，13个外挂架可以携带7500千克（16500磅）的有效负荷。

▼ 欧洲战斗机公司 台风战斗机，第1中队，空中监视联队，策尔特韦格

奥地利空军装备了15架台风战斗机，其中包括9架新的第一批次Block 5型及6架购自德国空军的二手第一批次Block 2型，后者已经通过升级达到Block 5型的性能水平。该机主要的武器是IRIS-T型空对空导弹。

比利时

比利时空中部队

作为北约的创始国之一，比利时曾经独立的空军部队随着冷战的结束更加合理化，今天比利时空中部队是其统一的武装力量的一部分。

比利时的空中力量现在叫作空中部队（作为比利时皇家空军/比利时空军的继承者）。原比利时空军早在20世纪90年代初的时候就对部队进行大幅削减，直到2002年丧失独立地位为止。如今比利时空中部队的主力作战机型是F-16战斗机，装备位于弗洛雷讷的第2联队和位于小布罗赫尔的第10联队。原本一共有160架F-16，其中90架进行过升级改造，但在改造之前，已经有一些飞机被处理转让了。比利时现在

▲ **洛克希德·马丁公司 C-130H大力神运输机**

比利时航空部队共装备有11架C-130H大力神中型战术运输机，隶属第15航空运输团。

的计划是：在2015年，建立一支60架喷气式战斗机的部队。比利时空中部队的空运能力主要由C-130H提供（正在更换为A400M运输机），还有A330和A310。其首脑运输采用的机型是达索20/900和ERJ-135/145喷气式飞机。比利时空中部队第1联队提供基础飞行训练，在位于博弗尚的训练场地，装备SF260教练机。战斗机飞行员则用在法国境内的“阿尔法喷气”教练机进行训练，包括比利时拥有的阿尔法喷气1B+教练机在内，这些教练机是比利时和法国合开的“阿尔法喷气机”飞行学校的财产，该校在卡佐也有一支固定的分遣队。比利时空中部队的运输机和直升机飞行员也在法国境内进行训练。

海军直升机

比利时空中部队还指挥着配属给海上部队的“海王”Mk48直升机和云雀III直升机，后者主要用于海上搜救。装备这两种机型的部队都部署于科克赛德，将要被10架NH90直升机所取代。2004年以后，比利时航空构成部队的指挥范围扩展到陆军，包括A109武装/观测直升机和云雀II训练/搜索直升机，装备直升机联队，基地位于列日机场。

技术参数

乘员：2名	外形尺寸：翼展9.45米（31英尺）；机长15.09米（47英尺8英寸）；机高5.09米（16英尺8英寸）
发动机：1台最大推力106千牛（23830磅）的普惠F100-PW-200加力涡扇发动机	起飞重量：19187千克（42300磅）
最高速度：2173千米/小时(1350英里/小时)	武器：一门通用电气20毫米（0.79英寸）M61A1多管机炮；7个外挂点可以携带9276千克（20450磅）武器。
航程：1930千米(1200英里)	
实用升限：约15240米（50000英尺）	

▼ **比利时航空航天公司 F-16B战隼，第2联队，弗洛雷讷**

比利时F-16B战斗机由本国的航空航天公司生产，性能达到八十年代末的Block 15AA OCU型的水平。图中的FB-21号F-16B是比利时90架经过中期改造升级计划的该型战机之一，升级后重新进入第2联队服役，达到2001年早期（Block 20MLU）的性能水平。

塞浦路斯

塞浦路斯国民警卫队空军部队

塞浦路斯国民警卫队是南塞浦路斯共和国（希腊人区）对以前的武装力量改组而成的，只有一支很小的空军部队，近年来引进的米-35直升机使其有了一定攻击能力。

塞浦路斯国民警卫队空军部队初建于1960年，但随着1974年北塞浦路斯（土耳其人区）的独立而解散。

1982年，当塞浦路斯国民警卫队空军部队重建的时候，起初只有1架“岛民”通用运输机，这架飞机现在还在使用。塞浦路斯于上世纪80年代末引进了4架瞪羚多用途直升机武装型，现在仍然在役。接着以PC-9为代表的固定翼飞机加入进来，用于低强度对地攻击和禁毒，现在还有1架在使用。塞浦路斯国民警卫队空军部队直到引进了11架米-35P武装直升机，才获得了真正的作战能力。除此之外，塞浦路斯还使用着2架贝尔206L通用直升机，并且预定了3架AW139直升机。塞浦路斯空军部队的主要基地位于拉卡塔米亚和帕福斯。

塞浦路斯还有一座英国皇家空军的重要基地位于阿克罗蒂里，另外北塞浦路斯（土耳其人区）的空中单位在岛北有一座直升机基地。

丹麦

丹麦皇家空军

丹麦皇家空军需要在包括法罗群岛和格陵兰岛的巨大地理区域执行任务，丹麦皇家空军是丹麦统一的武装部队的一部分，但受独立的空军司令部指挥。

丹麦皇家空军有两个司令部，分别是：航空战术司令部，总部位于卡鲁普；和航空器材司令部，总部位于华尔路斯；还有一所飞行学校，也位于卡鲁普。

丹麦皇家空军的主力是2个F-16多用途战斗机中队，共62架，分别属于第727战斗机中队和第730战斗机中队，基地都位于沃延斯。第730中队隶属于北约快速反应部队，第727中队用于执行转换训练任务。

▲ **韦斯特兰·威塞克斯公司 山猫Mk90B直升机**

丹麦海军的直升机部队包括8架山猫Mk90B直升机，以卡鲁普为基地，平时部署于丹麦海军的战舰上。图中这架山猫装备一挺舱门机枪，用于执行反海盗和非对称海上作战行动。

航空器材司令部下辖位于华尔路斯的第721中队，装备3架C-130J-30大力神运输机。除此之外，还有3架CL-604用于执行支援任务，包括海上侦察、渔业资源保护和要员专机。

直升机部队的改进

丹麦皇家空军的直升机部队正在进行中期现代化改造，包括用14架EH101替代S-61A，执行海上搜救和重型运输任务。丹麦皇家空军的所有直升机都归位于卡鲁普的空军司令部指挥。卡鲁普空军基地还有前皇家陆军航空部队的AS550观测直升机及8架山猫Mk90直升机，这些山猫直升机属于丹麦海军，部署在丹麦皇家海军的战舰上。

卡鲁普还是丹麦皇家空军的基础飞行训练基地，有一所飞行学校，装备Saab T-17教练机。未来的战斗机飞行员将会在加拿大的北约战术飞行训练基地继续训练，使用机型是CT-156“哈佛II”和CH-115“鹰”式教练机，其训练地点位于加拿大穆斯乔和冷湖空军基地。

技术参数

乘员：1名

发动机：1台推力105.7千牛（23770磅）的普惠F100-PW-200涡扇发动机或1台推力128.9千牛（28984磅）的通用电气F110-GE-100涡扇发动机

最高速度：2142千米/小时（1320英里/小时）

航程：3819千米（2373英里）

实用升限：15240米（50000英尺）

外形尺寸：翼展9.45米（31英尺）；机长15.09米（49英尺6英寸）；机高5.09米（16英尺8英寸）

起飞重量：16057千克（37500磅）

武器：一门通用电气20毫米（0.78英寸）M61A1多管机炮；翼尖导弹挂架可携带两枚导弹；另外外挂点可以携带9276千克（20450磅）武器。

▼ 福克F-16A战隼，第730中队，沃延斯

图中这架F-16A在荷兰福克公司建造，初建时属于Block 15AA型，但被丹麦皇家空军升级到Block 29MLU型的性能水平。如图所示，E004号F-16翼尖挂载AIM-120“阿姆拉姆”空空导弹，在翼下挂架挂载一枚GBU-12激光制导炸弹。

芬兰

芬兰空军

永久中立国芬兰的空军立足于空中防御的战略，目前拥有专门适应该战略的武器装备，包括自产的运输机、联络机和教练机。

芬兰空军的指挥结构以三个防空司令部为基础，每个司令部下辖一支前线飞行联队，位于特定的基地内。除此之外，还有一些训练、联络和测试中队。芬兰空军使用的主要战斗机是F-18C/D大黄蜂战斗机，共有3个战斗机中队。芬兰空军还使用C-295运输机、“鹰”和“维卡”教练机。芬兰陆航部队则使用NH90直升机。

▶ 麦道/波音/诺斯洛普公司 F-18C大黄蜂

F-18C大黄蜂战斗机目前仅具有防空能力（也是F-18的设计目标），芬兰空军计划将其改进为兼具防空和对地攻击能力的多用途战斗机。

法国

法国空军，海军航空兵和陆军航空兵

升级和重组是如今法国空军的主要基调，从20世纪90年代末以来，法国空军进行了大刀阔斧的改组。

法国空军最显著的升级就是从2004年开始装备“全能任务战斗机”阵风①。新战斗机同时取代了美洲狮攻击机和幻影F1战斗机，这两种机型的最后两个中队已经于2010年解散。

目前法国空军有1个由空军总参谋长（CEMAA）负责的最高司令部。最高司令部下辖有四个主要司令部，包括：作战司令部（CFAC），职责是防御法国领空，指挥法国所有的战术飞机；空中机动司令部（CFAP），指挥运输机和空中加油机部队，包括A310、A340、C-130、C-135FR、CN235和C-160“协同”运输机②，还包括各种直升机（薮猫、松鼠、非洲狐、美洲豹、超级美洲豹直升机），以及联络、要员运输单位（A310、A319、A330和猎鹰飞机），还有轻型运输单位，包括A330空中加油/运输机和A400M运输机；空中侦察、情报和通信司令部（CASSIC）指挥的唯一飞机是E-3F AWACS预警机；教育训练司令部（CEAA）的职责是对陆海空三军的飞行机组进行培训，其装备机型主要有阿尔法喷气E型、巨嘴鸟和爱普西隆教练机。法国空军另外还有两个专业司令部：战略空军司令部（CFAS）、防空及空中行动司令部（CDAOA）。战略空军司令部指挥着法国核打击航空部队（装备幻影2000N），防空及空中行动司令部则负责法国空军部队的任务规划和部署。

技术参数

乘员：1名
发动机：1台推力83.36千牛（18839磅力）的斯奈克玛M53-2加力涡轮风扇发动机
最高速度：2338千米/小时（1,453英里/小时）
航程：1550千米(963英里)
实用升限：18000米（59055英尺）
外形尺寸：翼展9.13米（29英尺11英寸）；机长14.36米（47英尺1.25英寸）；机高5.2米（17英尺0.75英寸）
起飞重量：17000千克（37480磅）
武器：2门DEFA 554机炮，9个外挂点可挂装6300千克（13889磅）的武器。

▼ 达索航空 幻影2000-5F，第1/2战斗机中队，“鹳”，第戎102空军基地

在阵风战斗机达到一定的装备数量以前，改进型幻影2000-5F是法国空军主要的防空战斗机，还有36架在使用中。第1/2战斗机中队还在阿联酋的维德哈夫拉维持一支常驻分队。

① 就是说“阵风”战斗机在一个飞行架次中能同时执行对地攻击任务和空中交战任务。
② 由欧洲Transall集团研制（Transall一词由Transporter Allianz组合而成）。

海军航空兵

法国海军航空兵是法国海军的一部分，包括查尔斯·戴高乐号航空母舰的舰载机联队(装备阵风M和改进型超军旗战斗机、E-2C早期预警机及警戒直升机分遣队)；陆基飞行部队包括“大西洋NG”反潜巡逻机、猎鹰50和“护卫者”监视机。还有“山猫”和“豹”式直升机，这些直升机平时以分遣队的形式部署在法国海军战舰上。

法国陆军航空兵的指挥机构是法国陆航司令部（ALAT）。战斗力量主要是第4空中机动旅，下辖3个战斗直升机团（第1战斗直升机团驻地位于法尔斯堡，第3团位于艾坦，第5团位于波城）。这些战斗直升机团都辖有不同的直升机中队，每个团都在第4空中机动旅中扮演一个特定角色。法国陆航的主力装备是“瞪羚”直升机，但已经入役的虎式武装直升机正替代“瞪羚”在对地

技术参数

乘员：1名
发动机：2台最大推力75.62千牛（17000磅力）的斯奈克玛M88-2涡扇发动机
最高速度：2390千米/小时（1485英里/小时）
航程：3700千米（2300英里）
实用升限：17000米（55000英尺）
外形尺寸：翼展10.9米（35英尺4英寸）；机长15.3米（50英尺2英寸）；机高5.34米（17英尺6英寸）
最大起飞重量：22200千克（54000磅）
武器：1门30毫米GIAT 30 M719B机炮，13个外挂点可挂装9500千克（21000磅）的各型武器。

▼ 达索航空 阵风M，海航第12F中队，查尔斯·戴高乐号航空母舰

图中的阵风M舰载战斗机在翼尖挂架上携带一枚主动雷达制导的“云母”空空导弹，在翼下挂架上挂装一枚GBU-12激光制导炸弹，后者曾在阵风M空袭阿富汗塔利班的行动中使用过。

法国空军——作战司令部（CFAC）					
第1/2战斗机中队“鹳”	幻影2000-5F	第戎102空军基地	第2/4战斗机中队“拉斐特”	幻影2000N	吕克瑟伊116空军基地
第2/2训练中队“黄金海岸”	阿尔法喷气E	第戎102空军基地*	第2/5战斗机中队“法兰西岛”	幻影2000C/B	奥朗热115空军基地
*第1/2战斗机中队和第2/2训练中队在2011年搬迁到吕克瑟伊，第1/2战斗机中队还在阿联酋的维德哈夫拉空军基地维持一支常驻分队			第3/4战斗机中队“利穆赞”	幻影2000N	伊斯特尔125空军基地
第1/3战斗机中队“纳瓦拉”	幻影2000D	南锡133空军基地	第1/7战斗机中队“普罗旺斯”	阵风C/B	圣迪济耶113空军基地
第2/3战斗机中队“香槟”	幻影2000D	南锡133空军基地	第3/11战斗机中队“科西嘉岛”	幻影2000C/D	吉布提188空军基地
第3/3战斗机中队“阿登”	幻影2000D	南锡133空军基地	第1/12战斗机中队“卡托康布雷齐”	幻影2000C	*康布雷103空军基地
第1/4战斗机中队“多菲内”	幻影2000N	*吕克瑟伊116空军基地	*2011年解散		
*2010年解散			第1/91战斗机中队“加斯科尼”	阵风C/B	圣迪济耶113空军基地

空军侦察部队		
第1/33侦察中队"贝尔福"	幻影F1CR	兰斯112空军基地
第2/33侦察中队"贝尔福"	幻影F1CR/CT/B	兰斯112空军基地
注：这两支部队均于2010年解散		

空军其他固定翼飞机部队		
第0/36空中监测和通信中队"贝里"	E-3F	阿沃尔702空军基地
第2/91空中加油大队	C-135FR	伊斯特尔125空军基地
第0/65运输、训练和校准中队	猎鹰50/7X，TBM 700，A319，AS332	维拉库布莱-韦利济107空军基地
联合航空大队"泉水城"	DHC-6，AS532，"空中列车"	埃夫勒105联合空军基地

攻击、火力支援和反坦克中的作用。法国陆航的运输直升机包括"美洲豹"（正在被NH-90直升机取代）和"美洲狮"直升机，后者主要用于战场搜救。法国还有一所陆军航空兵技术学校，有达克斯基地和勒吕克基地两所分校。此外，法国还有一支隶属于陆军特种部队司令部的陆航特种部队——陆航第4特种直升机团，驻地波城。

海军航空兵——海航中队		
第4F中队	E-2C	洛里昂
第11F中队	超军旗	朗迪维西奥
第12F中队	阵风M	朗迪维西奥
第17F中队	超军旗	朗迪维西奥
第21F中队	大西洋NG	尼姆-加龙
第23F中队	大西洋NG	洛里昂
第24F中队	猎鹰50，EMB-121	洛里昂
第25F中队	猎鹰200，护卫者	*法阿，塔西提岛
*该中队的分遣队部署于努美阿机场，新喀里多尼亚		
第28F中队	EMB-121	尼姆-加龙
第31F中队	山猫 HAS2/2（FN）	耶尔
第32F中队	SA321G	*朗维奥克-普罗米克
*该基地的超黄蜂直升机已经于2010年退役		
第34F中队	山猫 HAS2/2（FN）	郎维奥克-普罗米克
第35F中队	SA365，云雀III	*耶尔
SA365直升机分遣队部署于瑟堡、拉罗谢尔和勒图凯		
第36F中队	AS565	耶尔
注：尼姆-加龙海航基地已经于2011年关闭		

技术参数

乘员：2名

发动机：1台推力225千瓦（300马力）的莱康明AEIO-540-L1B5D活塞发动机

最高速度：520千米/小时（323英里/小时）

航程：1300千米（810英里）

实用升限：7010米（23000英尺）

外形尺寸：翼展8.06米（26英尺5.25英寸）；机长7.16米（23英尺6英寸）；机高2.55米（8英尺5.4英寸）

起飞重量：1250千克（2755磅）

▼ 法国宇航公司 TB30埃普西隆，法国空军初级飞行训练部队05/315号机，干邑709空军基地

法国空军的初级训练部队已经不再装备TB30埃普西隆教练机，但是这种机型仍被法国海航和法国空军测试部队（CEV）所使用。干邑是法国各军种的飞行训练中心，还装备有Grob 120型教练机。

空军运输部队		
第1/61运输机中队“都兰”	空中列车	奥尔良123空军基地
第1/62运输机中队“韦科尔”	CN235	克雷伊110空军基地
第1/64运输机中队“贝恩”	空中列车	埃夫勒105空军基地
第2/61运输机中队“弗朗什孔泰”	C-130H	奥尔良123空军基地
第2/64运输机中队“安茹”	空中列车	埃夫勒105空军基地
第3/60运输机中队“埃斯特雷尔”	A310，A340	巴黎—鲁瓦西
第3/61运输机中队“普瓦图”	空中列车	奥尔良123空军基地
第3/62运输机中队“旺度”	DHC-6，CN235	蒙德马桑118空军基地

▲ **达索航空 幻影2000D**

亚得里亚海上空，一架幻影2000D战斗机正在接受一架美国空军KC-135R的空中加油，照片拍摄于巴尔干任务期间。幻影2000D是传统的战斗攻击机，可携带各种精确对地攻击武器。

德国

德国空军，海军航空兵和陆军航空兵

比起冷战的全盛期，德国空军如今的规模已经大幅缩小，过渡到一支更精简、更灵活，更侧重海外行动的空军力量。

今日德国空军的指挥机关是三个国家级司令部，包括空军司令部、空军支援司令部和空军局，原属空军局的空军指挥勤务司令部和空军运输司令部在1994年整编时被划归空军司令部，因此空军司令部在继续负责作战部队指挥的同时，还负责空运部队的使用、管理以及各种勤务保障工作，实现了部队作战、指挥勤务和空中运输三种业务的统一管理。

三个空军师是德国空军的主要力量，第1空军师辖第32战斗轰炸机联队和第74战斗机联队，还有一个战术训练中心分队在意大利的德奇莫曼努，该空军师还负责对北约的E-3 AWACS预警机提供协助；第2空军师下辖第31战斗轰炸机联队、第33战斗轰炸机联队和第73战斗机联队；第4空军师下辖第71战斗机联队和第51侦察机联队。

台风战斗机最终将会取代所有战斗轰炸机联队的“狂风”战斗轰炸机，只有第32战斗轰炸机联队除外，因为其是装备“狂风”ECR（电子战/侦查型）的电子战部队。台风战斗机还将会装备最后的F-4F联队，该联队的鬼怪II战斗机于2013年退役。其他的新装备还有“苍鹭1”和“欧洲鹰”无人机，后者加入第51侦察机联队。作为有效的电子情报获取平台，“欧洲鹰”

德国空军联队		
侦察机联队		
第51侦察机联队“殷麦曼”	狂风侦察型，苍鹭-1	石勒苏益格-亚格尔
战斗轰炸机联队		
第31战斗轰炸机联队“波尔克”	台风，狂风IDS	讷尔沃尼希
第32战斗轰炸机联队	狂风ECR	莱西菲尔德
第33战斗轰炸机联队	狂风IDS	布切尔
战斗机联队		
第71战斗机联队“里希特霍芬”	F-4F	维特蒙德
第73战斗机联队“斯坦因霍夫”	台风	拉格
第74战斗机联队	台风	纽因堡
运输机联队		
第61运输机联队	空中列车，UH-1D	维也纳
第62运输机联队	空中列车，UH-1D	温斯多夫，霍尔茨多尔夫
第63运输机联队	空中列车	霍恩
德国联邦国防部特种航空联队	A310，挑战者601，AS532“美洲狮”	科隆/波恩，柏林-泰格尔

将代替海军最后的“大西洋”电子战飞机。德国联邦国防部特种航空联队也接受了新装备，诸如A319、A340和庞巴迪环球5000公务机用做要员专机。德国空军将削减一个运输机联队，剩下两个运输机联队将用A400M运输机替代现有的“空中列车”。NH90直升机将取代UH-1D，用于战场搜救。

技术参数

乘员：1名
发动机：2台推力90千牛（20250磅力）的欧洲喷气发动机公司EJ200加力涡轮风扇发动机
最高速度：2390千米/小时（1480英里/小时）
航程：2600千米（1613英里）
实用升限：19810米（65000英尺）
外形尺寸：翼展10.95米（35英尺11英寸）；机长15.96米（52英尺5英寸）；机高5.28米（17英尺4英寸）
起飞重量：23500千克（34280磅）
武器：1门27毫米（1.06英寸）毛瑟BK-27机炮，13个外挂点可挂装7500千克（16500磅）的各型武器。

▼ 欧洲战斗机公司 台风战斗机，第31战斗轰炸机联队“波尔克”，讷尔沃尼希

第31战斗轰炸机联队是德国空军战斗轰炸机联队中第一个接收台风战斗机的部队（在2009年开始装备该机型）。以前主要装备狂风IDS的“波尔克”联队是德国空军内专门的精确打击部队，因此主要挂装激光制导炸弹。

技术参数

乘员：2名
发动机：2台推力79.4千牛（17845磅）的通用电气J79-GE-17A涡喷发动机
最高速度：2390千米/小时（1485英里/小时）
转场航程：2600千米（1615英里）
实用升限：18300米（60000英尺）
起飞重量：28030千克（61795磅）
外形尺寸：翼展11.7米（38英尺4.5英寸）；机长19.2米（63英尺）；机高5米（16英尺6英寸）
武器：一门20毫米(0.79英寸)M61A1“火神”机炮，9个外挂点，最大载弹量8480千克（18695磅），包括航空炸弹、火箭弹、空对地导弹、核武器等。不能携带AIM-7“麻雀”空空导弹，但能够发射AIM-120先进中距空空导弹。

▼ 麦道/波音公司 F-4F鬼怪II，第71战斗机联队“里希特霍芬”，维特蒙德

德国最后装备鬼怪战斗机的是“里希特霍芬”联队，该联队的主要负责德国北方的空防，也是北约波罗的海空中警戒部队的一部分。这些飞机在2013年6月29日正式退役。

泛那维亚集团 狂风ECR

狂风ECR是狂风战斗轰炸机家族中的专用电子作战/侦察型，该型机只装备了德国空军的第32战斗轰炸机联队，基地位于莱西菲尔德。在20世纪90年代，德国空军的狂风ECR积极参加了巴尔干半岛的军事行动。ECR型跟其他狂风相比的关键特性是有一个发射——定位系统（ELS）来锁定敌方雷达的位置，然后使用AGM-88高速反辐射导弹进行攻击。

德国海军航空兵共有两个基地，第3海军航空联队装备着最后的“大西洋”电子战飞机，还有Do228和山猫直升机，基地位于诺尔德霍尔茨；第5海军航空联队装备“海王”反潜直升机，基地位于基尔。德国陆军航空兵正在对现有的CH-53运输直升机进行改进升级，还引进了虎式武装直升机，并且用NH90替换UH-1D。陆航包括2个中型运输直升机团（装备CH-53）、2个运输直升机团（UH-1）、2个武装直升机团（BO105P和“虎”）。

技术参数

乘员：5名
发动机：3台3270千瓦（4380马力）通用电气T64-GE-416(A)涡轴发动机
最高速度：315千米/小时（196英里/小时）
航程：1833千米（1139英里）
实用升限：5640米（18500英尺）
外形尺寸：螺旋桨直径24米（79英尺）；机长30.2米（99英尺1英寸）；机高8.46米（27英尺9英寸）
起飞重量：33300千克（73500磅）
武器：两挺7.62毫米（0.3英寸）MG3舱门机枪，一挺12.7毫米（0.5英寸）尾部机枪。

西科斯基飞机公司 CH-53GS，空军派遣联队，泰尔梅兹

这是一架经过现代化改进的CH-53GS直升机，安装了防御设备，增加了该机在高威胁环境下的生存能力。从涂装来看，该机正在执行对阿富汗的国际安全援助部队（ISAF）的支援补给任务，基地位于乌兹别克斯坦的泰尔梅兹。

技术参数

乘员：11名
发动机：4台3700千瓦（4600轴马力）的艾莉森T56-A-14涡轮螺旋桨发动机
最高速度：750千米/小时（462英里/小时）
航程：9000千米（5592英里）
实用升限：10400米（34100英尺）
外形尺寸：翼展30.4米（99英尺8英寸）、机长35.61米（116英尺10英寸）、机高10.29米（33英尺9英寸）
起飞重量：64400千克（142000磅）
武器：载弹量9000千克（20000磅），包括导弹、鱼雷、水雷和深水炸弹。

洛克希德·马丁公司 P-3C猎户座，第3海军航空联队“格拉夫·齐柏林”，诺尔德霍尔茨

为了更换现有的大西洋反潜巡逻机，德国从荷兰海航获得了8架P-3C。这些飞机被部署于吉布提，以支持非洲之角的反恐行动。

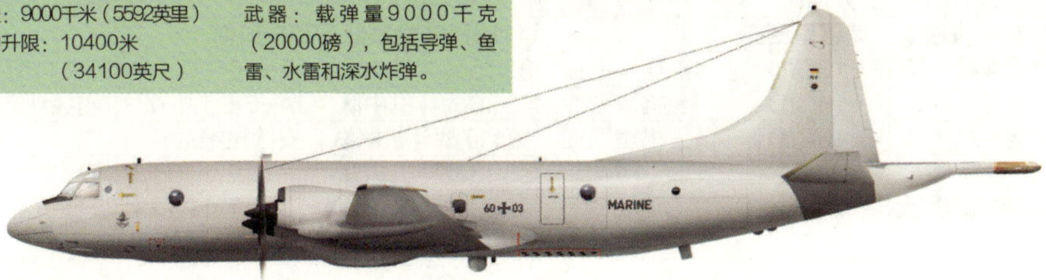

希腊

希腊空军，陆军航空兵和海军航空兵

希腊空军是一支强有力和多样化的作战力量，拥有运输机、联络机、搜救机、教练机和消防飞机等机种。

希腊空军战斗力量是：F-16C/D多用途战斗机、用于反舰和防空的幻影2000战斗机、用于防空的改进型F-4E战斗机、用于对地攻击和反舰的A-7E攻击机、用于侦察的RF-4E侦察战斗机、用于早期预警的ERJ-145、用于运输的C-27J和C-130运输机。希腊陆航装备AB205通用直升机、AH-64A/DHA武装直升机和CH-47DG/SD运输直升机。希腊海航装备AB212和S-70B"爱琴海之鹰"，主要用于反潜。

技术参数

乘员：1名

发动机：1台推力95.1千牛（21834磅）的斯奈克玛M53-P2涡轮风扇发动机

最高速度：2530千米/小时（1500英里/小时）

航程：3330千米（2073英里）

实用升限：18000米（59055英尺）

起飞重量：17000千克（37500磅）

外形尺寸：翼展9.13米（29英尺）；机长14.36米（47英尺1英寸）；机高5.2米（17英尺）

武器：2门DEFA 554机炮，9个外挂点可挂装6300千克（13889磅）的武器，包括空对空导弹，火箭发射巢和各种攻击载荷，包括454千克（1000磅）炸弹。

▼ 达索航空 幻影2000EGM，第114战斗机联队，塔纳格拉

图中这架幻影战斗机隶属于第114战斗机联队"安泰"，基地位于塔纳格拉，这架飞机上的击坠标志是该机在1996年击落一架土耳其F-16D获得的。图中该机携带魔术2红外线导引空对空导弹。

希腊空军战斗机联队					
希腊战术空军部队			**第114战斗机联队，塔纳格拉**		
*第110战斗机联队，拉里萨			第331战斗机中队	幻影2000-5EG/BG	塔纳格拉
第337战斗机中队	F-16C/D	拉里萨	第332战斗机中队	幻影2000EG/BG	塔纳格拉
第346战斗机中队	F-16C/D	拉里萨	**第115战斗机联队，绍达湾**		
第348战斗机中队	RF-4E	拉里萨	第340战斗机中队	F-16C/D	绍达湾
*在利姆诺斯岛有一支分遣队			第343战斗机中队	F-16C/D	绍达湾
***第111战斗机联队，美格里西亚**			**第116战斗机联队，阿拉科斯**		
第330战斗机中队	F-16C/D	美格里西亚	第335战斗机中队	F-16C/D	阿拉科斯
第341战斗机中队	F-16C/D	美格里西亚	第336战斗机中队	A-7E,TA-7H	阿拉科斯
第347战斗机中队	F-16C/D	美格里西亚	***第117战斗机联队，安德拉维达**		
*在凯斯丽和利姆诺斯岛有一支F-16C/D分遣队			第338战斗机中队	F-4E	安德拉维达
			第339战斗机中队	F-4E	安德拉维达
			在圣托里尼岛有一支F-4E分遣队		

希腊空军支援司令部		
第112联队，埃莱夫西纳		
第352中队	ERJ-135，湾流V	埃莱夫西纳
第353中队	P-3B	埃莱夫西纳
第354中队	C-27J	埃莱夫西纳
第355中队	CL-215，Do28D	埃莱夫西纳
第356中队	C-130B/H	埃莱夫西纳
第358中队	AB205A，贝尔212	埃莱夫西纳
第380中队	EMB-145 AEW&C	*埃莱夫西纳
第384中队	AS332	埃莱夫西纳
紧急医疗直升机中队	A109E	埃莱夫西纳
*是一支独立的部队，基地位于埃莱夫西纳		
第113联队		塞萨洛尼基
第383中队	CL-415	塞萨洛尼基

▲ **麦道/波音公司 F-4E鬼怪II**

在希腊空军继续服役的鬼怪战斗机已经进行了航空电子设备升级，图中所示的鬼怪战斗机隶属于驻安德拉维达的第117战斗机联队。该基地还驻扎着隶属于战术武器学校的F-4E战斗机。第117战斗机联队在圣托里尼岛也维持着一支战斗机分遣队。

爱尔兰

爱尔兰空军

爱尔兰空军是西欧规模最小的空中力量之一，主要装备海上巡逻机、要员专机，还有联络机和教练机。

爱尔兰空军是爱尔兰武装力量的组成部分，包含2个飞行联队和一所空军学院，所有这些部队都以凯斯门特机场为基地。其中第1飞行联队包括第101中队（海上），装备2架CN235巡逻机；第102中队（部长级专机空运）装备比奇200、湾流IV和里尔喷气45飞机；还有第104中队（跟陆军合作）装备5架赛斯纳FR172。第3飞行联队包括第301中队（搜救），装备6架AW139；第302中队（支援陆军）装备EC135直升机。空军学院有8架PC-9教练机。

技术参数

乘员：1-2名
发动机：1台857千瓦（1149马力）的普.惠加拿大PT6A-62涡轮螺旋桨发动机
最高速度：593千米/小时（368英里/小时）
航程：1593千米（990英里）
实用升限：11580米（37992英尺）
外形尺寸：翼展10.11米（33英尺2英寸）、机长10.69米（35英尺1英寸）、机高3.26米（10英尺8英寸）
起飞重量：3200千克（7055磅）

▼ **瑞士皮拉图斯飞机公司 PC-9M，飞行训练学校，凯斯门特机场**

爱尔兰空军飞行员在飞行训练学校的PC-9M上训练自己的飞行技术，该学校是爱尔兰空军学院的一部分，驻地在凯斯门特机场。PC-9M教练机取代了该单位以前使用的SF260W教练机。

意大利

意大利空军，海军航空兵和陆军航空兵

意大利空军按照地理区域共分为三个军区，这三个军区直接向罗马的空军总部负责。

意大利空军的基本飞行单位是联队，每个联队下辖多个大队。也有两个更大的集群编制叫航空旅，每个航空旅下辖1个联队或多个大队，或者两者都有。

防空是意大利空军战斗机和防空导弹部队的职责，现在更有先进的台风战斗机加入现役取代原有的F-16。主要的攻击机型号是狂风IDS，装备了1个联队；还有AMX对地攻击机，装备了2个联队。意大利空军只有1个大队的狂风IT-ECR电子战/侦察机，执行电子战任务。在侦察机方面，无人机开始广泛使用，5架RQ-1B加入现役。

运输机的主要型号是C-27J和C-130J，还引进了4架波音767空中加油/运输机，已经于2010年入役，此外几架G222运输机被用于无线电/雷达校准任务[1]。意大利空军的初级训练单位使用SF260教练机，战斗机飞行员继续使用MB339进行训练。后者也被意大利三色箭飞行表演队——第313大队（驻地沃尔托）所使用。意大利空军

技术参数

乘员：1名	外形尺寸：翼展10.95米（35英尺11英寸）；机长15.96米（52英尺5英寸）；机高5.28米（17英尺4英寸）
发动机：2台推力90千牛（20250磅力）的欧洲喷气发动机公司EJ200涡扇发动机	武器：1门27毫米（1.06英寸）毛瑟BK-27机炮，13个外挂架可以携带7500千克（16500磅）的有效负荷。
最高速度：2390千米/小时（1480英里/小时）	起飞重量：23500千克（34280磅）
航程：2600千米（1613英里）	
实用升限：19810米（65000英尺）	

▼ 欧洲战斗机公司 台风战斗机，第12大队，第36联队，焦亚德尔科莱

如图所示，该机采用典型的防空武器配置，挂载AIM-120阿姆拉姆和IRIS-T空对空导弹，这架单座型台风战斗机是意大利空军订购的96架其中之一。

技术参数

乘员：1名	外形尺寸：翼展8.87米（29英尺1英寸）；机长13.23米（43英尺5英寸）；机高4.55米（14英尺11英寸）
发动机：1台推力49千牛（11000磅力）的罗罗斯佩807涡扇发动机	起飞重量：10750千克（23700磅）
最高速度：1160千米/小时（721英里/小时）	武器：一门20毫米（0.787英寸）M61多管机炮；翼尖武器挂架可挂载 2枚AIM-9响尾蛇空空导弹或MAA-1“水虎鱼”空空导弹；5个外挂架可挂装3800千克（8380磅）武器。
航程：3330千米（2070英里）	
实用升限：13000米（43000英尺）	

▼ AMX国际公司 AMX攻击机，第14大队，第2联队，沃尔托

AMX在意大利空军内部绰号“吉卜力”，图中这架AMX攻击机服役于刚解散的第14大队，参加过北约在1999年对塞尔维亚的空中打击行动，携带激光制导炸弹和低阻自由落体无制导炸弹，还有响尾蛇空空导弹。该机在第14大队解散之后，被转入第132大队，驻地位于伊斯特拉纳。

已经对M-346高级教练机下了第一笔订单，未来该机型将取代现有的MB339教练机。搜索与救援、战场搜救单位装备AB212和HH-3H直升机。

意大利海军航空兵和意大利空军共同指挥“大西洋”反潜巡逻机的行动，除此之外，意大利海航还负责指挥海军战舰上的飞机——主力是AV-8B+/TAV-8B攻击战斗机，AB212、AW101、NH90和SH-3D直升机。

意大利陆军航空兵主力机型是A109、AB205、AB206、AB212和AB412通用直升机，A129“猫鼬”武装直升机，还有部分CH-47运输直升机。

意大利空军作战和运输部队					
空军作战司令部			**第1a特种作战航空旅，帕多瓦**		
第2联队，沃尔托			**第9联队，格拉扎尼塞**		
第313飞行表演队大队“三色箭”	MB339	沃尔托	第21大队	AB212	格拉扎尼塞
第4联队，格罗塞托			**第46a航空旅，比萨**		
第9大队	台风	格罗塞托	第2大队	C-130J	比萨
第20大队	台风	格罗塞托	第50大队	C-130J	比萨
第5联队，切尔维亚			第98大队	C-27J	比萨
第23大队	F-16A/B	切尔维亚	**第14联队，普拉提卡空军基地**		
第6联队，盖迪			第8大队	波音767TCA，G222RM/VS	普拉提卡空军基地
第102大队	狂风IDS	盖迪	第71大队	P-180“阿万蒂”P-166，MB339	普拉提卡空军基地
第154大队	狂风IDS	盖迪	**第15联队，普拉提卡空军基地**		
第156大队	狂风IDS	盖迪	第81救援搜索中心	AB212	普拉提卡空军基地
第32联队，阿门多拉			第82战地救援搜索中心	HH-3F	特拉帕尼
第13大队	AMX	阿门多拉	第83战地救援搜索中心	HH-3F	里米尼
第28大队	RQ-18	阿门多拉	第84战地救援搜索中心	HH-3F	布林迪西
第101大队	AMX	阿门多拉	第85战地救援搜索中心	HH-3F	普拉提卡空军基地
第36联队， 焦亚德尔科莱			**第31联队，钱皮诺**		
第12大队	台风	焦亚德尔科莱	第93大队	猎鹰900，SH-3D	钱皮诺
第37联队， 特拉帕尼			第306大队	A319CJ，猎鹰50	钱皮诺
第10大队	F-16A/B	特拉帕尼	第41联队，锡戈内拉		
第18大队	F-16A/B	特拉帕尼	第88大队	大西洋	锡戈内拉
第50联队， 皮亚琴察			注：大部分意大利空军的联队内都有一支联络机中队，主要装备S-208M飞机，高速喷气机部队装备MB339，还有AB212AM SAR直升机，第15联队的联络机中队装备NH500。		
第155大队	狂风IT-ECR	皮亚琴察			
第51联队， 伊斯特拉纳					
第103大队	AMX	伊斯特拉纳			
第132大队	AMX	伊斯特拉纳			

① 无线电/雷达校准任务：飞机在3050米以下高度飞行，用以校准机场航道和无线电辅助设备。

技术参数

乘员：1名
发动机：1台105.8千牛(23800磅力)的“飞马”11-61矢量推力涡轮风扇发动机
最高速度：1085千米/小时(675英里/小时)
航程；2200千米(1400英里)
实用升限：超过15240米（50000英尺）
起飞重量：14061千克（31000磅）负载
外形尺寸：翼展 9.25米(30英尺4英寸)、机长14.12米(46英尺4英寸)、机高3.55米(11英尺7.75英寸)
武器：1门25毫米(0.98英寸)GAU-12U机炮，6个外挂点可携带7711千克(17000磅)武器(短距离起飞)或3175千克(7000磅)武器(垂直起飞）

▼ 麦道/波音/英国宇航公司 AV-8+鹞II，海航第6中队，海航第1大队，意大利海军，加里波第号航空母舰

图中这架鹞II战斗机混装激光制导炸弹和响尾蛇空空导弹，当不在航空母舰“加富尔号”或“加里波第号”舰上的时候，这架AV-8+是15架驻留在格罗塔列-塔兰托陆上基地的AV-8（包括2架双座TAV-8B）之一。

技术参数

机组成员：1-2名
发动机：2台634千瓦（850轴马力）的普.惠加拿大PT6A-66B涡轮螺旋桨发动机
最高速度：732千米每小时（455英里每小时）
航程：2592千米（1612英里）
实用升限：12500米（41010英尺）
外形尺寸：翼展14.03米（46英尺0.5英寸）；机长14.41米（47英尺3.5英寸）；机高3.98米（13英尺0.75英寸）
起飞重量：5239千克（11550磅）

▼ 比亚乔航空工业公司 P-180AM阿万蒂，第636a联络机中队，第36联队，焦亚德尔科莱

这架阿万蒂双涡轮螺旋桨引擎行政运输机是第71大队的最新装备。各型P-180行政运输机还在意大利海军航空部队、意大利空军航空武器培训机构和陆军部队服役。

卢森堡

北约早期空中预警与控制部队

尽管卢森堡已经订购了一架A400M运输机，但其最主要的军事航空力量还是部署于本地的北约早期空中预警与控制部队（NAEW&CF）的E-3 AWAC预警机。

早期空中预警与控制部队于1978年经过北约防务计划委员会核准而建立。在该期的预算当中，多国参加的早期空中预警与控制系统是最重要的北约项目，该项目直接向各成员国提供空中监视、空中早期预警、指挥和控制能力。

北约的E-3A“哨兵”预警机部队把主基地放在德国的盖伦基尔兴，但是其飞机注册在卢森堡。其前线行动基地（FOB）分别位于希腊的亚克兴、意大利的特拉帕尼、土耳其的科尼亚和挪威的奥兰。该部队共有17架E-3A预警机，其中有1架已在事故中损失。E-3A机组训练和运输任务由3架CT-49A教练运输机（TCA）和改进后的波音707-320C来完成。

荷兰

荷兰皇家空军和海军航空兵

荷兰皇家空军（RNLAF）是北约各项行动的一名积极成员，是一支以改进型F-16战斗机、运输机和直升机为主的空中力量。

荷兰皇家空军的组织结构随着冷战的结束发生改变，缩减了一线的F-16战斗机单位，把重点放在空运和海外行动上。荷兰皇家空军的空军司令部是指挥单位，作战部队主要包括6个F-16战斗机中队，基地分别位于吕伐登、伏尔克、和美国俄亥俄州的斯普林菲尔德。

荷兰皇家空军主要的直升机基地位于吉齐瑞仁，这也是国防直升机司令部所在地，使用CH-47D（CH-47F在订购中）、美洲狮

技术参数

乘员：2名
发动机：2台1599.5千瓦（2145马力）罗罗/透博梅卡/MTU RTM 332-01/9涡轴发动机
最高速度：每小时295千米（每小时183英里）
作战半径：1110千米（688英里）
悬空升限：3500米（3500英尺）
外形尺寸：螺旋桨直径16.3米（53英尺5英寸）；机长16.81米（55英尺2英寸）；机高5.42米（17英尺9英寸）
起飞重量：9100千克（20020磅）

▼ 欧洲直升机公司/空中客车直升机公司 NH90 NFH，荷兰海军航空兵

荷兰订购了20架NH90“北约护卫舰型 ”（NATO Frigate Helicopter）[①]直升机，以取代山猫和AB412，执行反潜作战和搜救任务。NH-90将会以吉齐瑞仁和德库伊为基地。

技术参数

乘员：1名
发动机：1台最大推力105.7千牛（23830磅）的普惠F100-PW-200涡扇发动机
最高速度：2173千米/小时(1350英里/小时)
航程：1930千米(1200英里)
实用升限：15240米（50000英尺）
起飞重量：19187千克（42300磅）
外形尺寸：翼展9.45米（31英尺）；机长15.09米（47英尺8英寸）；机高5.09米（16英尺8英寸）
武器：一门通用电气20毫米（0.79英寸）M61A1多管机炮；7个外挂点可以携带9276千克（20450磅）武器。

▼ 福克公司 F-16A战隼，第332中队，吕伐登

图中的J-063号战隼是福克公司建造的F-16A Block 15AC 型，但经过中期寿命升级，该机已经达到Block 20的性能水平，成为“F-16AM”型。1999年，该机随第332中队参加联军对塞尔维亚的空袭行动，用一枚AIM-120导弹击落了一架塞尔维亚米格-29战斗机。该机在2007年后转到第306中队继续服役。

① 通常称为海军型。

和AH-64直升机。有2个运输机中队，基地位于埃因霍温，装备多架C-130H、1架DC-10-30、2架KDC-10和1架湾流IV。

荷兰海军航空兵将接收20架NH90，以取代现有的SH-14D山猫直升机，装备2个位于吉齐瑞仁和德库伊的中队，目前还有2个缩减规模的中队使用AB412直升机执行搜救任务，驻地是吕伐登。

挪威

挪威皇家空军

挪威是北约的一个重要成员国，其武装力量的一部分是挪威皇家空军，负责整个国家的军事航空力量，并且分成两个司令部。

挪威皇家空军的两个司令部分别是北挪威空军司令部和南挪威空军司令部，是按所属基地的地理位置进行区分的。每个司令部都指挥着一些中队。

挪威皇家空军战斗机的主要型号是F-16战斗机，装备了3个中队，其中2个中队的基地位于波多，1个中队的基地位于奥兰。较小的航空站位于安多亚岛、巴杜佛斯、索拉、吕格和加勒穆恩。每个航空站拥有飞行联队，指挥驻扎在航空站的空军单位。

海上和运输部队

挪威皇家空军用1个位于安多亚岛的P-3C/N中队执行海上巡逻任务。空运能力则由1个中队的C-130J运输机提供，基地位于奥斯陆。有2架猎鹰20用于执行电子侦察任务，

▲ **贝尔直升机公司 贝尔412SP**

挪威有15架贝尔412SP，其中有一些是在本地装配的。装备这个机型的有驻巴杜佛斯的第339中队和驻吕格的第720中队，后者主要执行特种部队的支援任务。

技术参数

乘员：1名

发动机：1台最大推力105.7千牛（23770磅）的普惠F100-PW-200涡扇发动机

最高速度：2173千米/小时(1350英里/小时)

航程：1930千米(1200英里)

实用升限：15240米(50000英尺)

外形尺寸：翼展9.45米（31英尺）；机长15.09米（47英尺8英寸）；机高5.09米（16英尺8英寸）

起飞重量：19187千克(42300磅)

武器：一门通用电气20毫米（0.79英寸）M61A1多管机炮；7个外挂点可以携带9276千克（20450磅）武器。

▼ **康斯伯格集团 F-16A战隼，第331中队，波多**

图中由康斯伯格集团制造，经过中期寿命升级的F-16A战斗机在2005年之前属于第331中队，之后挪威皇家空军进行了重组，该机隶属于挪威国防后勤组织（NDLO或FLO）。

基地位于吕格，该基地还有1架用于要员专机的猎鹰飞机。

巴杜佛斯是挪威皇家空军主要的直升机基地，有1个装备山猫和贝尔412直升机的中队，山猫Mk86作为挪威海军标准的舰载直升机，贝尔412作为特种部队载机使用，总数14架的NH90最终将会取代这两种型号。另有贝尔412和海王搜救型直升机分遣队驻扎在波多、弗洛罗、拉克塞尔夫、吕格和奥斯陆，其中海王直升机以斯塔万格为基地。

在巴杜佛斯的MFI-15教练机上进行完初级飞行训练之后，挪威皇家空军飞行员可以到美国进行进一步的飞行训练，这是欧洲—北约联合飞机飞行员培训项目的规定。

葡萄牙

葡萄牙空军

葡萄牙空军（FAP）的基础是带编号的空军基地（BA），每个基地都有飞行、物资和支援大队。

葡萄牙空军分为三个主司令部：作战司令部、后勤和行政司令部以及人事司令部，同时由葡萄牙空军指挥与控制系统负责全国的防空任务。其主力战斗机是F-16战斗机，装备了第5号空军基地蒙特实的两支部队。

葡萄牙空军运输机部队扎驻在第6号空军基地蒙蒂茹，在第61飞行大队的指挥下，有4个中队。其中3个中队装备固定翼飞机，位于6号空军基地，分别装备CH-130、C-212和C-295运输机。除了运输之外，C-295还可以执行海上巡逻任务。在第6号空军基地还有1个搜救中队，装备美洲豹直升机；1个海军航空兵的山猫Mk95中队。还有3架猎鹰50固定部署在从蒙蒂茹到里斯本的航线上，作为首脑专机使用。

▲ **法国宇航公司 SA330S1美洲豹**

尽管在搜救任务方面逐渐被EH101所取代，葡萄牙空军还是保留了一些美洲豹直升机。美洲豹直升机于2006年退役后，又有5架被重新起用，以执行对亚速尔群岛和马德拉群岛的搜救任务。

葡萄牙空军训练部队

位于第11空军基地别札的11飞行大队是葡萄牙空军主要的训练部队，包括3个中队，分别装备云雀III直升机、阿尔法喷气A高级喷气式教练机和艾普斯龙初级教练机。一些葡萄牙飞行员依据欧洲—北约联合飞机飞行员培训项目，在美国进行飞行训练。葡萄牙空军的海上巡逻任务由P-3P/C型反潜巡逻机负担，该型机也有1个中队部署在第11空军基地。

第1飞行大队位于第1号空军基地辛特拉，该基地还有一所空军军官学校，装备一定数量的滑翔机。

第4号空军基地拉日什是第41飞行大队的驻地，维持着一支执行照相侦察和海上巡逻任务的C-212分遣队，还有EH101直升机用于搜索救援。在这些EH101直升机达到全任务能力之前，该基地还有一个装备美洲豹的搜救中队。

技术参数

乘员：1名	外形尺寸：翼展9.45米（31英尺）；机长15.09米（47英尺8英寸）；机高5.09米（16英尺8英寸）
发动机：1台最大推力106千牛（23830磅）的普惠F100-PW-200涡扇发动机	起飞重量：19187千克（42300磅）
最高速度：2173千米/小时(1350英里/小时)	武器：一门通用电气20毫米（0.79英寸）M61A1多管机炮；7个外挂点可以携带9276千克（20450磅）武器。
航程：1930千米(1200英里)	
实用升限：15240米（50000英尺）	

▼ **通用动力/洛克希德·马丁公司 F-16A战隼，第301中队“美洲虎”，第5号空军基地蒙特实**

图中的82-0918号战隼属于F-16A Block15J，经过中期寿命升级计划，达到F-16A Block15MLU的水平。蒙特实空军基地驻扎着两支F-16部队：第201中队“猎鹰”和第301中队“美洲虎”。

西班牙

西班牙空军，海军和陆军航空兵

西班牙空军是一支多样化及强有力的空中力量，其海军航空兵有1个舰载机联队和其它舰载机部队，陆军航空兵有一支庞大的直升机部队。

西班牙空军按照基地的地理位置，分为3个空军司令部：中部空军司令部（MACEN，总部位于马德里）；直布罗陀海峡空军司令部（MAEST，总部位于塞维利亚）；后勤支援司令部（MALEV，总部位于萨拉戈萨）。

战斗机和运输机部队隶属于中部空军司令部，包括1个装备F/A–18A+/B+的联队，位于托雷永，还有1个装备CN235和C–295的运输机联队，位于赫塔费。1个C–212联队以巴利

技术参数

乘员：1名	外形尺寸：翼展 9.25米(30英尺4英寸)、机长14.12米(46英尺4英寸)、机高3.55米(11英尺7.75英寸)
发动机：1台105.8千牛(23800磅力)的“飞马”11-61矢量推力涡轮风扇发动机	起飞重量：14061千克(31000磅)负载
最高速度：1085千米/小时(675英里/小时)	武器：1门25毫米(0.98英寸)GAU-12U机炮，6个外挂点可携带7711千克(17000磅)武器(短距离起飞)或3175千克(7000磅)武器(垂直起飞)。
航程；2200千米(1400英里)	
实用升限：15240米(50000英尺)	

▼ **麦道/波音/英国宇航公司 EAV-8B+ 鹞II，海航第9a中队，海军航空兵舰载机，阿斯图里亚斯王子号航空母舰**

西班牙海军的鹞II内部代号为VA.1“斗牛士”II，共有12架单座型AV-8B+战斗机和1架TAV-8B教练机。不在阿斯图里亚斯王子号航空母舰上面的时候，这些飞机驻扎在位于拉塔的基地内。

技术参数

乘员：1名	起飞重量：23500千克（34280磅）
发动机：2台推力90千牛（20250磅力）的欧洲喷气发动机公司EJ200涡扇发动机	外形尺寸：翼展10.95米（35英尺11英寸）；机长15.96米（52英尺5英寸）；机高5.28米（17英尺4英寸）
最高速度：2390千米/小时（1480英里/小时）	武器：1门27毫米（1.06英寸）毛瑟BK-27机炮，13个外挂架可以携带7500千克（16500磅）的有效负荷。
航程：2600千米（1613英里）	
实用升限：19810米（65000英尺）	

▼ **欧洲战斗机公司 台风战斗机，第111中队，第11联队，莫龙**

图中这架台风战斗机挂载AIM-120阿姆拉姆和AIM-9L/M空对空导弹，该机隶属于西班牙空军最重要的联队——第11联队，驻地是塞维利亚附近的莫龙空军基地。这架台风战斗机属于西班牙本国设计的C.16型，双座型属于CE.16型。

亚多利德为基地，在四风机场还有一个混合联队，装备AS332、AS532、C-212和CN235等飞机。扎驻在托雷永的西班牙空军部队还有：1个装备CL-215T和CL-415消防飞机的联队，1个装备A310和猎鹰900飞机的专机中队，1个装备波音707、C-212和猎鹰20的混合大队，还有1个装备C-212和C-101喷气式运输机的中队。

直布罗陀海峡空军司令部的作战力量包括：1个台风战斗机联队（位于莫龙），1个幻影F1M/BM战斗机联队（阿尔瓦塞特），1个装备经过现代化改装的F-5M战斗机的联队（巴达霍斯）。在莫龙还有1个海上巡逻中队，装备P-3A/B/M飞机。

后勤支援司令部的作战部队包括1个以萨拉戈萨为基地的联队，下辖3个中队的F/A-18A+/B+"大黄蜂"战斗机，在同一个基地还有1个装备KC/C-130空中加油/运输机的联队。

加那利群岛空军司令部（MACAN）指挥加那利群岛的空军部队。包括1个中队的F/A-18A战斗机，还有1个福克F27海上巡逻机和AS332搜救直升机的混合中队，这些单位以拉斯帕尔马斯为基地。

西班牙海军航空兵的主战装备是AB212反潜直升机、SH-60B通用直升机、EAV-8B、EAV-8B+舰载攻击机和SH-3"海王"空中早期预警与运输直升机。

西班牙陆军航空兵数量最多的机型是BO105，但现在已经急需更换了。有45架NH90在订购中，目前陆航的直升机型号包括AB212、AS332、AS532、CH-47D、EC135、"虎"HAD武装直升机和UH-1H。

▲ **麦道/波音/诺斯洛普公司 F/A-18A+大黄蜂战斗机**

一架12联队的大黄蜂战斗机携带228千克（500磅）激光制导炸弹和翼尖响尾蛇导弹，在联军行动中执行任务。这架大黄蜂是以麦道公司设计的EF-18为基础，专为西班牙空军升级改造的55架F/A-18A+和11架F/A-18B+之一，除此之外，西班牙空军还有22架从美国海军买来的二手大黄蜂战斗机。

技术参数

乘员：1名

发动机：2台推力79.2千牛(17751磅力)的通用电气F414-GE-400涡轮风扇发动机

最高速度：1814千米/小时(1127英里/小时)

航程：3330千米(2070英里)

实用升限：15000米(50000英尺)

外形尺寸：翼展11.43米(37英尺6英寸)、机长17.07米(56英尺)、机高4.66米(15英尺3.5英寸)

武器：1门20毫米(0.78英寸)M61A1火神机炮，6个旋转炮管共备弹570发；9个外挂点可携带6215千克(13700磅)的各型武器。

▼ 麦道/波音/诺斯洛普公司 F/A-18A+“大黄蜂”，第462中队“哈尔科内斯”，第66联队，科伦·卡纳里亚岛

西班牙空军的大黄蜂战斗机是加入本国设计的C.15型。图中这架编号161939的大黄蜂是从美国海军采购的，现在服役于科伦·卡纳里亚岛，为整个加那利群岛提供空中防御。对F/A-18A+/B+进行的升级改造，使之达到接近F/A-18C/D的性能水平。

技术参数

乘员：2名

发动机：2台推力75.7千牛（17845磅）的通用电气J79-GE-15涡喷发动机

最高速度：2390千米/小时（1485英里/小时）

转场航程：2600千米（1615英里）

实用升限：18900米（62000英尺）

外形尺寸：翼展11.7米（38英尺5英寸）；机长18米（59英尺）；机高4.96米（16英尺3英寸）

起飞重量：24766千克（54600磅）

▼ 麦道/波音公司 RF-4C鬼怪II，第123中队，第12联队，托雷永

西班牙的RF-4C接受了包括更换AN/APQ-172雷达、更新数字化电子设备和无线电设备、修改电子对抗设备、增加以色列产空中受油探头和发射AIM-9L响尾蛇空空导弹的能力等改进，确保这些鬼怪战机服役到2002年。

瑞典

瑞典空军

瑞典是永久中立国，全靠自力更生发展出一支实力雄厚的军事力量。瑞典空军现代化程度高、装备好，但近年来也削减了一些部队。

瑞典空军是瑞典武装部队的一部分，以前瑞典空军分为三个独立的空军军区司令部（南部、中部和北部），但现在已经拥有一个统一的瑞典空军司令部（FTK），其总部位于乌普萨拉。今天瑞典的空军军区共有北方军区（总部位于博登），中央军区（总部位于赛格耐斯），南方军区（总部位于哥德堡），还有哥特兰岛军区（总部位于维斯比）。

瑞典空军的联队和直升机营隶属于这四个军区。战斗机联队装备多用途战斗机“鹰狮”，同时将原来的JAS 39A/B各型号升级改进到JAS 39C/D型的性能水平，包括增加空中加油能力，大屏幕、全彩的座舱显示器，加强机翼的结构强度，使之能安装新挂架。战斗机飞行员使用空战学校的Sk60喷气式教练机①进行训练，这些教练机在每个战斗机联队中都有一部分，是战斗机联队的必要组成部分。瑞典空军特技飞行表演队——“TEAM 60”也是使用Sk60教练机的部队。

直升机部队的组织结构

瑞典空军的直升机部队整合为一个常设机构，叫作瑞典武装部队直升机联队，该联队目前下辖4个直升机中队和1个独立的直属单位。直升机联队的装备正在进行现代化改造，为此瑞典空军引进了Hkp15（A109）和Hkp14（NH90）直升机。NH90将被用于执行反潜作战和搜救任务，而A109直升机则用于通用运输、搜救并搭载于瑞典海军的战舰上。目前使用的直升机机型还有Hkp9（超级美洲豹），用于搜救。

四个军区中规模最大的是北方军区和南方军区，他们各下辖2个战斗机联队和5个运输/通讯联队，后者装备固定翼的TP84②“大力神”运输机、TP100“百眼巨人”（Saab 340）和TP102（湾流IV）首脑专机。

瑞典空军有一支独立的空中早期预警与通信情报部队，位于林彻平。在该部队中，2架S102B（湾流IV）飞机作为电子战中队（TSFE）的一部分，用于信号谍报；另有6架S100“百眼巨人”（Saab 340），作为空中早期预警平台。还有1架OS 100用于开放天空监视任务，其驻地位于斯德哥尔摩-布鲁玛机场。

瑞典空军的其他单位还包括1个通讯飞行队、1个初级飞行训练单位、1个初级战术训练单位和1个测试中心。

技术参数

乘员：1名

发动机：1台推力80.5千牛（18100磅）的通用电气/沃尔沃公司RM12涡扇发动机

最高速度：2450千米/小时（1522英里/小时）

航程：4000千米（2485英里）

起飞重量：16500千克（36376磅）

外形尺寸：翼展8.6米；机长15.2米；机高4.5米

武器：1门27毫米（1.06英寸）毛瑟BK-27机炮，6个外挂架可以携带RB71型天闪(Sky Flash)和Rb24“响尾蛇”空空导弹，小牛空对地导弹以及其他武器。

▼ 萨博集团 JAS 39A鹰狮，第7联队，赛特耐斯

鹰狮战斗机是瑞典空军的主战力量，广泛装备于防空、对地攻击、反舰和侦察部队。JAS39A/B正在进行升级，以达到C/D型的性能水平，新型号增加了空中加油能力，北约兼容的电子设备和其他改进项目。

① Saab-105多用途喷气机。
② C-130运输机的瑞典编号。

瑞典空军					
第7战斗机联队（F7）——南方空军军区，赛特耐斯			**第21战斗机联队（F21）——北方空军军区，吕勒奥**		
第1中队	JAS 39A/B	赛特耐斯	第1中队	JAS 39C/D	吕勒奥
第2中队	JAS 39A/B	赛特耐斯	第2中队	JAS 39C/D	吕勒奥
直属飞行大队	Sk 60		直属飞行大队	Sk 60	
电子战中队，赛特耐斯	TP 84	赛特耐斯	电子战中队（分队）	*TP 100	卢雷卡拉克斯
电子战中队	S100B,S 102B	林彻平	*该分队的TP100飞机是第7战斗机联队的一部分		
电子战中队（分队），布罗马	OS 100，TP 102	斯德哥尔摩-布罗马	**瑞典武装部队直升机联队**		
第17战斗机联队（F17）——中央空军军区，龙内比			第1直升机中队	Hkp 10	吕勒奥
第1中队	JAS 39C/D	龙内比	第2直升机中队	Hkp 9，Hkp 14，Hkp 15	林彻平
第2中队	JAS 39C/D	龙内比	第3直升机中队	Hkp 9，Hkp 10，Hkp 14，Hkp 15	龙内比
直属飞行大队	Sk 60		第3直属中队，赛特耐斯	Hkp 10	赛特耐斯
电子战中队（分队）	*TP 100	龙内比	空战学校		
*该分队的TP100飞机是第7战斗机联队的一部分			飞行中队	Sk 60A/B/C	林彻平
			“TEAM 60”特技飞行表演队	Sk 60A	林彻平

技术参数

乘员：2名

发动机：2台1599.5千瓦（2145马力）罗罗/透博梅卡/MTU RTM 332-01/9涡轴发动机

最高速度：每小时295千米（每小时183英里）

作战半径：1110千米（688英里）

悬空升限：3500米（3500英尺）

外形尺寸：螺旋桨直径16.3米（53英尺5英寸）；机长16.81米（55英尺2英寸）；机高5.42米（17英尺9英寸）

起飞重量：9100千克（20020磅）

▼ 欧洲直升机公司/空中客车直升机公司NH90，第2直升机中队，瑞典武装部队直升机联队，林彻平

NH90直升机在瑞典的编号是Hkp14，瑞典订购了13架战术部队运输型（TTT）NH90，用于搜救任务，另外5架用于反潜作战。瑞典是高舱版本NH90的初始用户。

▼ 阿古斯塔/贝尔直升机公司 AB412SP，直升机联队，林彻平

该型直升机在瑞典的编号是Hkp11，从1994年开始，共有5架装备于搜救和紧急医疗后送部队，但是该型直升机从2000年中期开始退役，被NH90所取代。

技术参数

乘员：3名
发动机：2台671千瓦（900马力）普.惠加拿大PT6T-3D涡轴发动机
最高速度：每小时260千米（每小时160英里）
航程：656千米（405英里）
载重能力：10名士兵或6副担架
外形尺寸：螺旋桨直径14米（45英尺11英寸）；机长17.1米（56英尺1英寸）；机高4.6米（15英尺1英寸）
起飞重量：5355千克（11900磅）
武器：1挺7.62毫米C6 GPMG机枪；一挺7.62毫米M134D“米尼岗”机枪

瑞士

瑞士空军

训练程度高，装备齐全的瑞士空军是瑞士维护国家主权的重要力量、若受到威胁，可以大量使用预备役人员和储备基地。

瑞士空军的主力战斗机是F/A–18C/D多用途战斗机，在空中防御方面还有F–5E/F战斗机作为辅助力量，现在正在寻求替代它们的机种。直升机运输部队以AS332和AS532为主要装备，还有部分EC635通用直升机。飞行训练使用PC–7初级教练机和

技术参数

乘员：1名
发动机：2台推力79.2千牛(17751磅力)的通用电气F414-GE-400涡轮风扇发动机
最高速度：1814千米/小时(1127英里/小时)
航程：3330千米(2070英里)
实用升限：15000米(50000英尺)
外形尺寸：翼展11.43米(37英尺6英寸)、机长17.07米(56英尺)、机高4.66米(15英尺3.5英寸)
武器：1门20毫米(0.78英寸)M61A1火神机炮，6个旋转炮管共备弹570发；9个外挂点可携带6215千克(13700磅)的各型武器。

▼ 麦道/波音/诺斯洛普公司 F/A–18C大黄蜂，第11中队，第13联队，迈林根

图中的J-5014号大黄蜂在1999年之后归第11中队使用，瑞士的大黄蜂战斗机经过本国拉格公司(RUAG)的升级改进：增加了头盔显示器，AIM-9X响尾蛇导弹和Link 16数据链以及其他各项改进。

PC-21高级教练机进行，还有PC-9教练机用于电子战训练和拖靶。要员专机主要使用1架赛斯纳560“奖状”和1架猎鹰50。轻型固定翼运输机方面，主要使用PC-6教练机，该机也用于跳伞训练；还有部分PC-12通用飞机。山地搜救能力对瑞士空军十分重要，其主要靠SA316直升机来执行山地搜救任务。

根据军队第21号方案，瑞士空军进行了重组，第85空中监视联队现在的职责是作战和训练活动。下辖第85空军飞行员学校，空运指挥部和第85防空指挥部，后者用于指挥飞行联队。

土耳其

土耳其空军

土耳其空军分为两个司令部：第1航空司令部（指挥土耳其西部空军部队）和第2航空司令部（指挥土耳其东部空军部队）。

规模较大的土耳其空军第1航空司令部，总部位于埃斯基谢希尔，下辖5个飞行联队。除主空军基地外，第1航空司令部还有一些次级空军基地，土耳其空军经常在次级空军基地部署部队。较小的第2航空司令部，总部位于迪亚巴克尔，下辖4个飞行联队，有4个主要空军基地，也可以在土耳其东部的次级空军基地部署部队。

土耳其空军还有一个航空后勤司令部，负责指挥军用运输机和要员专机，以及空军飞机的维护和保养。最后一个空军司令部是航空训练司令部，总部设在伊兹密尔。

土耳其空军的前线机型有：F-16C/D战斗机，这些飞机是在本国的土耳其航宇工业公司（TAI）组装建造的。改进型F-4E战斗机在土耳其空军也是一种主要的机型，此

技术参数

乘员：2名

发动机：2台推力79.4千牛（17845磅）的通用电气J79-GE-17A涡喷发动机

最高速度：2390千米/小时（1485英里/小时）

航程：2600千米（1615英里）

实用升限：18300米（60000英尺）

外形尺寸：翼展11.7米（38英尺5英寸）；机长19.2米（63英尺）；机高5米（16英尺6英寸）

起飞重量：28030千克（61795磅）

武器：一门20毫米(0.79英寸)M61A1“火神”机炮，9个外挂点，最大载弹量8480千克（18695磅），可发射AGM-65D/G小牛空对地导弹，AGM-88“哈姆”高速反辐射导弹，GBU-8 寻的炸弹，GBU-10/12宝石路II激光制导炸弹，通用自由落体炸弹和集束炸弹等空对地攻击武器。

▼ 麦道/波音公司 F-4E鬼怪II，第171中队，马拉蒂亚

在以色列帮助下，土耳其对自己54架鬼怪战斗机进行了升级，使之达到F-4E-2020“终结者”的性能水平，这项升级既包括机体结构也包括电子设备——在发动机进气口采用新的机身材料，采用多功能座舱显示屏、多功能火控雷达和“利坦宁（Litening）II”目标瞄准吊舱，安装该吊舱后，鬼怪战斗机可使用各种精确打击武器。

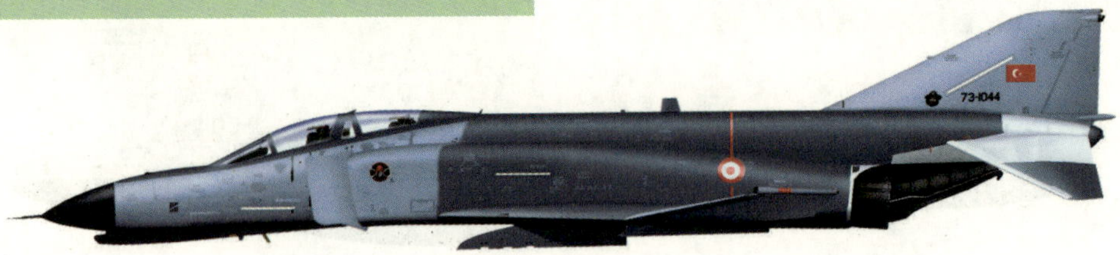

技术参数

乘员：1名
发动机：1台最大推力129.6千牛(29160磅力)的普惠F100-PW-229涡扇发动机
最高速度：2173千米/小时(1350英里/小时)
航程：1930千米(1200英里)
实用升限：15240米(50000英尺)
外形尺寸：翼展9.45米（31英尺）；机长15.09米（47英尺8英寸）；机高5.09米（16英尺8英寸）
起飞重量：19187千克（42300磅）
武器：一门通用电气20毫米（0.79英寸）M61A1多管机炮；7个外挂点可以携带9276千克（20450磅）武器。

▼ 通用动力/洛克希德·马丁公司 F-16C战隼，第162中队，班德尔玛

土耳其空军接收了240架F-16C/D战斗机，生产型号包括Block30/40/50，图中这架战隼属于Block40L型，于1993年引进，2001年开始在第162中队服役。

土耳其空军战斗机和运输机部队					
第1航空司令部，总部位于埃斯基谢希尔			**第2航空司令部，总部位于迪亚巴克尔**		
第1联队　埃斯基谢希尔			**第5联队　梅尔济丰**		
第111中队	F-4E	埃斯基谢希尔	第151中队	F-16C/D	梅尔济丰
第112中队	F-4E	埃斯基谢希尔	第152中队	F-16C/D	梅尔济丰
第113中队	RF-4E	埃斯基谢希尔	**第7联队　马拉蒂亚**		
第201中队	CN235，AS532	埃斯基谢希尔	第171中队	F-4E	马拉蒂亚
第3联队　科尼亚			第173中队	F-4E，RF-4E	马拉蒂亚
第131中队	波音737AEW&C	科尼亚	**第8联队　迪亚巴克尔**		
第132中队	F-4E，F-16C/D	科尼亚	第181中队	F-16C/D	迪亚巴克尔
第133中队	（N）F-5A/B	科尼亚	第182中队	F-16C/D	迪亚巴克尔
第134中队“土耳其之星”	NF-5A/B	科尼亚	第202中队	CN235，AS532	迪亚巴克尔
第4联队　安卡拉/阿辛奇			**第10联队　英基里克**		
第141中队	F-16C/D		第101中队	KC-135R	英基里克
第142中队	F-16C/D		**次级空军基地**		
第143中队	F-16C/D		巴特曼		
第6联队　班德尔玛			埃尔祖鲁姆		
第161中队	F-16C/D	班德尔玛	米镇		
第162中队	F-16C/D	班德尔玛	锡瓦斯		
第9联队　巴勒克西尔			注：大部分空军基地都扎驻着一支联络和搜救部队（联队基地或航空司令部所在地），装备AS532直升机。		
第191中队	F-16C/D	巴勒克西尔	**航空后勤司令部，总部位于埃蒂梅斯古特/安卡拉**		
第192中队	F-16C/D	巴勒克西尔	**第11后勤联队　埃蒂梅斯古特/安卡拉**		
次级空军基地			第211中队	CN235	埃蒂梅斯古特/安卡拉

伊兹密尔-亚达那门德雷斯机场	第212中队	CN235，赛斯纳550/650，湾流IV/550，UH-1H	埃蒂梅斯古特/安卡拉
乔尔卢	第12后勤联队	开塞利	
阿菲永	第221中队	空中列车	开塞利
阿克希萨	第222中队		开塞利
锡夫里希萨尔	第223中队	CN235	开塞利
伊斯坦布尔阿塔图尔克国际机场			

外还有RF-4E型在侦察机部队服役。另有部分F-5战斗机用于战斗机飞行员的“对接”训练，并且仍然装备着土耳其空军特技飞行表演队——土耳其之星。土耳其空军飞行训练单位仍然在使用T-37B/C和T-38A喷气式教练机，还有部分SF260和T-41D初级教练机，但是土耳其空军已经订购了KT-1“Ungbis”教练机用于取代后两种初教机。另外，4架波音737改装的早期预警和控制飞机，以及另外50架F-16C/D Block 50都于2010年交付给土耳其空军。土耳其陆军依靠数量庞大的直升机部队支援其作战行动，一线机型是AB204、AB205、UH-H通用直升机和AH-1武装直升机。还有AS532用于战场搜救任务，S-70A则用于运输任务。

土耳其海航的一线机种是AB212和S-70B直升机，主要用于反潜作战，还有CN-235直升机用于海上巡逻。为了取代这些机种，土耳其海军订购了ATR-72直升机。

英国

英国皇家空军，海军航空兵和陆军航空兵

像很多其他西欧国家的空军一样，英国皇家空军在近些年也经历了大幅削减，但与此同时，英国皇家空军还面临着不断增长的任务需求。

受裁军影响，英国皇家空军的人员总数下降到了44000人，一线的人员和装备分属于9个航空远征联队中，这些远征联队隶属于航空司令部（总部位于英国皇家空军海威科姆空军基地）。航空司令部分为第1、第2和第22大队[①]。其职责分别是：第1大队担负战术任务（空战、电子战、对地攻击）；第2大队担负作战支援任务（空运、加油、空中监视、侦查和搜索援救）；第22大队担负训练任务。支援直升机部队则划归联合直升机指挥部（JHC）来指挥，这是一个三军通用的组织。英国另一支联合部队是由隶属于英国皇家空军装备的“鹞”GR9型和隶属于英国皇家海军航空兵海军打击联

① 与美国空军不同，英国皇家空军的大队（group）非联队（wing）下属，而是级别最高的空军单位。

队的"鹞"式，一起共同组成"联合部队鹞"。鹞式最终将会被F-35联合攻击战斗机取代。英国皇家空军希望保留12个中队的一线作战力量，其中有7个台风战斗机中队，至少3个F-35中队，还有无人作战飞机（UCAV）。

英国皇家空军现有的海上巡逻机型是猎迷MR2，这种反潜巡逻机将会被完全重新设计的猎迷MRA4所取代。还有3架用于情报采集的猎迷R1，取代它们的机型是RC-135V/W"铆钉联合"情报、监视和侦察飞机。皇家空军战场ISTAR①任务必须的平台是哨兵R1"ASTOR"②型机载防区外雷达飞机，这些飞机是在庞巴迪"全球快车"飞机机体上搭载"哨兵"机载远程雷达（ASTOR）而成的作战系统，稍后将会和"哨兵AEW1"③一起部署于沃丁顿。

技术参数

乘员：1名

发动机：2台推力90千牛（20250磅力）的欧洲喷气发动机公司EJ200涡扇发动机

最高速度：2390千米/小时（1480英里/小时）

航程：2600千米（1613英里）

实用升限：19812米（65000英尺）

起飞重量：23500千克（34280磅）

外形尺寸：翼展10.95米（35英尺11英寸）；机长15.96米（52英尺5英寸）；机高5.28米（17英尺4英寸）

武器：1门27毫米（1.06英寸）毛瑟BK-27机炮，13个外挂架可以携带阿姆拉姆、阿斯拉姆空对空导弹；"风暴之影"和"硫磺石"空对地导弹，增强型宝石路激光制导炸弹。

作战保障部队

英国皇家空军的运输机/空中加油机将更换成A400M运输机和A330空中加油机。目前皇家空军的空运能力主要由C-17"环球霸王III"和各型大力神运输机提供。较老旧的大力神C1/3型将会被25架A400M取代。

英国皇家空军飞行中队		
攻击支援部队		
第1（F）中队	鹞 GR9/9A	摩尔空军基地
第2（AC）中队	狂风 GR4/4A	马勒姆
第4（AC）中队	鹞 GR9/9A	摩尔空军基地
第9（B）中队	狂风 GR4	马勒姆
第12（B）中队	狂风 GR4	洛西茅斯
第13中队	狂风 GR4/4A	马勒姆
第14中队	狂风 GR4	洛西茅斯
第31中队	狂风 GR4	马勒姆
第617中队	狂风 GR4	洛西茅斯

▼ **欧洲战斗机公司 台风F2，第3（F）中队，科宁斯比**

图中的台风战机位于鲁查尔空军基地，该基地第3（F）中队的台风战斗机与狂风F3战斗机一起分享"快速反应警报防空任务"。第3（F）中队是英国皇家空军第一个一线台风战斗机中队（2006年开始装备台风）。

① ISTAR，谍报、监视、目标锁定。

②ASTOR使用的雷达是美国雷声公司ASARS-2侧视合成孔径雷达，是U-2使用的侧视雷达的改进型号，能够提供极高分辨率的雷达成像，并具有动目标探测能力。该雷达天线由BAE Systems生产。该雷达可以从12000米高空对160千米处的目标进行成像探测。

③ 英国的E-3D预警机。

▼ 英国航空航天系统公司 鹰T1，第208（R）中队，瓦利

瓦利是英国皇家空军高速喷气式教练机的基地。未来的战斗机飞行员在这里接受基础的高速喷气飞行训练，来到瓦利和第208（R）中队（转换和高级飞行训练）之前，飞行员们先从第19（R）中队的巨嘴鸟教练机开始战术和武器训练。

技术参数

乘员：2名
发动机：1台推力23.1千牛（5200磅）的罗罗/透博梅卡 阿杜尔Mk151涡扇发动机
最高速度：1038千米/小时（645英里/小时）
续航时间：4个小时
实用升限：15240米（50000英尺）
外形尺寸：翼展9.39米（30英尺9.75英寸）；机长11.17米（36英尺7.75英寸）；机高3.99米（13英尺1.75英寸）
起飞重量：7750千克（17085磅）

▼ 泛那维亚集团 狂风F3，第111（F）中队，卢赫斯

以苏格拉的卢赫斯为基地，第111（F）中队是英国皇家空军最后一支装备狂风F3拦截机的部队。英国皇家空军维持两支快速反应警报全天候防空任务部队，分别位于卢赫斯（北方快速反应警报防空）和科宁斯比（南方快速反应警报防空，使用台风战斗机）。

技术参数

乘员：2名
发动机：2台推力73.5千牛（16520磅）的“Turbo联合”RB.199-34R Mk 104涡扇发动机
最高速度：2337千米/小时（1452英里/小时）
拦截半径：超过1853（1150英里）
实用升限：21335米（70000英尺）
起飞重量：27987千克（61700磅）
外形尺寸：翼展13.91米（45英尺7.75英寸）——伸展；翼展8.6米（28英尺2.5英寸）——后掠；机长18.68米（61英尺3英寸）；机高5.95米（19英尺6.25英寸）
武器：2门27毫米（1.06英寸）IWKA-毛瑟机炮，6个外挂点可以携带5806千克（12800磅）的各种武器。

防空和空中早期预警部队			飞行训练部队		
第3（F）中队	台风F2	科宁斯比	第19（R）中队	鹰T1A	瓦利
第8中队	哨兵AEW1	沃丁顿	第45（R）中队	空中之王 200	克兰威尔
第11（F）中队	台风FGR4	科宁斯比	第55（R）中队	教师T1	克兰威尔
第23中队	哨兵AEW1	沃丁顿	第60（R）中队	狮鹫 HT1	肖伯里
第43（F）中队	狂风F3	卢赫斯	第72（R）中队	巨嘴鸟T1	林顿——乌斯河
第111（F）中队	狂风F3	卢赫斯	第100中队	鹰T1A	利明
侦察机部队			第207（R）中队	巨嘴鸟T1	林顿——乌斯河
第5（AC）中队	哨兵R1	沃丁顿	第208（R）中队	鹰T1	瓦利
第51中队	猎迷R1	沃丁顿			

转换训练部队			支援直升机部队		
第15（R）中队	狂风GR4	洛西茅斯	第7中队	支奴干HC2/2A	欧蒂姆
第17（R）中队	台风F2/FGR4	科宁斯比	第18中队	支奴干HC2/2A	欧蒂姆
第20（R）中队	鹞GR9/T12	威特	第27中队	支奴干HC2/2A	欧蒂姆
第29（R）中队	台风T1/F2	科宁斯比	第28（AC）中队	灰背隼HC3	本森
第41（R）中队	鹞GR9，狂风GR4	科宁斯比	第33中队	山猫HC1	本森
第56（R）中队	猎迷MR2/MRA4/R1，哨兵R1，哨兵AEW1		第78中队	灰背隼HC3A	本森
第203（R）中队	海王HAR3	瓦利	第230中队	山猫HC1	本森
空运和空中加油部队			**海上巡逻和搜救部队**		
第24中队	大力神C4/5	莱纳姆	第22中队	海王HAR3/3A	A分遣队雪唯诺，B分遣队沃提夏姆，C分遣队瓦利
第30中队	大力神C4/5	莱纳姆	第42（R）中队	猎迷MR2	金洛斯
第32（皇室）中队	BAe 125 CC3，BAe 146 CC2，A109E	诺索尔特	第84中队	狮鹫 HT1	阿克罗蒂里
第47中队	大力神C1/C3/C3A	莱纳姆	第120中队	猎迷MR2	金洛斯
第70中队	大力神C3	莱纳姆	第201中队	猎迷MR2	金洛斯
第99中队	C-17A	诺顿	第202中队	海王HAR3/3A	A分遣队博尔德，D分遣队洛西茅斯，E莱肯菲尔德
第101中队	VC10 C1K/K3/K4	诺顿	**无人机部队**		
第216中队	三星C2/C2A/K1/KC1	诺顿	第39中队	MQ-9	克里奇空军基地

英国皇家海军航空兵将其航空力量部署在军舰上，主力机型是山猫舰载反潜直升机，从2011年起，这些机型将更新为“野猫”直升机。皇家海军其他的一线直升机还有用于反潜作战的灰背隼和用于空中早期预警、特种作战和搜救的海王直升机。

英国皇家陆军航空队的主力机型包括阿帕奇武装直升机，山猫战场机动直升机（将被野猫直升机取代），还有瞪羚通用直升机。陆航第7团负责训练直升机飞行员。英国陆航还维持着一些独立飞行分队，包括位于伯利兹、文莱和加拿大的陆军航空站。

技术参数

乘员：2名

发动机：2台推力76.8千牛（17270磅）的“Turbo联合”RB.199-34R Mk 103加力涡扇发动机

最高速度：2.34马赫（2417.6千米/小时，1511英里/小时）

作战半径：1390千米（870英里）

实用升限：15240米（50000英尺）

外形尺寸：翼展13.91米（45英尺7.75英寸）——伸展；翼展8.6米（28英尺2.5英寸）——后掠；机长16.72米（54英尺10英寸）；机高5.95米（19英尺6.25英寸）

武器：2门27毫米（1.06英寸）IWKA-毛瑟机炮，4个机身挂架和4个可旋转的机翼下挂架可挂装9000千克（19800磅）的武器载荷。

起飞重量：28000千克（61700磅）

▼ 泛那维亚集团 狂风GR4，第12（B）中队，洛西茅斯

英国皇家空军有7个一线的狂风GR4/4A 战斗/攻击机中队，分别部署于苏格兰的洛西茅斯和马勒姆。图中这架狂风战斗机在阿富汗和伊拉克战斗过，现在携带利坦宁III目标瞄准吊舱，以发射精确制导武器和作为ISTAR平台。

技术参数

乘员：4名

发动机：3台1725千瓦（2312轴马力）罗·罗·透博梅卡RTM 332涡轴发动机

最高速度：309千米/小时（192英里/小时）

航程：1389千米（863英里）

实用升限：4575米（15000英尺）

外形尺寸：螺旋桨直径18.59米（61英尺）；机长22.8米（74英尺8英寸）；机高6.65米（21英尺10英寸）

起飞重量：15600千克（32188磅）

武器：5挺通用机枪；960千克（2116磅）反舰导弹，自导鱼雷，深水炸弹和火箭弹。

▼ 阿古斯塔/韦斯特兰公司 灰背隼 HM1，海航第829中队，卡尔德罗斯皇家海军航空站

英国皇家海军的灰背隼直升机装备了5个中队，在陆上的时候都驻扎在卡尔德罗斯皇家海军航空站。灰背隼直升机主要用于反潜作战，起飞平台是海军战舰，包括航母、补给舰和23型护卫舰。

英国皇家海军飞行中队					
海军打击联队	鹞GR7/7A/9/9A	摩尔基地	第820海航中队	灰背隼HM1	卡尔德罗斯
第702海航中队	山猫HAS3/HMA8	约维尔顿	第824海航中队	灰背隼HM1	卡尔德罗斯
第703海航中队	萤火虫T67/教师T1	巴克斯顿皇家空军基地	第829海航中队	灰背隼HM1	卡尔德罗斯
第705海航中队	松鼠HT1	肖伯里皇家空军基地	第845海航中队	海王HC4/HC6CR	约维尔顿
第727海航中队	教师T1	约维尔顿	第846海航中队	海王HC4	约维尔顿
第750海航中队	捷流T2/3，超级空中国王	卡尔德罗斯	第847海航中队	山猫AH7	约维尔顿
第771海航中队	海王HAS5/6	卡尔德罗斯	第848海航中队	海王HC4	约维尔顿
第792海航中队	米拉克 100/5	卡尔德罗斯	第849海航中队	海王ASaC7	卡尔德罗斯
第814海航中队	灰背隼HM1	卡尔德罗斯	第854海航中队	海王ASaC7	卡尔德罗斯
第815海航中队	山猫HAS3/HMA8	约维尔顿	第857海航中队	海王ASaC7	卡尔德罗斯

第四章

东欧

东欧国家的空军力量在苏联解体之后发生了翻天覆地的变化，前华约国家纷纷投向西方，其中更有一些已经加入了北约，或者正积极寻求加入。苏联解体后，其欧洲部分的加盟共和国纷纷获得独立，这些国家也开始建立独立的空军，特点是以从苏联继承的装备为基础。前南斯拉夫分裂和内战的创伤给本地区遗留了新的政治实体，这些新国家都建立起自己的空军，其中也有部分国家加入了北约。俄罗斯在本地区空中占有绝对优势，不过由于俄罗斯曾坐视其空军力量收缩，如今它正适应冷战后空军结构的继续缩减，努力建设一支编制更简洁、任务弹性更大、规模适度的空军力量。

阿尔巴尼亚

阿尔巴尼亚空军

作为北约成员国，阿尔巴尼亚维持着一支以直升机为主、规模适度的空军力量，其所属的喷气式战斗机目前已经全部退出现役。

阿尔巴尼亚空军的指挥机构是阿尔巴尼亚联合部队司令部，下辖一个航空旅。装备1架A109、3架AB205、7架AB206和6架BO105直升机，除此之外，阿尔巴尼亚还有4架Y-5（中国援助的运-5运输机），和近期阿尔巴尼亚空军订购的5架AS532。其主要基地位于库乔韦和地拉那。

技术参数

乘员：1-2名
发动机：1台820千瓦（1100轴马力）莱康明T53-L-11A涡轴发动机
最高速度：每小时220千米（每小时135英里）
航程：533千米（331英里）
实用升限：5910米（19390英尺）
外形尺寸：螺旋桨直径14.63米（48英尺）；机长12.69米（41英尺8英寸）；机高4.5米（14英尺7英寸）
起飞重量：4310千克（9500磅）

阿古斯塔/贝尔直升机公司 AB205，第3340直升机团，法克

阿尔巴尼亚于2004年接受了意大利陆军捐赠的AB205直升机，总共7架。

波斯尼亚和黑塞哥维那

波黑空军和防空旅

波黑空军诞生于1995年，当波斯尼亚战争结束后，其总部位于萨拉热窝。此外，波黑空军得到了美国“训练与装备”计划的援助。

因为受到《代顿和平协定》的严格限制，波黑空军只由14架UH-1H、14架米-8和8架瞪羚通用直升机组成，还有1架作为要员专机的米-17直升机。其主要的空军基地位于萨拉热窝、巴尼亚卢卡和图兹拉，每个基地部署一个直升机联队。

技术参数

乘员：1-4名
发动机：1台1044千瓦（1400马力）艾维科.莱康明T53-L-13轴发动机
最高速度：每小时204千米（每小时127英里）
航程；511千米（317英里）
外形尺寸：螺旋桨直径14.63米（48英尺）；机长12.77米（41英尺11英寸）；机高4.41米（14英尺5英寸）
起飞重量：4309千克（9500磅）
实用升限：3840米（12600英尺）

贝尔直升机公司 UH-1H，第1直升机中队，拉伊罗瓦奇/萨拉热窝

总数15架的UH-1H在20世纪90年代中期交付给波黑空军。

白俄罗斯

白俄罗斯空军和防空军

白俄罗斯的空军与防空军在2001年合并，成为一个单独的军种——空军和防空军。这支空中力量组织结构的基础是空军基地。

白俄罗斯空军和防空军的总部位于明斯克，其中坚力量是战斗机部队，包含大约40架米格-29和20架苏-27战斗机，装备一支驻扎于第61战斗机空军基地（IAB），位于巴拉诺维奇的混合部队，还有一个米格-29团驻扎在第927战斗机空军基地，位于贝拉扎。苏-24M前线轰炸机和苏-24MR侦察机装备第116轰炸/侦察机空军基地（BRAB），位于罗斯。此外，还有苏-25攻击机在第206攻击机空军基地（ShAB）服役。运输机部队包括位于明斯克-麦楚里斯彻第50运输机空军基地，驻扎2个装备伊尔-76、安-26和安-12运输机和直升机的中队。总统专机飞行队很可能保留1架图-134客机和1架米-8直

技术参数

乘员：5名

发动机：2台2103千瓦（2820马力）的进步AI-24VT涡轮螺旋桨飞机（加上位于右发动机短舱内的一台7.85千牛（1795磅力）的图曼斯基Ru-19-A300型小型涡喷发动机作为辅助动力）

最高速度：440千米/小时（273英里/小时）

实用升限：7500米（24600英尺）

外形尺寸：翼展29.2米（95英尺9.5英寸）、机长23.80米（78英尺1英寸）、机高8.58米（28英尺1.5英寸）

起飞重量：24000千克（52911磅）

航程：2500千米（1584英里）

▼ 安东诺夫设计局安-26，白俄罗斯空军和防空军

图中的安-26运输机装备白俄罗斯空军和防空军的一个未知单位，但是很可能以明斯克-麦楚里斯彻为基地，该基地是运输机部队的集中地。和服役于白俄罗斯的伊尔-76“耿直”运输机一样，安-26RT“卷发-B”电子情报飞机也是继承自苏联的空军装备。

技术参数

乘员：1名

发动机：2台推力122.5千牛（27557磅力）的土星科研生产联合体（留里卡）AL-31M涡扇发动机

最高速度：2150千米/小时（1335英里/小时）

作战半径：1500千米（932英里）

实用升限：17500米（57400英尺）

外形尺寸：翼展14.7米（48英尺2.75英尺）；机长21.94米（71英尺11.5英寸）；机高5.93米（19英尺3英尺）

起飞重量：30000千克（66138磅）

武器：1门30毫米（1.18英寸）GSh-3101机炮，备弹149发；10个外挂架可挂载6000千克（13228磅）各种武器。

▼ 苏霍伊设计局 苏-27UB，第61战斗机空军基地，第2中队，巴拉诺维奇

巴拉诺维奇是白俄罗斯苏-27战斗机的基地。在该基地，第2中队装备苏-27，第1中队装备米格-29战斗机。

升机。白俄罗斯的陆军航空兵部队也是空军和防空军的一个组成部分，装备大约100架米-8、40架米-24和10架米-26直升机。直升机部队包括位于普鲁扎内的第181直升机空军基地（VAB）和前面提到的第50运输机空军基地，除此之外，还有一支装备米-2直升机的陆航训练部队驻扎在明斯克。而白俄罗斯空军和防空军的训练部队设施则分布在包布亚克、维特伯斯克和维亚济马（位于俄罗斯），装备机型是L-39和雅克-52教练机。

保加利亚

保加利亚空军和海军航空兵

保加利亚空军（BVVS）的规模在冷战之后大幅削减，目前其空军部队在防空军的指挥之下。

国土防空军是保加利亚空军的指挥机构。在上个世纪90年代，保加利亚空军采用了新的组织结构，用带编号的空军基地取代了空军团，所有的空军基地都隶属于国土防空军。5个主要的空军基地分别负责所在地区的空中防御（第3战斗机基地，位于格拉夫·格纳蒂弗，驻扎着装备米格-21和米-29战斗机的第1战斗机中队，这些米格-21直到2011-12年间还在使用），地面攻击/侦察（第22攻击机基地，位于贝兹梅尔，装备苏-25攻击机），运输（第16运输机基地，位于索菲亚机场，装备C-27J、安-24/26/30、L-410、PC-12），直升机（第24直升机基地，位于普罗夫迪夫，装备AS532、Bell 206、米-17、米-24）以及训练（第12教练机基地，位于卡缅涅茨，装备PC-9和L-39教练机）。保加利亚于2004年加入了北约，近期接收了AS532直升机和C-27J运输机等一批西方装备。更多的新装备也在订购当中，包括为海军航空兵引进的AS565，这些新直升机将会取代米-14直升机，部署于瓦尔纳。

技术参数

乘员：2-3名

发动机：2台1600千瓦（2200马力）Isotov TV3-117涡轴发动机

最高速度：每小时335千米（每小时208英里）

航程：1000千米（621英里）

实用升限：4500米（14750英尺）

外形尺寸：旋翼直径17.1米（56英尺7英寸）；机长17.5米（57英尺4英寸）；机高6.5米（21英尺3英寸）

起飞重量：12000千克（26500磅）

武器：1挺12.7毫米（0.5英寸）Yakuchev-Borzov机枪，4个S-8 80毫米（3.15英寸）火箭巢或超过3460千克（7612磅）的火箭弹或导弹。

▼ 米里设计局 米-24，第24直升机基地，第1攻击直升机中队，普罗夫迪夫

保加利亚空军在第24直升机基地部署了一个中队的米-24D/V 武装直升机，还有一个中队的运输直升机，混合装备AS532、贝尔206和米-17三种型号。

技术参数

乘员：1名
发动机：2台推力81.4千牛（18298磅力）的萨尔基索夫RD-33涡扇发动机
最高速度：2443千米/小时（1518英里/小时）
航程：1500千米（932英里）
实用升限：17000米（55775英尺）
外形尺寸：翼展11.36米（37英尺3.75英寸）；机长（包括空速管）17.32米（56英尺10英寸）；机高473米（15英尺6.英寸）
起飞重量：18500千克（40785磅）
武器：1门30毫米（1.18英寸）GSh-30机炮，可挂载4500千克（9921磅）武器。

▼ **米高扬-格列维奇设计局 米格-29，第3战斗机基地，第2战斗机中队，格拉夫·格纳蒂弗**

保加利亚空军拥有12架单座型和4架双座型米格-29战斗机，装备位于格拉夫·格纳蒂弗空军基地的第2战斗机中队，该基地在普罗夫迪夫附近。驻扎在该地的米格-21和米格-29都在基地所属的一线航空维护部队做技术维护。

克罗地亚

克罗地亚空军和防空军

克罗地亚空军是在该国于1991年独立之后，从无到有建立起来的，随着克罗地亚于2009年加入北约，目前其现役部队以两个空军基地为主。

当克罗地亚空军初建的时候，主要依靠民用和轻型飞机，且都是从被前南斯拉夫社会主义联邦共和国疏散到克罗地亚地区的飞机中获得的。

在1995年波斯尼亚战争结束之后，武器禁运的解除允许克罗地亚空军重新获得装备，克罗地亚空军因此引进了贝尔206直升机和PC-9教练机。此外，克罗地亚空军还获取了8架米格-21bis和4架双座的米格-21UM战斗机，这些米格-21（现在仍在升级中）在罗马尼亚进行改进升级，达到北约的要求的技术水平后，克罗地亚空军才真正具备作战能力。目前这些战机在位于普莱索的第91空军基地服役。除主基地外，这些战机还可以部署在全国范围内的其它基地。普莱索还是第27运输机中队的基地，该中队装备2架安-32运输机。

克罗地亚陆军航空兵总部也位于普莱索，该基地还指挥着一支直升机部队—第28运输直升机中队（装备米-171）。

▲ **安东诺夫设计局 安-32运输机**

一架安-32在释放干扰弹。克罗地亚空军有2架这种装备双涡轮螺旋桨发动机的运输机，用于对两个空军基地进行定期补给。该型运输机可以携带40名士兵，或者携带一个典型的6700千克（14700磅）货物负载飞行900公里（486海里）。

训练和消防部队

克罗地亚空军的初级飞行训练由第93空军基地（位于扎达尔）的兹林242教练机提供。该基地还是PC-9高级教练机和贝尔206（还有少量米-8/17）以训练直升机飞行员，消防飞机中队装备CL-215/415和AT-802，也装备米-8/17（以普莱索为基地的第20运输直升机中队），这些消防飞机在容易发生火灾的季节会以分遣队的形式派到全国各地。扎达尔还是克罗地亚空军飞行表演队——“暴风之翼”的基地，装备有PC-9教练机。

技术参数

乘员：1名

发动机：1台推力73.5千牛（16535磅力）的图曼斯基R-25涡轮喷气发动机

最高速度：2229千米/小时，1385英里/小时

航程：1160千米（721英里）

实用升限：17500米（57400英尺）

外形尺寸：翼展7.15米（23英尺5.5英寸）；机长（包含空速管）15.76米（51英尺8.5英寸）；机高4.1米（13英尺5.5英寸）

起飞重量：10400千克（22925磅）

武器：在机腹下部装1门23毫米（0.9英寸）GSh-23双管机炮，载弹量约1500千克（3307磅）

▼ **米高扬-格列维奇设计局 米格-21bisD，第21战斗中队，普莱索**

克罗地亚空军的米格-21战斗机的基地位于普莱索（萨格勒布附近）。克罗地亚空军希望该型机能服役到2013年，直到某种新型多用途战斗机能被选中来取代他们。图中这架米格-21在机翼下携带R-60空对空导弹。

捷克共和国

捷克空军

在1998年更名为捷克共和国空军之后，捷克空军力量成为北约的一分子，如今其组织结构的基础是4个主要的空军基地，总部位于奥洛莫乌茨。

捷克空军将这4个主要空军基地适当地布置于各地区（恰斯拉夫、布拉格-科贝里、奥斯拉瓦河畔纳梅什季和普热罗夫），各类飞行中队就驻扎在这些基地内。目前捷克空军的主要部队包括：第21战术空军基地，位于恰斯拉夫，驻扎着第211战术联队，装备JAS39鹰狮战斗机，主要执行防空任务。捷克空军租用的14架JAS39C/D已经于2005年间交付使用。还有装备24架L-159“先进轻型战斗机”的第212战术中队，也驻扎于恰斯拉夫空军基地。

▲ **沃多乔迪航空公司 L-159 先进轻型战斗机**

L-159“先进轻型战斗机”（ALCA），是沃多霍迪航空公司从自产的L-39教练机改进而成，该机为捷克空军提供了对地攻击能力，和鹰狮战斗机一起部署于恰斯拉夫空军基地，该机型还有衍生型号—8架双座的L-159T1教练机。

第22空军基地坐落于奥斯拉瓦河畔纳梅什季，驻扎着第221攻击直升机中队，装备米-24/35，还有装备L-39喷气式教练机的第222战术中队。其他直升机大部分部署于普热罗夫的第23直升机基地，该基地驻扎着第231直升机中队，装备机型是米-17、米-171和W-3。较小规模的直升机分队（第243直升机中队）部署在皮尔森和普热罗夫，装备机型是改装过以适应搜救任务的W-3型直升机。

运输机部队

第24航空运输基地坐落于布拉格-科贝里，包括首脑专机飞行队（第241运输机中队），该飞行队已经开始用A319客机替换原有的Tu-154（第一批2架A319已经于2007年交付）。第24航空运输基地的其他任务还有运输人员和材料，装备包括An-26、C-295和L-410战术运输机（装备第242运输和特种作战中队），CL-601和雅克-40短程要员运输机（装备第241运输机中队），还有米-8/17和W-3直升机（装备第243直升机中队）。

捷克空军的初级训练部队位于帕尔杜比采，使用的是民用的兹林142飞机，高速喷气式飞机飞行员将会在第222战术中队的L-39高级教练机上继续训练。

技术参数

乘员：1名
发动机：1台推力80.5千牛（18100磅）的瑞典沃尔伏航空发动机公司RM12涡扇发动机
最高速度：超过2马赫
航程：3250千米（2020英里）
实用升限：15240米（50000英尺）
起飞重量：12473千克（27500磅）
外形尺寸：翼展8米（26英尺3英寸）；机长14.10米（46英尺3英寸）；机高4.7米（15英尺5英寸）
武器：1门27毫米（1.06英寸）毛瑟BK-27机炮，可挂装火箭弹、集束炸弹和导弹。

▼ 萨博集团 JAS39C鹰狮，第21战术空军基地，第211战术中队

鹰狮于2002年被捷克共和国选中作为新战斗机，经过改进升级达到JAS39C/D的技术水平，并且是通过签订一个为期10年的租赁协议才得以引进。

匈牙利

匈牙利空军

匈牙利已经于1999年成为北约成员，其空中力量已大幅度萎缩(与在华沙条约组织成员国时期相比)，现在由一个单独的司令部指挥。

裁军使得匈牙利空军的固定翼飞机如今集中在一个基地—凯奇凯梅特空军基地，或者称为第59航空联队。这座基地支持着1个中队(共5架)改进型米格-29战斗机，1个中队的鹰狮战斗机。首批14架租来的JAS39（包括2架双座型）是2006年3月抵达凯奇凯梅特的。运输机部队（第59航空联队第3中队）装备5架安-26运输机，但是这些安式运输机在2012年后就被新机型所取代。飞行员初级训练是依靠索尔诺克空军学院装备的雅克-52。而战斗机飞行员将会在北约驻加拿大飞行训练中心(NFTC)完成进一步的飞行训练。

索尔诺克，或称为第86直升机团，也是匈牙利空军直升机部队的主要基地，其下辖的第1中队装备7架米-8和7架米-17，第2中队装备7架米-24，另外，匈牙利还在2010年购买了3架R22，作为训练直升机来使用。

匈牙利帕帕空军基地驻扎着3架C-17A运输机，这些飞机隶属于北约重型运输机联队，该联队是北约“跨国战略空运能力计划”的一部分。但这3架C-17A运输机上有匈牙利空军的标记。

技术参数

乘员：2名
发动机：1台推力16.87千牛（3792磅力）的伊夫钦科AI-25TL涡扇发动机
最高速度：750千米/小时（466英里/小时）
航程：1100千米（683英里）
实用升限：11000米（36100英尺）
外形尺寸：翼展9.46米（31英尺0.5英寸）；机长12.13米（39英尺9.5英寸）；机高4.77米（15英尺7.75英寸）
起飞重量：4700千克（10362磅）
武器：在机腹下部装1门23毫米（0.9英寸）GSh-23双管机炮，载弹量约1500千克（3307磅）。

▼ **沃多乔迪航空公司 L39ZO信天翁，第59航空联队，第2中队“东戈”，凯奇凯梅特空军基地**

匈牙利的信天翁教练机来自前东德空军，装备于第59联队第2中队，和米格-29战斗机驻扎在一起。

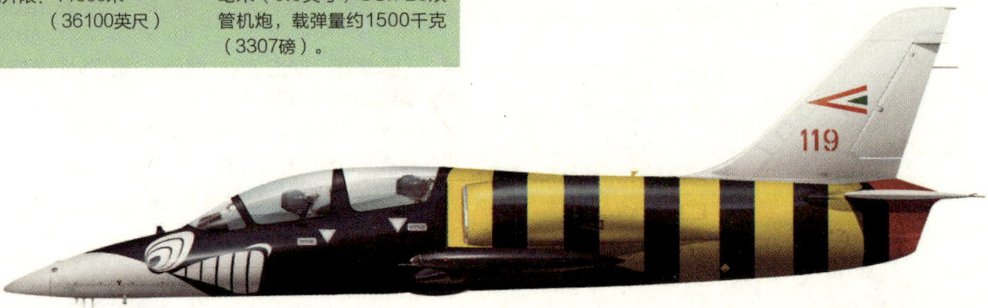

技术参数

乘员：1名
发动机：1台推力80.5千牛（18100磅）的通用电气/沃尔沃公司RM12涡扇发动机
最高速度：2450千米/小时（1522英里/小时）
航程：4000千米（2485英里）
起飞重量：16500千克（36376磅）
外形尺寸：翼展8.6米；机长15.2米；机高4.5米
武器：1门27毫米（1.06英寸）毛瑟BK-27机炮，6个外挂架可以携带RB71型天闪(Sky Flash)和Rb24“响尾蛇”空空导弹，小牛空对地导弹以及其他武器。

▼ **萨博集团 JAS39EBS HU 鹰狮，第59航空联队，第1中队“山猫”，凯奇凯梅特空军基地**

匈牙利的鹰狮接近JAS39C/D型的性能水平。装备于第59航空联队第1中队，基地是凯奇凯梅特。

波罗的海国家

爱沙尼亚，拉脱维亚和立陶宛

三个波罗的海国家的航空力量的规模可以迈入欧洲最小的行列，但是他们在2004年都加入了北约。在这三个国家当中，只有立陶宛空军拥有喷气式飞机。

波罗的海三国当中，规模最小的是爱沙尼亚空军，只装备有2架安–2通用运输机和2架R22轻型直升机。这些飞机都以阿马里为基地。

拉脱维亚空军维持着第1空军大队，基地位于里尔瓦尔德。该部队分为运输机和直升机中队，装备安–2、L–410、米–2和米–171直升机。米–171还部署在里加–斯库勒特，以执行搜救任务。

立陶宛空军的总部位于希奥利艾，驻有1个装备C–27J和L–410的运输机中队，立陶宛空军在该基地还有2架L–39和7架米–8。希奥利艾也是北约防空战斗机的主要基地之一，北约战斗机在此轮换进驻。米–8搜救直升机分遣队则部署于内米拉斯塔和考纳斯。还有1个用于训练飞行员的雅克–18T中队。

技术参数

乘员：3名

发动机：2台3460千瓦（4640马力）的罗罗AE2100-D2A 涡轮螺旋桨发动机

最高速度：602千米/小时（374英里/小时）

航程：1852千米（1151英里）在携带10000千克（22000磅）负载下

实用升限：9144米（30000英尺）

外形尺寸：翼展28.7米（94英尺2英寸）；机长22. 7米（74英尺6英寸）；机高9.64米（31英尺8英寸）

起飞重量：30500千克（67241磅）

▼ 阿莱尼亚宇航公司 C–27J斯巴达人，第1空军基地，运输机中队，希奥利艾–祖克尼安

立陶宛订购了3架C–27J来取代现有的安–26战术运输机。

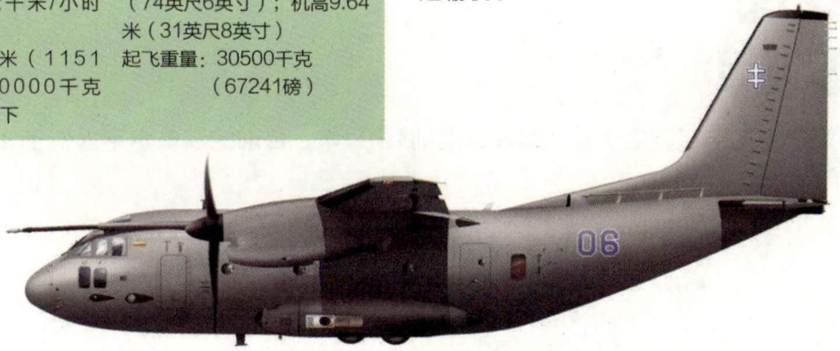

马其顿

马其顿空军

从2001年爆发的与塞尔维亚的战争中挣脱出来后，马其顿空军只有一个航空旅，现在正在积极寻求加入北约。

马其顿空军于1991年建立，中心是彼得维奇空军基地。最初，武器禁运阻碍了马其顿空军的建立和发展，但马其顿空军还是在1994年引进了米–17直升机，直到今天还有3架米–17在使用，并且补充了2架米–8和4架米–24直升机，后者是马其顿空军最具威力的战斗装备。马其顿空军部队组织结构包括：装备1架安–2

运输机的第101中队，装备米-24直升机的第201中队，装备米-8/17直升机的第301中队，装备兹林143和242教练机的第401中队（还有2架UH-1H直升机，第401中队的大部分装备都是在2001年的军事冲突中交付的）。

技术参数

乘员：1名
发动机：2台推力44.1千牛（9921磅）的图曼斯基R-195涡轮喷气发动机
最高速度：975千米/小时（606英里/小时）
最大作战半径：750千米（466英里）
实用升限：7000米（22965英尺）
外形尺寸：翼展14.36米（47英尺1.5英寸）；机长15.53米（50英尺11.5英寸）；机高4.8米（15英尺9英寸）
起飞重量：17600千克（38800磅）
武器：1门30毫米（1.18英尺）GSh-30-2机炮；8个外挂架可挂装4400千克（9700磅）武器

▼ 苏霍伊设计局 苏-25，航空旅，第101中队，彼得维奇空军基地

图中这架苏-25是马其顿空军从乌克兰引进的4架该型攻击机（包括1架双座型）中的1架，是在2001年爆发战争的准备阶段引进的装备。这些攻击机曾经装备第101中队，如今处于封存状态。

摩尔多瓦

摩尔多瓦空军

规模适当的摩尔多瓦空军诞生于其从苏联分离的1991年，目前的装备水平远低于《欧洲常规武装力量条约》的相关限制。

技术参数

乘员：3名
发动机：2台1454千瓦（1950马力）卡里莫夫TV3-117Mt 轴发动机
最高速度：每小时260千米（每小时156英里）
航程：960千米（596英里）
实用升限：4500米（14765英尺）
外形尺寸：螺旋桨直径21.29米（69英尺10英寸）；机长18.17米（59英尺7英寸）；机高5.65米（18英尺6英寸）
起飞重量：11100千克（24470磅）
武器：6个外挂架可以挂载1500千克（3300磅）的武器，包括57毫米（2.24英尺）S-5火箭弹，炸弹，或者9M17 Phalange 反坦克导弹。

▼米里设计局 米-8MTV-1，直升机中队，马尔古列什蒂空军基地

摩尔多瓦的米-8直升机部队当中，据说只有4架米-8MTV-1和1架米-8PS要员运输型适宜飞行。图中这架米-8出现在1996年的“北约和平伙伴计划”当中。

根据《欧洲常规武装力量条约》（CFE Treaty）的规定，摩尔多瓦可以拥有50架武装直升机和50架武装固定翼飞机，但是目前这个数字还包括了无武装的轻型运输机和直升机。摩尔多瓦从苏联海军继承了34架米格-29战斗机，但这些战斗机都在上世纪90年代末被转卖一空。

摩尔多瓦空军大约有1000名人员，装备和人员分布在1个直升机中队和1个导弹营内。摩尔多瓦的空中力量沿用苏联的习惯，被分成空军和防空军。马尔古列什蒂空军基地驻扎着8架米-8直升机（其中1架用作要员专机）、2架安-72喷气式运输机、2架安-2“马驹”通用运输机、1架安-26“卷发”战术运输机，还有6架PZL-104“威尔格”通用运输机。

黑山共和国

黑山空军

黑山空军（VIPVO）是伴随着2006年塞尔维亚和黑山联邦的解体而诞生的，装备大约40架飞机。

自从黑山从塞尔维亚分离出去之后，前政府给新的共和国遗留下一定数量的飞机，都在戈卢博夫齐空军基地。这些遗留飞机包括17架G-4“超级海鸥”和3架Utva 75教练机，但这些很可能已经归还给了塞尔维亚，同时黑山也表达了只保留直升机的意愿。黑山空军的总部位于波德戈里察，有15架瞪羚直升机，部署于加马和赫拉，还有1架米-8T，但后者据说在2010年已经无法飞行了。那些可以飞行的直升机都隶属于1个直升机中队，该中队总部也在戈卢博夫齐空军基地内。还有一些近距空中支援、运输和通用航空单位驻扎在这个基地内，其中包括已购买的3架“空中拖拉机”AT-802飞机，这3架用作消防飞机。

技术参数

乘员：2名
发动机：1台推力17.8千牛（4000磅力）的按许可证生产的罗罗毒蛇632-46发动机
最高速度：910千米/小时（565英里/小时）
航程：2500千米（1553英里）
实用升限：12850米（42160英尺）
外形尺寸：翼展9.88米（32英尺5英寸）；机长11.35米（37英尺27/8英寸）；机高4.3米（14英尺1.25英寸）
起飞重量：6300千克（13889磅）
武器：在飞机侧腹下部装1门23毫米（0.9英寸）GSh-23L机炮，4个翼下外挂点。

▼ 猎鹰(SOKO)工厂/乌特瓦(Lola Utva)工厂G-4超级海鸥，黑山空军，戈卢博夫齐空军基地

只有1架已知的G-4超级海鸥涂上了新的黑山空军的涂装。尽管机体还在，但这架飞机显然不在服役中，黑山空军计划只保留瞪羚直升机。

波兰

波兰空军，陆军航空兵和海军航空兵

自从波兰在1999年加入北约之后，波兰空军发生了巨大的变化，波兰空军将其组织结构由冷战时期过渡到现代北约（西方）空军的架构。

波兰空军在引进新的F-16 Block 52+战斗机之后，装备开始全面翻新。与此同时，在2009年，波兰空军的组织结构也发生重大改变，把航空旅和次一级的编制单位重组为飞行联队，建立了位于华沙的空军司令部。

第1战术航空联队装备有米格-29和苏-22。其中部分米格-29战斗机隶属于第41战术航空中队（41.ELT），基地位于马尔堡，这个中队的飞机中还包括14架德国空军用过的二手米格-29（波兰空军在2005年一共引进了22架二手米格-29战斗机）；还有部分米格-29隶属于第1战术航空中队，基地位于明斯克-马佐维耶茨基，这个中队的装备是上个世纪90年代中期从苏联直接继承或是和捷克空军进行交易换来。目前2个米格-29中队都是波兰“国家快速反应警报防空任务”的一部分，负责防空。波兰空军的苏-22M4K攻击机（还有其双座教练机改型，苏-22UM3K）部署于米罗斯瓦维茨和瑞德文，这两座空军基地驻扎着全部的3个攻击机中队。而第2战术航空联队则装备F-16，并在2006年开始接收总数48架的F-16C/D Block 52+，最先装备这些新锐战机的部队是第3战术航空中队，后来还有第6战术航空中队和第10战术航空中队。

第3航空运输联队装备各种运输机，包括最新加入的C-130E，该型机于2009年开始在第14运输航空中队（14.ELTR）服役。第13航空运输中队（位于克拉科夫）装备C-295和M-28运输机，第2航空运输中队（位于彼得哥什）装备安-28和W-3。弗罗茨瓦夫则扎住着第3航空运输中队，装备米-2、TS-11和W-3型飞机。

第4飞行训练联队的职责是训练来自波

技术参数

乘员：2名
发动机：1台推力129.6千牛(29160磅力)的普惠F100-PW-229加力涡扇发动机
最高速度：2173千米/小时(1350英里/小时)
航程：1930千米(1200英里)
实用升限：15240米(50000英尺)
外形尺寸：翼展9.45米（31英尺）；机长15.09米（47英尺8英寸）；机高5.09米（16英尺8英寸）
起飞重量：19187千克（42300磅）
武器：一门通用电气20毫米（0.79英寸）M61A1多管机炮；7个外挂点可以携带9276千克（20450磅）武器。

▼ **通用动力/洛克希德·马丁公司 F-16D战隼，第31战术航空基地，波兹南-科莫尔尼基**

第31战术空军基地驻扎着2个F-16C/D中队，这些F-16战斗机是波兰空军在“和平天空计划”下获得的，用来取代老旧的米格-21和苏-22。

波兰空军，战斗机部队和运输机部队					
单位	基地	飞机	单位	基地	飞机
第36特种任务飞行团	华沙-奥肯锡	贝尔412、M-28、图-154M、W-3、雅克-40	**第2战术航空联队，总部位于波兹南科莫尔尼基**		
直属搜救大队	*彼得哥什，*分遣队位于克拉科夫-巴利采	W-3，米-8	**第31战术航空基地，波兹南-科莫尔尼基**		
第1战术航空联队，总部位于瑞德文			第3战术航空中队	波兹南-科莫尔尼基	F-16C/D
第1战术航空中队	明斯克-马佐维耶茨基	米格-29，米格-29UB，TS-11，米-2	第6战术航空中队	波兹南-科莫尔尼基	F-16C/D
第41战术航空中队	马尔堡	米格-29，TS-11	**第32战术航空基地，拉斯克**		
第7战术航空中队	瑞德文	苏-22M4K，苏-22UM3K，TS-11	第10战术航空中队	拉斯克	F-16C/D
第8战术航空中队	米罗斯瓦维茨	苏-22M4K，苏-22UM3K，TS-11	**第3航空运输联队，总部位于弗里德里克萧邦空军基地**		
第40战术航空中队	瑞德文	苏-22M4K，苏-22UM3K，TS-11	第2航空运输中队	彼得哥什	安-28，W-3
			第3航空运输中队	弗罗茨瓦夫	米-2，TS-11，W-3
			第13航空运输中队	克拉科夫-巴利采	M-28，C-295M
			第14航空运输中队	弗里德里克萧邦空军基地	C-130E，M-28

技术参数

乘员：1名

发动机：2台推力81.4千牛（18298磅力）的萨尔基索夫RD-33涡扇发动机

最高速度：2443千米/小时（1518英里/小时）

航程：1500千米（932英里）

实用升限：17000米（55775英尺）

外形尺寸：翼展11.36米（37英尺3.75英寸）；机长（包括空速管）17.32米（56英尺10英寸）；机高4.73米（15英尺6.英寸）

起飞重量：18500千克（40785磅）

武器：1门30毫米（1.18英寸）GSh-30机炮，可挂载4500千克（9921磅）武器。

米高扬-格列维奇设计局 米格-29，第1战术航空中队"华沙"，明斯克-马佐维耶茨基

第1战术航空中队的米格-29战斗机一部分是在1989—1990年间从苏联接收的，还有10架是在1995—1996年间接收的捷克空军剩余装备。

技术参数

乘员：5名
发动机：4台3660千瓦（4300马力）的艾利森T56-A-7A涡轮螺旋桨发动机
最高速度：620千米/小时（385英里/小时）
航程：4000千米（2485英里
实用升限：10060米（33000英尺）
外形尺寸：翼展40.4米（132英尺7英寸）、机长29.8米（97英尺9英寸）、机高11.7米（38英尺6英寸）
起飞重量：70310千克（155000磅）

▼ **洛克希德·马丁公司 C-130E大力神，第14运输航空中队，弗里德里克萧邦空军基地**

该机曾在美国空军服役，编号是70-1262，是两架租借给波兰空军的该型机之一。还有5架美国的大力神运输机在翻新中，等待交付给波兰。该机在2009年的阿富汗首次参加实战。

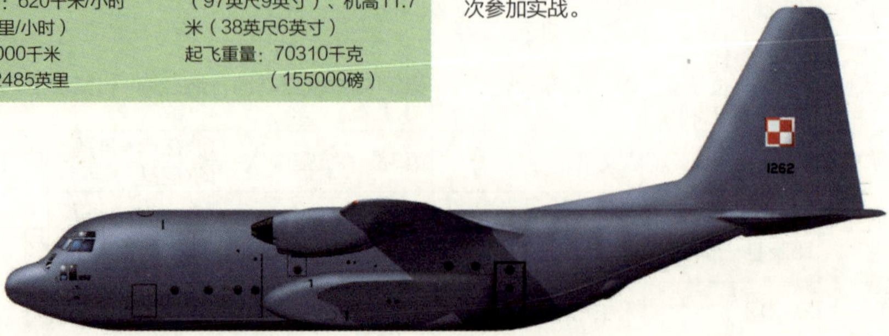

兰空军学院的飞行员，所用的机型是TS-11喷气式教练机。PZL-130教练机和SW-4直升机，这些飞机都属于各自的飞行训练中心，分别位于登布林和拉多姆。

位于华沙的第36特种任务飞行团是要员专机部队，装备图-154、雅克-40、米-2、米-8、W-3、SW-4和贝尔412直升机。

波兰海军航空兵的指挥机构是“格丁尼亚城”航空旅，下辖3个海航中队（elMW）：位于格丁尼亚-巴比多利的第28海航中队（装备M-28、米-8/17、SH-2G和W-3）；位于达尔沃沃的第29海航中队（装备米-14和W-3）以及位于波兰滨海省港口的第30海航中队（装备M-28）。

波兰陆军航空兵

波兰陆航包括第49攻击直升机团（49.PSB），基地位于格但斯克普鲁什奇（下辖2个米-24中队和2个米-2中队）；第56攻击直升机团，位于伊诺弗罗茨瓦夫，下辖1个米-24中队和3个米-2中队。在波兰陆军第25空中骑兵旅指挥之下还有第37飞行联队（37.DL），基地位于勒兹尼卡—俄勒卡（装备2个中队的米-8直升机）和第66飞行联队，基地位于马佐夫舍地区托马舒夫，装备3个中队的W-3直升机。

罗马尼亚

罗马尼亚空军

罗马尼亚是第一个签署“北约和平伙伴关系计划”的东欧国家，并且于2004年加入了北约，罗马尼亚空军目前正在进行全方位改进以满足新的任务需求。

如今罗马尼亚空军希望用F-16战斗机取代改进型米格-21“枪骑兵”，米格-21战斗机是罗马尼亚空军的主力战斗机。罗马尼亚空军共有5个空军基地，组织结构以团为基础。米格-21“枪骑兵”装备位于肯皮亚图尔济的第711和712中队，该基地还扎驻着第713直升机中队（装备IAR-330）。第714直升机中队也隶属于肯皮亚图尔济空军基地，但实际驻扎在蒂米索拉。位于博尔恰-菲泰斯蒂的第861和862中队同样也装备了枪骑兵战斗机。装备IAR-330直升机的第863直升机中队则以米哈伊尔-格尔尼恰努为基地。第951中队跟第205中队一起驻扎于巴克乌基地，职责是为枪骑兵战斗机训练飞行员，这个基地还有装备IAR-330直升机的第952中队。布加勒斯特-奥托佩尼空军基地目前是罗马尼亚空军运输机部队的主要驻地，拥有包括2个中队的安-26/30、C-27J和C-130B/H运输机的兵力，还驻有装备IAR-330多用途直升机的第903中队、第904和第905中队。罗马尼亚空军的飞行训练部队位于鲍勃克，该基地驻有5个中队的云雀III、安-2、IAK-52和IAR-99型飞机。

技术参数

乘员：1名
发动机：1台推力60.8千牛（14550磅）的图曼斯基R-13-300加力涡轮喷气发动机
最高速度：2229千米/小时（1385英里/小时）
航程：1160千米（721英里）
实用升限：17500米（57400英尺）
起飞重量：10400千克（22925磅）
外形尺寸：翼展7.15米（23英尺5.5英寸）；机长（包含空速管）15.76米（51英尺8.5英寸）；机高4.1米（13英尺5.5英寸）
武器：在机腹下部装1门23毫米（0.9英寸），载弹量约1500千克（3307磅），包括空对空导弹，火箭发射巢，凝固汽油弹或者可抛式邮箱。

▼ 罗马尼亚航空之星(Aerostar)公司 米格-21MF 枪骑兵A，第711中队，肯皮亚图尔济

罗马尼亚共有71架对地攻击型枪骑兵A、25架空中防御型枪骑兵C和14架枪骑兵B教练机进行了改进升级。第711中队的驻地是肯皮亚图尔济（第71号空军基地），该中队混合装备了枪骑兵A型和B型。同基地的712中队装备枪骑兵B型和C型。

技术参数

乘员：1名
发动机：2台推力81.4千牛（18298磅力）的萨尔基索夫RD-33涡扇发动机
最高速度：2443千米/小时（1518英里/小时）
航程：1500千米（932英里）
实用升限：17000米（55775英尺）
外形尺寸：翼展11.36米（37英尺3.75英寸）；机长（包括空速管）17.32米（56英尺10英寸）；机高473米（15英尺6.英寸）
起飞重量：18500千克（40785磅）
武器：1门30毫米（1.18英寸）GSh-30机炮，可挂载4500千克（9921磅）武器。

▼ 米高扬-格列维奇设计局 米格-29，第57战斗机团，米哈伊尔-格尔尼恰努空军基地

米格-29战斗机以前曾经是罗马尼亚空军的骄傲，从总数20架的米格-29中有18架幸存下来（加上1架从摩尔多瓦买的二手“支点-C”），这些米格机在2003年因为维修和改造资金被冻结，入库封存。

俄罗斯

俄罗斯空军和海军航空兵

从数字上看，俄罗斯空军仍然是世界最强的空中力量之一，但在经历了多年的资金匮乏后，俄罗斯只能付出艰苦的努力来重建空军。

俄罗斯空军的关键问题是需要增加飞行时间和训练次数，对现有飞机进行改进升级，并发展新的作战装备。后两个目标的进展非常缓慢，尽管新一代战斗机——苏霍伊T-50已经于2010年开始试飞。此外，俄罗斯战略轰炸机部队也大大加快了行动的频率。

俄罗斯空军现在已经在全面重组的边缘，其采用新的作战组织系统（围绕空军基地建立）来取代冷战时期的旧组织。前线航空兵被重新定义为战术航空兵，指挥所有的战斗机、战术轰炸机和攻击机。在未来，空军的作战组织主要围绕着约60个空军基地进行，除了这些基地现有的航空团外，更多的航空团也将被部署在这里。以苏联空军组织

技术参数

乘员：1名
发动机：2台推力122.5千牛（27557磅力）的土星科研生产联合体（留里卡）AL-31M涡扇发动机
最高速度：2150千米/小时（1335英里/小时）
作战半径：1500千米（932英里）
实用升限：17500米（57400英尺）
外形尺寸：翼展14.7米（48英尺2.75英尺）；机长21.94米（71英尺11.5英寸）；机高5.93米（19英尺3英尺）
起飞重量：30000千克（66138磅）
武器：1门30毫米（1.18英寸）GSh-3101机炮，备弹149发；10个外挂架可挂载6000千克（13228磅）各种武器。

▼ 苏霍伊设计局 苏-27UB，第206近卫歼击航空团，奥利兹斯基

图中这架苏-27UB属于第206近卫歼击航空团（IAP），阿斯特拉罕军区。该单位已经于2002年解散，该架苏-27也被第562歼击航空团（基地位于克雷姆斯克）接收。第562歼击航空团和第3近卫歼击航空团轮流驻扎在克雷姆斯克空军基地。

技术参数

乘员：1名
发动机：2台推力81.4千牛（18298磅力）的萨尔基索夫RD-33涡扇发动机
最高速度：2443千米/小时（1518英里/小时）
航程：1500千米（932英里）
实用升限：17000米（55775英尺）
外形尺寸：翼展11.36米（37英尺3.75英寸）；机长（包括空速管）17.32米（56英尺10英寸）；机高4.73米（15英尺6英寸）
起飞重量：18500千克（40785磅）
武器：1门30毫米（1.18英寸）GSh-30机炮，可挂载4500千克（9921磅）武器。

▼ 米高扬-格列维奇设计局 米格-29，第120近卫歼击航空团“布雷斯特”，多姆纳

图中这架米格-29“支点-C”战斗机属于第120近卫歼击航空团。俄罗斯空军近期计划在多姆纳（第6982空军基地）组建一支新部队，除此之外，该基地还将接收一个从安德烈亚波尔转移来的米格-29中队（隶属于第28近卫歼击航空团）。

技术参数

乘员：2名

发动机：2台推力110.3千牛（24802磅）的土星科研生产联合体（留里卡）AL-21F-3A涡喷发动机

最高速度：1654千米/小时（1027英里/小时）

航程：2775千米（1725英里）

实用升限：11000米（36090英尺）

外形尺寸：翼展17.63米（57英尺10英寸）——伸展；翼展10.36米（34英尺）——后掠；机长22.53米（73英尺11英寸）；机高6.19米（20英尺4英尺）

起飞重量：43755千克（96505磅）

武器：1门23毫米（1.18英寸）GSh-23-6六管机炮机炮；9个外挂架可挂载8000千克（17635磅）各种武器。

▼苏霍伊设计局 苏-24M，第455轰炸航空团，沃格涅什空军基地

这架苏-24M隶属于第455轰炸航空团，是第105混成航空师的一部分，主要基地是沃格涅什空军基地，在2008年8月，该机部署于莫兹多克，参加对格鲁吉亚的军事行动。

结构的基础是8个航空集团军，其中有两个航空集团军是按照其角色而定义的：第37航空集团军是战略轰炸机部队，第61航空集团军是战略运输机部队。剩下的6个航空集团军以地理区域来定义，战术飞机隶属于各军区。基本的空军单位是航空团，航空团隶属于航空师，航空师再依次组成航空兵团或者航空集团军。第37和第61航空集团军为直属单位，直接隶属于空军最高司令部。

在未来，航空航天防御旅将会隶属于空军和防空军司令部。每个旅将包含不同的空军基地，还有防空导弹部队和雷达站，并将为一些军区提供空中力量。在每个军区，最多有两个空军基地将专门装备防空战斗

俄罗斯空军远程航空兵一线部队		
第37战略航空集团军，莫斯科		
第203空中加油航空团	梁赞市	伊尔-78，伊尔-78M
第22重型轰炸航空兵师，恩格斯城		
第121重型轰炸航空团	恩格斯城	图-160
第184重型轰炸航空团	恩格斯城	图-95MS
第52重型轰炸航空团	谢科夫卡	图-22M3
第840重型轰炸航空团	索利齐	图-22M3
第22重型轰炸航空兵师，乌克兰因卡		
第79重型轰炸航空团	乌克兰因卡	图-95MS
第182重型轰炸航空团	乌克兰因卡	图-95MS
第200重型轰炸航空团	波布鲁斯科	图-22M3，图-22MR
第444重型轰炸航空团	沃兹德维任卡	图-22M3

◀伊留申设计局 伊尔-76

俄罗斯运输机部队的主力是伊尔-76。老式的伊尔-76M已经开始退役，俄罗斯空军还剩下最后约120架的伊尔-76MD型运输机，装备6个不同的运输机空军基地。

俄罗斯空军总部直属单位		
第4作战使用与飞行人员转换训练中心	利佩茨克	苏-27、苏-27SM、苏-34、苏-25、苏-25SM、苏-39、苏-24M、苏-24M2、米格-29、米格-29SMT
第344陆航作战使用与飞行人员转换训练中心	托尔若克	米-24、米-28、米-8、米-26、卡-50
第185作战使用与飞行人员转换训练中心	阿斯特拉罕	米格-29
第2457预警机作战使用基地	伊凡诺沃	A-50，A-50M

机。崭新的战术航空兵将以大约15个中队的苏-27、14个中队的苏-25、14个中队的苏-24、12个中队的米格-31和10个中队的米格-29的兵力为基础。

按2008年的估算，俄罗斯空军6个战术航空军共有380架米格-29战斗机、370架苏-27战斗机、230架米格-31战斗机、300架苏-24轰炸机、260架苏-25攻击机，还有100架苏-24MR和40架米格-25RB侦察机。现在这些数字有所下降，苏-24在数量上看是最重要的机型，有超过300架在服役。装备数量超过200架的机型还有米格-29、苏-25和苏-27。根据2008年的数据，俄罗斯空军还

技术参数

乘员：3名
发动机：2台1454千瓦（1950马力）卡里莫夫TV3-117Mt 轴发动机
最高速度：每小时260千米（每小时156英里）
航程：960千米（596英里）
实用升限：4500米（14765英尺）
外形尺寸：螺旋桨直径21.29米（69英尺10英寸）；机长18.17米（59英尺7英寸）；机高5.65米（18英尺6英寸）
起飞重量：11100千克（24470磅）
武器：6个外挂架可以挂载1500千克（3300磅）的武器，包括57毫米（2.24英尺）S-5火箭弹，炸弹，或者9M17 Phalange 反坦克导弹。

▼ **米里设计局 米-8，陆军航空兵**

图中的米-8直升机属于陆航一个未知的部队，米-8仍然是俄罗斯陆航的主力直升机，并且还在生产中，俄罗斯陆航最新的订单给了米-8MTV-5军用运输直升机，该型直升机后部安装有货运坡道。

技术参数

乘员：2-3名
发动机：2台1600千瓦（2200马力）Isotov TV3-117涡轴发动机
最高速度：每小时335千米（每小时208英里）
航程：1000千米（621英里）
实用升限：4500米（14750英尺）
外形尺寸：旋翼直径17.1米（56英尺7英寸）；机长17.5米（57英尺4英寸）；机高6.5米（21英尺3英寸）
起飞重量：12000千克（26500磅）
武器：1挺12.7毫米（0.5英寸）Yakuchev-Borzov机枪，4个S-8 80毫米（3.15英寸）火箭巢或超过3460千克（7612磅）的火箭弹或导弹。

▼ **米里设计局 米-24，陆军航空兵，第27飞行大队，普里什蒂纳**

图中这架米-24是俄军驻科索沃部队（KFOR）的代表，2000年，该机的驻地位于普里什蒂纳机场。俄罗斯空军的米-24还作为维和部队，部署于塞拉利昂的弗里敦。

▼ **米高扬-格列维奇设计局 米格-31B，第174近卫歼击航空团，蒙切戈尔斯克**

米格-31仍然是俄罗斯空军最具威力的远程截击机，图中这架米格-31在1998年左右属于第174近卫歼击航空团。该团原来是列宁格勒军区的一部分，已经于2001年解散。

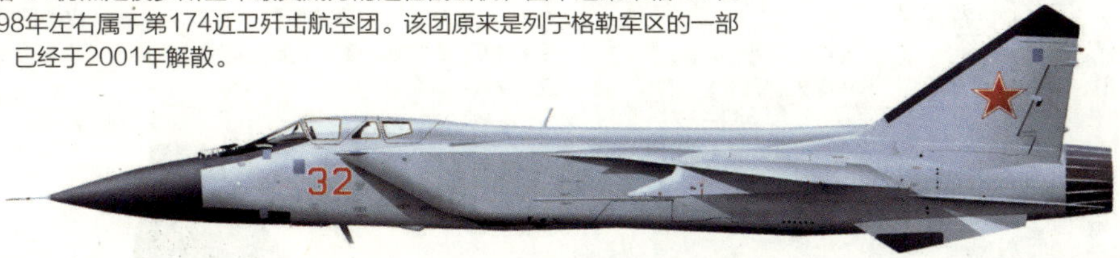

技术参数

乘员：2名
发动机：2台推力152千牛的D-30F6涡扇发动机
最高速度：4000千米/小时（2485英里/小时）
航程：3300千米（2050英里）
实用升限：20600米（67600英尺）
外形尺寸：翼展13.464米（44英尺2英寸）；机长22.69米（74英尺5英寸）；机高6.15米（20英尺2英寸）
起飞重量：46200千克（101900磅）
武器：1门23毫米（0.90英寸）GSh-6-23M六管机炮，可挂载各种空对空导弹。

▲ **图波列夫设计局 图-22M3**

图-22M3是一种高性能轰炸机（西方没有同类武器），俄罗斯空军装备的图-22M3当中机体较老的已经开始退役，还有很多被封存起来，该型轰炸机目前正在服役的的全部由远程航空兵司令部指挥。

有1000架左右的米-8，米-24和米-26直升机，还有300架教练机和250架支援飞机。

远程航空兵司令部将会拥有以170架图-22M3、图-95MS和图-160轰炸机为基础的战略力量，其前沿部署基地分别位于恩格斯城、谢科夫卡、别拉亚和乌克兰因卡。索利齐空军基地已关闭，但别拉亚已建立新的基地，驻扎着图-22M3/MR轰炸机。俄罗斯有计划设计建造新的战略轰炸机，但与此同

歼击航空团（IAP）		
第9歼击航空团	波利亚尔内	苏-27
第3歼击航空团	克雷姆斯克	苏-27
第14歼击航空团	卡利诺夫	米格-29、米格-29SMT
第19歼击航空团	米列罗沃	米格-29
第22歼击航空团	乌戈洛瓦亚	苏-27SM
第23歼击航空团	泽姆加	苏-27SM
第28歼击航空团	安德烈亚波尔	米格-29
第31歼击航空团	泽尔诺格勒	米格-29
第120歼击航空团	多姆纳	米格-29
第159歼击航空团	贝索沃特	苏-27
第177歼击航空团	洛杰伊诺耶波列	苏-27
第458歼击航空团	萨瓦季娅	米格-31
第530歼击航空团	楚古耶维卡	米格-31
第712歼击航空团	坎斯克	米格-31
第611歼击航空团	多罗霍沃	苏-27
第764歼击航空团	彼尔姆机场	米格-31
第790歼击航空团	库梯洛夫	米格-31
轰炸航空团（BAP）		
第1轰炸航空团	秋明	苏-24M
第2轰炸航空团	贝加尔湖南吉达河	苏-24M
第67轰炸航空团	诺夫哥罗德	苏-24M
第277轰炸航空团	共青城	苏-24M
第302轰炸航空团	佩列亚斯拉夫卡	苏-24M，苏-24M2
第455轰炸航空团	沃格涅什空军基地	苏-24M
第523轰炸航空团	沃扎维卡	苏-24M，苏-24M2
第559轰炸航空团	莫罗佐夫斯克	苏-24M
第722轰炸航空团	格多夫	苏-24M
第959轰炸航空团	耶伊斯克	苏-24M

技术参数

乘员：1名

发动机：2台推力44.1千牛（9921磅）的图曼斯基R-195涡轮喷气发动机

最高速度：975千米/小时（606英里/小时）

最大作战半径：750千米（466英里）

实用升限：7000米（22965英尺）

外形尺寸：翼展14.36米（47英尺1.5英寸）；机长15.53米（50英尺11.5英寸）；机高4.8米（15英尺9英寸）

起飞重量：17600千克（38800磅）

武器：1门30毫米（1.18英尺）GSh-30-2机炮；8个外挂架可挂装4400千克（9700磅）武器。

苏霍伊设计局 苏-25，第899强击航空团，莫兹多克

该机在2008年8月与格鲁吉亚的冲突中，从母基地布图尔利诺夫卡转场到莫兹多克，在战斗中被一枚便携式防空导弹严重击伤。第899强击航空团隶属于第105强击航空兵师。

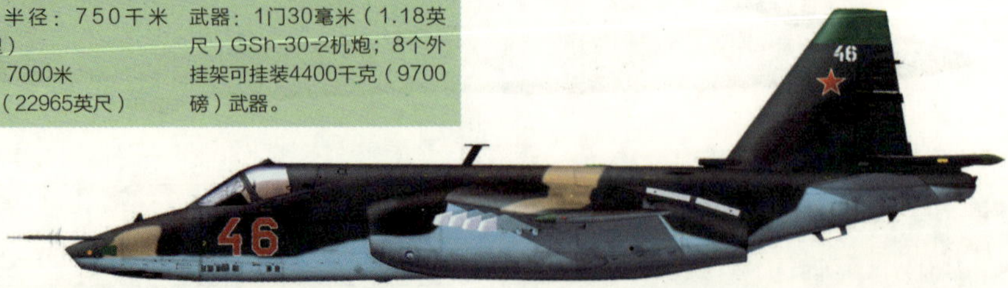

技术参数

乘员：1名

发动机：2台推力175千牛（39360磅）的土星科研生产联合体（留里卡）AL-41F-1后燃器，数位控制涡扇发动机

最高速度：2135千米/小时（1326英里/小时）

航程：5500千米（3417英里）

实用升限：20000米（65616英尺）

外形尺寸：翼展14米（46.6英尺）；机长19.8米（65.9英尺）；机高4.8米（15.7英尺）

起飞重量：37000千克（81571磅）

武器：原型机上没有携带武器，但应该装备一门机炮，还有两个内部弹仓。

苏霍伊设计局 T-50，原型机

俄罗斯空军把未来的希望寄托在T-50上面，该机是苏霍伊设计局对“未来战术空军战斗复合体”项目的发展成果，图中所示的是第一架原型机，该机在2010年2月进行了第一次试飞，之后才采用了图中这种低可视度迷彩涂装。

时，图-160战略轰炸机也已恢复缓慢生产状态，并且图-95MS和图-160都进行了技术升级。到2025年，俄罗斯空军希望让现有的图-160战略轰炸机数量加倍，达到30架。

军事空运司令部将会继承第61航空集团军的7个航空团（其中2个将会被解散）。此后，固定翼运输机将会部署在伊凡诺沃、普斯科夫、谢夏、特维尔、克林、塔甘罗格和

侦察航空团（RAP）			强击航空团（SHAP）		
第11侦察航空团	马立罗夫卡	苏-24MR	第18强击航空团	加伦基	苏-25
第47侦察航空团	塞塔洛夫（斯摩棱斯克）	苏-24MR，米格-25RB	第187强击航空团	切尔尼戈夫卡	苏-25
第98侦察航空团	蒙切戈尔斯克	苏-24MR，米格-25RB	第266强击航空团	斯台普	苏-25
第313侦察航空团	巴达	苏-24MR	第368强击航空团	布琼诺夫斯克	苏-25
第799侦察航空团	沃尔夫洛姆耶夫卡	苏-24MR	第461强击航空团	克拉斯诺达尔	苏-25
			第899强击航空团	布图尔利诺夫卡	苏-25
			第960强击航空团	滨海阿赫塔尔斯克	苏-25

奥伦堡，直升机运输部队则驻扎在特罗伊茨克和特斯赫本基。

2002年之后，俄罗斯陆军航空兵成为了空军的一部分，其所属的直升机团合并为独立的单位，被整合进空军的结构之内，但2015年陆军航空司令部将恢复，陆军航空兵的直升机将返还地面部队。俄罗斯海军航空兵总部位于莫斯科，分成北方、太平洋、波罗的海、里海和黑海舰队下属航空兵。还包括一些直属单位和一支舰载机部队——第279独立舰载歼击航空兵团，该团装备苏-33和苏-25UTG，部署在库兹涅佐夫号航空母舰上。海航主要的舰载直升机是卡-27，陆基飞机包括苏-24轰炸/侦察机、图-142和伊尔-38巡逻机、别-12水陆两栖飞机和米-14直升机，还有部分运输机和教练机。

塞尔维亚

塞尔维亚空军

塞尔维亚空军（VIPVO）经历了南斯拉夫内战和1999年北约的空中打击，原有的空军力量损失殆尽，2006年后才得以重建。

塞尔维亚空军的装备主要是从前南斯拉夫社会主义联邦共和国空军继承的，空军部队主要分布在两个基地：位于拉德维茨-克拉列沃的第98空军基地和位于巴塔吉尼卡的第204空军基地。第98空军基地扎驻着第241战斗-轰炸机中队，第714战斗直升机中队和第2侦察飞行队。还有部署在尼斯的第119战斗直升机中队，也隶属于第98空军基地。这些中队装备的机型有：J-22“鹰”式攻击机、G-4“超级海鸥”、Utva 75教练机，瞪羚、米-8和安-2直升机。巴塔吉尼卡空军基地驻扎着第101战斗机中队、第252混成中队、第138混成运输中队和第2侦察飞行队。这些中队装备的机型是：米格-21、米格-29、安-26、米-8、雅克-40、Utva 75，G-4和瞪羚直升机。Lasta 95是塞尔维亚空军的主力教练机，该机将要取代同一任务类型的Utva 75教练机。

技术参数

乘员：1名
发动机：2台推力81.4千牛（18298磅力）的萨尔基索夫RD-33涡扇发动机
最高速度：2443千米/小时（1518英里/小时）
航程：1500千米（932英里）
实用升限：17000米（55775英尺）
外形尺寸：翼展11.36米（37英尺3.75英寸）；机长（包括空速管）17.32米（56英尺10英寸）；机高4.73米（15英尺6英寸）
起飞重量：18500千克（40785磅）
武器：1门30毫米（1.18英寸）GSh-30机炮，可挂载4500千克（9921磅）武器。

▼ 米高扬-格列维奇设计局 米格-29，第204空军基地，第101战斗机中队“骑士”，巴塔吉尼卡

塞尔维亚空军原有16架米格-29战斗机，但只有4架幸存下来，图中所示就是其中之一。这架经过大修的米格-29和米格-21战斗机一起在贝尔格莱德附近的巴塔吉尼卡服役。

米高扬-格列维奇设计局 米格-21bis

塞尔维亚空军的米格-21bis和双座的米格-21UM战斗教练机都属于第204空军基地的第101战斗机中队，和同中队的米格-29战斗机一起执行“快速反应预警拦截任务”，为此挂装R-60空对空导弹和机炮吊舱。

斯洛伐克

斯洛伐克空军和防空军

斯洛伐克空军于1993年捷克斯洛伐克分裂之后建立，依靠其保留的一部分前捷克斯洛伐克空军的库存装备。

斯洛伐克空军的主要基地位于斯利亚奇、马拉茨基-库彻亚尼和普雷绍夫。空军总部和空中行动控制中心位于兹沃伦。斯洛伐克于2004年加入北约，其空军力量也就此成为北约的一部分。斯利亚奇空军基地是斯洛伐克的战斗机基地，驻扎着混成航空联队。该联队下辖1个装备12架改进型米格-29（包括2架双座型）的中队，还有1个装备15架L-39喷气式教练机的中队。空中运输联队位于马拉茨基-库彻亚尼空军基地，下辖1个装备2架安-26运输机（将要被C-27J取代）的中队，还有1个装备各型L-410飞机的中队。斯洛伐克空军的直升机部队以普雷绍夫为中心基地，该基地驻扎着混成直升机联队，下辖3个中队，分别装备米-24、米-17和米-2直升机。该基地还有一支装备米-8/17直升机的搜救部队。除此之外，斯洛伐克空军还包含有一个位于尼特拉的防空导弹旅。

斯洛文尼亚

斯洛文尼亚防空和航空旅

斯洛文尼亚在2004年加入北约之后，维持着一支规模小但装备良好的空中武装。斯洛文尼亚空中力量创建于1991年该国宣布从南斯拉夫联邦独立时。

由于有北约负责空中防御，斯洛文尼亚空中武装的任务主要是支援地面部队，搜救和训练，其三支飞行单位分别是：第15直升机营、飞行学校和空中运输分队。位于采尔克列的飞行学校主要负责飞行员的初级和高级飞行训练，使用兹林143、兹林242、贝尔206和PC-9。空中运输分队，也位于采尔克列，装备2架PC-6和1架L-410。以前，第15直升机营的基地位于卢布尔雅那，装备8架贝尔412和4架AS532直升机。目前除了有1架用于搜救的贝尔412继续部署于卢布尔雅那以外，其余的直升机都转移到了采尔克列。

技术参数

乘员：1-2名
发动机：1台857千瓦（1149马力）的普.惠加拿大PT6A-62涡轮螺旋桨发动机
最高速度：593千米/小时（368英里/小时）
航程：1593千米（990英里）
实用升限：11580米（37992英尺）
外形尺寸：翼展10.11米（33英尺2英寸）、机长10.69米（35英尺1英寸）、机高3.26米（10英尺8英寸）
起飞重量：3200千克（7055磅）

▼ 瑞士皮拉图斯飞机公司 PC-9M，空军飞行学校，采尔克列

斯洛文尼亚空军的PC-9飞机家族包括3架标准型和9架PC-9M褐雨燕飞机，该机是以色列拉多姆公司（RADOM）负责升级改进的，改进项目包括：增加平视显示器、改进武器系统和通讯系统。

乌克兰

乌克兰空军，陆军航空兵和海军航空兵

依靠将以前的空军和防空军合并，现代乌克兰空军得以建立。乌克兰武装部队的空中力量，除了空军外，还有单独的陆军航空兵和海军航空兵。

乌克兰空军的总部位于文尼察，组织结构的基础是3个空军司令部：南部空军司令部（总部位于敖德萨）、西部空军司令部（利沃夫）和中央空军司令部（维什利科夫），还有一个位于克里米亚的空军战术司令部。每个司令部都指挥着若干空军基地和这些基地所属的航空团。乌克兰空军初创的时候（1992年），拥有大约2800架固定翼飞机和直升机，如今这个数字已经大大减少了，2003年还剩下400架作战飞机，分属10个航空团。预计到2015年，乌克兰空军将只剩下190架各型飞机。

乌克兰的空中防御主要依靠1个装备苏-27的歼击航空团（位于米尔哥罗德，也可能位于日托米尔的奥兹尔尼空军基地）和4个装备米格-29的歼击航空团（分别位于贝尔贝克、伊万诺弗兰科夫斯克、奥兹尔尼和维什利科夫）。乌克兰空军还有1个轰炸航空团，装备苏-24M轰炸机，基地位于斯塔拉克斯特亚特尼夫；2个强击航空团，装备苏-25攻击机（基地位于克奥提科夫和库利巴基诺）。

乌克兰的军用运输机属于第7军事空运航空师指挥，下辖1个装备伊尔-76的航空团，位于梅利托波尔。其他的运输机部队以鲍里斯波尔和格瓦亚斯瑟卡为基地，装备安-12、安-24/26/30、2架图-134和米-8直升机。

乌克兰空军最主要的训练部队是哈尔科夫空军学院，包含3个飞行系和1个战斗训练中心。飞行员的飞行训练先从雅克-52教练机开始，然后去丘古耶夫的训练基地，用L-39继续进行训练。乌克兰空军用米-2直升机训练陆航飞行员。

陆军航空兵

乌克兰陆航包括3个航空旅，每个航空旅下辖2个混成直升机中队。这些部队按照地理区域划分成两个司令部：西部陆航司令部（总部位于利沃夫）和南部陆航司令部（敖德萨）。西部陆航司令部下辖第3航空旅（位于布洛迪）和第7航空旅（诺维·卡里尼夫）。南部陆航司令部下辖第11航空旅（赫尔松）和2个独立中队。这些陆航部队的装备型号是米–8/9和米–24，还有米–26重型运输直升机。其中某些中队属于乌克兰陆军快速反应部队，还有陆航单位参与国际维和任务。

乌克兰海军主要的航空基地位于萨基，该基地驻扎着1个混成航空旅，装备卡–25、卡–27/29和米–14海上直升机，还有用于运输任务的安–12，安–26和米–8。另外，该基地驻有1个中队的别–12水陆两栖飞机，用于执行海上巡逻任务。

技术参数

乘员：1名
发动机：2台推力81.4千牛（18298磅力）的萨尔基索夫RD-33涡扇发动机
最高速度：2443千米/小时（1518英里/小时）
航程：1500千米（932英里）
实用升限：17000米（55775英尺）
外形尺寸：翼展11.36米（37英尺3.75英寸）；机长（包括空速管）17.32米（56英尺10英寸）；机高4.73米（15英尺6英寸）
起飞重量：18500千克（40785磅）
武器：1门30毫米（1.18英寸）GSh-30机炮，可挂载4500千克（9921磅）武器。

▼ 米高扬–格列维奇设计局 米格–29，第9歼击航空团，奥兹尔尼空军基地

这架米格-29属于以奥兹尔尼为基地的第9歼击航空团，该基地位于日托米尔地区。第9战斗机航空团是乌克兰中央空军司令部的一部分。据说乌克兰空军还有80架各型米格-29在服役，其中有少量在本国进行了升级，成为米格-29MU1型，使用改进过的武器和机载电子设备。

第五章

中亚、西亚和中东

在军事方面，中亚和西亚的核心区域是中东，经历长期动荡和冲突的中东地区是国际上最赚钱的军火市场。该地区国家的空军都有相对非常好的空军装备，但该地区再往东的原苏联加盟国家和经历达三十年长期战火的阿富汗除外。而本地区参与过实地作战行动的空军力量除了持续冲突的伊拉克、正在对巴勒斯坦进行空中打击的以色列、叙利亚、黎巴嫩、沙特阿拉伯和也门之外，还有位于地区北部的格鲁吉亚。

阿富汗

阿富汗国民军空军

在2001年联军发动军事打击之后，阿富汗塔利班政权随之崩溃，在这个背景下，阿富汗国民军空军在美国帮助下建立起来。

阿富汗国民军空军的主要装备是36架米–17、35架米–35直升机、8架安–26/32和部分G222固定翼运输机，分为2个联队，分别驻扎在北方的喀布尔和南方的坎大哈。直到2009年，阿富汗国民军空军有3000名人员，目标是达到7000人。

技术参数

乘员：1名

发动机：1台推力73.5千牛（16535磅力）的图曼斯基R-25涡轮喷气发动机

最高速度：2229千米/小时，1385英里/小时

航程：1160千米（721英里）

实用升限：17500米（57400英尺）

外形尺寸：翼展7.15米（23英尺5.5英寸）；机长（包含空速管）15.76米（51英尺8.5英寸）；机高4.1米（13英尺5.5英寸）

起飞重量：10400千克（22925磅）

起飞重量：10400千克（22925磅）

▼ 米高扬–格列维奇设计局设计局 米格–21bis，阿富汗国民军空军

阿富汗国民军空军只有少量的米格–21，主要用于训练，目前阿富汗国民军空军的主要任务是对各处军事设施进行后勤补给。

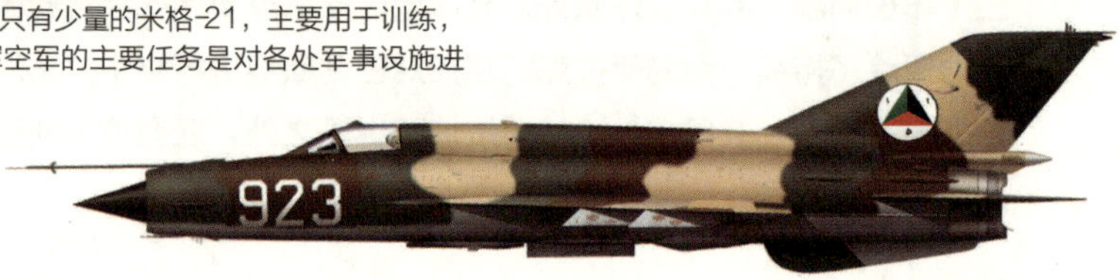

亚美尼亚

亚美尼亚空军

严重的经济问题阻碍了亚美尼亚空军的发展，但在上个世纪90年代，亚美尼亚空军参与了对与阿塞拜疆争议地区纳戈尔诺—卡拉巴赫地区的军事行动。

冷战结束的时候，亚美尼亚正式拥有的航空力量只有3架固定翼作战飞机和13架作战直升机。目前，亚美尼亚空军拥有少量安–2、安–24/32运输机、伊尔–76运输机、米格–25PD战斗机、苏–25攻击机、米–8直升机、米–24直升机、L–39教练机、雅克–18教练机、雅克–52教练机。纳戈尔诺–卡拉巴赫（Nagorno–Karabakh，简称“纳卡地区”）位于阿塞拜疆西南部的一个自治州，同亚美尼亚不接壤，面积4400平方公里，人口18万，其中亚美尼亚族人占绝大多数。历史上阿亚两族就纳卡归属素有争议。1991年纳卡宣布独立。1992年，阿塞拜疆和亚美尼亚因纳卡归属问题爆发武装冲突。该地区被国际社会普遍认为是阿塞拜疆的土地，连亚美尼亚都没有正式承认，只是表示支持独立。但是由于其地理位置的重要性，近年来土耳其、美国、法国、俄罗斯等多个国家纷纷介入其中。目前实际上处于独立状态，但未被任何联合国会员国承认，仅被阿布哈兹、南奥塞梯、德左三个联合国非会员国承认。

阿塞拜疆

阿塞拜疆空军

苏联分崩离析的时候，只留给阿塞拜疆空军少量的作战装备，但目前通过各种途径，阿塞拜疆空军已经扩大到装备多种固定翼飞机和直升机。

阿塞拜疆空军的主要战力依靠少量米格-29战斗机和苏-17M攻击机，还有数量稍多一些的苏-24、苏-25和L-39，后者用于低强度对地攻击和训练。直升机部队的主要装备是米-8和米-24。

巴林

皇家巴林空军

自1971年独立之后，小小的巴林王国就受到一支现代化空军的保护，皇家巴林空军的主要作战力量都集中在伊萨空军基地和麦纳麦空军基地。

皇家巴林空军（前身是巴林埃米尔空军—BAAF）的战斗机力量部署于专门为其建造的伊萨空军基地，驻扎着装备F-5E/F喷气式战斗机的第6中队，还有2个装备F-16的中队（第1和第2中队）。巴林最新的F-16型号是Block 40D，该机型是在1998年“和平皇冠II”计划下建造的。皇家巴林空军的飞行训练依靠6架2003年订购的鹰Mk129教练机，也部署在伊萨空军基地，想登上鹰式教练机的学员，首先要完成在萤火虫式初级教练机上的训练课程。皇家巴林空军的直升机部队部署于里法空军基地，装备AH-1E武装直升机，支援力量包括AB212、贝尔412（在订购中）和BO105直升机。还有总数为3架的UH-60提供中型运输直升机能力（另外8架该机型在订购中）。要员专机机队有1架BAe146和1架S-92。

麦纳麦空军基地（是巴林国际机场的一部分）和穆哈拉格岛上的空军基地，从前都是巴林埃米尔空军战斗机的主要基地，但是今天用于支持皇家巴林空军。

▸ 西科斯基飞机公司 S-92A

皇家巴林空军只装备了一架S-92直升机，作为要员专机而使用，图中所示的是该机在美国德怀特·D·艾森豪威尔号航空母舰甲板上降落的情景。该机是巴林在2008年从制造商购买的，现在服役于第9中队，该中队是驻里法空军基地的直升机联队的一部分。

技术参数

乘员：1名

发动机：1台最大推力129.6千牛(29160磅力)的普惠F100-PW-229涡扇发动机

最高速度：2173千米/小时(1350英里/小时)

航程：1930千米(1200英里)

实用升限：15240米(50000英尺)

外形尺寸：翼展9.45米（31英尺）；机长15.09米（47英尺8英寸）；机高5.09米（16英尺8英寸）

起飞重量：19187千克（42300磅）

武器：一门通用电气20毫米（0.79英寸）M61A1多管机炮；7个外挂点可以携带9276千克（20450磅）武器。

▼ 通用动力/洛克希德·马丁公司 F-16C战隼，第1战斗机中队，麦纳麦空军基地

图中这架编号为90-0031的F-16C战斗机是皇家巴林空军于1990年7月引进的，是1987年第一份订单（8架F-16C和4架F-16D）的一部分。2个F-16战斗机中队和1个F-5E/F中队一起组成了第1战斗机联队。

格鲁吉亚

格鲁吉亚空军

随着格鲁吉亚在2008年8月与俄罗斯围绕南奥塞梯地区的归属发生战争，格鲁吉亚空军目前的状态必须被认为是不确定的。

格鲁吉亚空军是随着苏联的倒塌而建立起来的，建立后不久（上个世纪90年代）就参与对阿布哈兹共和国的军事行动。1992年7月23日阿布哈兹宣布独立，格鲁吉亚军队于同年8月进入阿布哈兹，但在1993年9月被击败。1994年，在联合国的监督和俄罗斯主导的独联体干预下，双方停火，随后俄罗斯军队以独联体维和部队的名义进驻阿布哈兹。但主权问题仍然悬而未决。阿布哈兹83%的领土被位于苏呼米市的分离主义势力控制，剩余17%的领土受自治共和国政府管理，位于科多罗河流域（位于阿布哈兹北部，与俄国接壤）并被格鲁吉亚政府承认。阿布哈兹问题是格鲁吉亚和俄罗斯的主要纠纷和两国之间一系列紧张局势的源头之一。2008年8月，在南奥塞梯战争爆发之后，阿布哈兹武装在俄罗斯军队的帮助下驱逐了领土上的所有格鲁吉亚军事力量，完全控制了的全部领土并再次宣示它的独立地位。但阿布哈兹这个国家不为联合国与国际上多数国家承认。如今，格鲁吉亚空军包括3000名人员，拥有固定翼飞机、直升机，还有地对空导弹部队。主要的空军基地位于阿列克谢耶夫卡和马尔内乌利。装备机型包括苏-25攻击机（包括改进型苏-25KM，其中一些是在第比利斯建造的）、L-39喷气式教练机、雅克-52教练机、安-2、安-24运输机、图-134运输机、米-2直升机、米-8直升机、米-14直升机、米-24直升机和UH-1H直升机，后者是作为土耳其和美国的军事援助引进的。在短暂的南奥塞梯战争期间，格鲁吉亚空军损失了一些技术装备，这些损失既有俄罗斯军队造成的，也有友军炮火的误伤，有报道说格鲁吉亚空军在未来将会整合进格鲁吉亚陆军的体系之中。

伊拉克

伊拉克空军

作为2003年以美国为首的联军入侵后的结果，伊拉克空军得以重新装备，目前伊拉克空军主要执行平叛和为平叛部队运输补给的任务。

新伊拉克空中力量是在联盟临时权力机构（CPA）领导下重建起来的，现在的装备包括用于执行特种作战任务的米-17V-5/171直升机、空中国王350E和赛斯纳208运输机，这些运输机中有一些携带搜救任务设备。此外，还有AT-6B“德克萨斯人”教练机和有贝尔407直升机。

伊拉克空军有4个现役空军基地（新穆萨纳、基尔库克、巴士拉和塔吉），还有5个新的空军基地正在建设之中。各型飞机装备9个现有的中队，还有3个中队正在组建当中。这些现有的中队当中：3个中队执行侦察任务，1个中队执行固定翼飞机训练任务，1中队个执行直升机训练任务，1个中队执行运输任务，1个是通用直升机中队，1个是运输直升机中队，还有1个是特种作战中队。

技术参数

乘员：5名
发动机：4台3660千瓦（4300马力）的艾利森T56-A-7A涡轮螺旋桨发动机
最高速度：620千米/小时（385英里/小时）
航程：4000千米（2485英里）
实用升限：10060米（33000英尺）
外形尺寸：翼展40.4米（132英尺7英寸）、机长29.8米（97英尺9英寸）、机高11.7米（38英尺6英寸）
起飞重量：70310千克（155000磅）

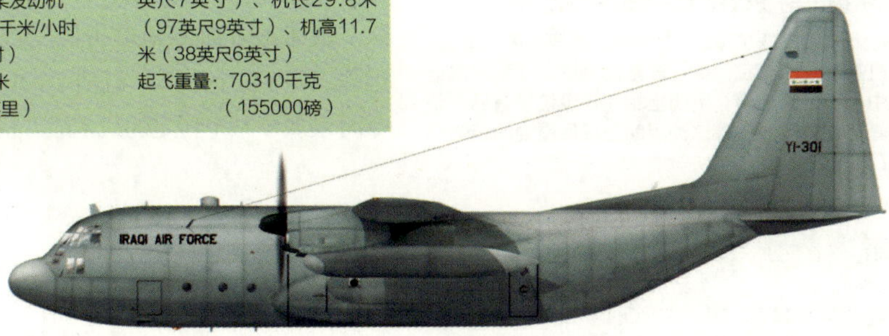

▼ 洛克希德·马丁公司 C-130E大力神，第23运输中队，新穆萨纳空军基地

伊拉克空军目前拥有3架C-130E运输机，计划在2012年—2014年间引进另外6架新的C-130J。

伊朗

伊朗伊斯兰共和国空军，海军和陆军航空兵

伊朗空军曾是中东地区最强大的空中力量，如今的伊朗伊斯兰共和国空军（IRIAF）仍然是一支强大并且越来越自给自足的空军力量，还有伊斯兰革命卫队空军（IRGCAF）作为补充。

伊朗空军的主要职责是保卫伊朗领空，但有时候也会采取进攻行动，在伊朗边界以外的地方执行任务。与此同时，伊朗伊斯兰革命卫队空军主要执行对伊斯兰革命卫队地面部队的近距支援任务。除此之外，伊朗的空中力量还包括伊朗伊斯兰共和国海军航空兵和独立的陆军航空兵。

伊朗空军的打击力量以2个中队、32架

苏-24MK轰炸机为主；F-4E是伊朗空军最重要的战斗机型号，有64架，装备了至少6个中队。当这些苏-24和F-4执行远程任务时，将会受到波音707-3J9C空中加油机的支持，该型机还可以扮演空中指挥所的角色。

防空部队

为了应对新的防御态势，伊朗空军分散部署了更多的防空中队，这些中队驻扎在全国范围的60个机场内。伊朗空军最好的截击机仍然是F-14A，一共有44架，装备4个中队。和这些雄猫战斗机一起执行防空任务的还有大约12架F-4D、20架米格-29和16架幻影F1，但后者或许主要用于训练。

防空部队的补充力量还有大约60架F-5E/F和35架歼-7N，这些战斗机作为高级教练机使用，也能够执行二线拦截任务。

伊朗伊斯兰革命卫队空军是伊斯兰革命卫队旗下的空中力量，主要使用运输机来部署快速反应部队，还可以使用武装飞机执行对地近距支援任务。伊朗伊斯兰革命卫队空军装备包括10架苏-25攻击机、4架伊尔-76运输机、11架安-74运输机、大约13架EMB-312“巨嘴鸟”教练机、30架米-171武装直升机和部分AH-1武装直升机。

尽管伊朗空军战斗序列的确切情况还未知的，但其核心是战术战机基地（TFB）。每个基地都固定驻扎着一定数量的飞行中队。战术战斗机基地以类似飞行联队的结构运作，下辖6个中队。任意1个中队在接收命令时隶属于某个特定的战术战斗机基地，因此

▲ 洛克希德·马丁公司 C-130H 大力神

伊朗拥有大约20架C-130E/H运输机，主要部署于第1战术战斗机基地—梅赫拉巴德，该基地是伊朗空军战术运输机的中心。但据观察，伊朗空军还在设拉子有另一个运输机基地。有情报反映这种伊朗空军最重要的运输机大多数在本国进行检修。

技术参数

乘员：2名
发动机：2台推力123.7千牛（27800磅）的通用电气F110-GE-400涡扇发动机
最高速度：2485千米/小时（1544英里/小时）
航程：2960千米（1840英里）
实用升限：15240米（50000英尺）
起飞重量：33720千克（74350磅）
外形尺寸：翼展19.55米（64英尺1英寸）——伸展；翼展11.65米（38英尺2.5英寸）——后掠；机长19.1米（62英尺9英寸）；机高4.88米（16英尺）
武器：1门20毫米（0.79英寸）M61A1火神多管机炮、外挂点可挂装一组固定武器搭配：AIM-7麻雀中距空对空导弹，AIM-9中距空对空导弹和AIM-54凤凰远程空对空导弹。

▼ 诺斯洛普·格鲁曼公司 F-14A雄猫，第8战术战斗机基地-舍希德.巴巴

图中这架编号为3-6073的F-14A战斗机最近在梅赫拉巴德的伊朗飞机工厂进行了全面整修，该机目前服役于第8战术战斗机基地-舍希德.巴巴空军基地，该基地在伊斯法罕附近。如图所示，该机携带AIM-23C“赛吉尔”空对空导弹，这种导弹是伊朗本国制造的，对霍克I地对空导弹的改型。

技术参数

乘员：2名

发动机：2台推力79.4千牛（17845磅）的通用电气J79-GE-17A涡喷发动机

最高速度：2390千米/小时（1485英里/小时）

航程：2600千米（1615英里）

实用升限：18300米（60000英尺）

起飞重量：28030千克（61795磅）

外形尺寸：翼展11.7米（38英尺5英寸）；机长19.2米（63英尺）；机高5米（16英尺6英寸）

武器：一门20毫米(0.79英寸) M61A1“火神”机炮，9个外挂点，最大载弹量8480千克（18695磅），可发射空对地导弹，高速反辐射导弹，激光制导炸弹，通用自由落体炸弹和集束炸弹等空对地攻击武器。

▼ 麦道/波音公司 F-4E鬼怪II，第6战术战斗机基地-布什尔，第61战术战斗机中队

如图所示，这架F-4E携带伊朗国产的萨塔尔-3激光制导炸弹，以及一个配套的激光指示吊舱。这些鬼怪战斗机和F-14一起在布什尔空军基地服役，该空军基地位于伊朗最重要的战略区域，基地中至少有2架该型战机保持警戒状态，随时可以起飞。

伊朗伊斯兰共和国空军作战和运输部队		
第1战术战斗机基地，德黑兰-梅赫拉巴德		
第11战术战斗机中队	米格-29，米格-29UB	
第11和第12战术中队	C-130H	
未知战术中队	波音747-2J9F	
未知战术中队	波音707-3J9C	
注：共有5个运输机中队部署于梅赫拉巴德空军基地		
第2战术战斗机基地，大不里士		
第21和第22战术战斗机中队	F-5E/F	
第23战术战斗机中队	米格-29，米格-29UB	
注：共有4个战术战斗机中队部署于大不里士空军基地		
第3战术战斗机基地，诺杰		
第31，第32，第33战术战斗机中队	F-4E，RF-4E	
未知战术战斗机中队	F-4E	
第4战术战斗机基地，戴兹弗尔-瓦赫达提		
第41，第42，第43战术战斗机中队	F-5E/F	
第5战术战斗机基地，阿迪斯坦尼		
第51，第52，第53战术战斗机中队	歼-7N/歼教-7	
第6战术战斗机基地，布什尔		
第61，第62战术战斗机中队	F-4E	
未知战术战斗机中队	F-14A	
第7战术战斗机基地，戴斯特格哈伊伯，设拉子		
第71和第72战术战斗机中队	苏-24MK	
未知中队	P-3F	
第8战术战斗机基地，舍希德.巴巴		
第81，第82和第83战术战斗机中队	F-14A	
第9战术战斗机基地，阿巴斯港		
第91或第92战术战斗机中队	F-4E	
第10战术战斗机基地，坎根（恰巴哈尔港）		
第101战术战斗机中队	F-4D	
未知战术战斗机中队	F-4D	
第12战术战斗机基地，艾斯亚，亚兹德.苏莱曼		
无固定驻扎部队		
第13战术战斗机基地，盖伊姆.穆罕默德		
未知战术战斗机中队	未知型号	
第14战术战斗机基地，哈希米. 内贾德		
2个战斗机中队	幻影F1EQ	
伊朗伊斯兰革命卫队空军作战部队		
运输机联队	伊尔-76MD，安-74TK	梅赫拉巴德
直升机联队和战斗机联队	苏-25K/UBK，EMB-312	设拉子和扎黑丹
	米-171，AH-1	梅赫拉巴德

战术战斗机基地是灵活的多机种混编的结构。

伊朗伊斯兰共和国海军航空兵装备有固定翼飞机和直升机，型号为AB205、AB206、AB212、ASH-3D、猎鹰20、福克F27和“百舌鸟指挥官”式运输机，这些飞机的基地位于布什尔、设拉子和阿巴斯港。

伊朗伊斯兰共和国陆军航空兵主要装备直升机，包括AB205、AB206、AH-1、贝尔214和CH-47。此外，还有固定翼的O-2观测机。基地包括巴克赫塔兰、伊斯法罕、克尔曼和德黑兰。

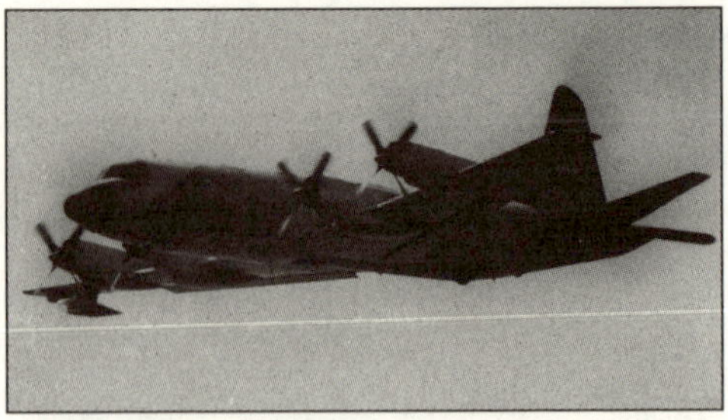

▲ 洛克希德·马丁公司 P-3F猎户座

P-3F型是专门为当时的皇家伊朗空军设计建造的。据报道还有4架在服役，以执行海上巡逻任务，这些飞机已经安装了本国发展生产的光电传感器，并且被认为具备发射中国制反舰导弹的能力。

技术参数

乘员：1名
发动机：2台推力22.2 千牛（5000磅）的通用电气J85-GE-21B 涡轮喷气发动机
最高速度：1741千米/小时(1082英里每小时)
航程：3720千米(2311英里)
实用升限：15790米(51800英尺)
外形尺寸：翼展8.13米（26英尺8英尺）；机长14.45米（47英尺4.76英寸）；机高4.07米（13英尺4.25英尺）
起飞重量：11214千克(24722磅)
武器：2门20毫米机炮；两枚空对空导弹；5个外挂点可挂装3175千克（7000磅）重的武器，包括导弹、炸弹和电子对抗吊舱。

▼ 伊朗航太制造公司（诺斯洛普·格鲁曼公司）F-5E闪电，第2战术战斗机基地-大不里士

如图所示，该机从前为闪电战斗机计划的第一架原型机，现服役于第2战术战斗机基地。伊朗发展过两种本土生产型F-5E/F，分别是闪电和“阿扎拉赫什”（闪电-80）战斗机，最终目标显然是能够自产一种F-5E的逆向工程版本。

技术参数

乘员：2名
发动机：2台推力110.3千牛（24802磅）的土星科研生产联合体（留里卡）AL-21F-3A涡喷发动机
最高速度：1654千米/小时（1027英里/小时）
航程：2775千米（1725英里）
实用升限：11000米（36090英尺）
外形尺寸：翼展17.63米（57英尺10英寸）——伸展；翼展10.36米（34英尺）——后掠；机长22.53米（73英尺11英寸）；机高6.19米（20英尺4英尺）
起飞重量：43755千克(96505磅)
武器：1门23毫米（1.18英寸）GSh-23-6六管机炮机炮；9个外挂架可挂载8000千克（17635磅）各种武器。

▼ 苏霍伊设计局 苏-24MK，第7战术战斗机基地-设拉子，第71战术战斗机中队

图中这架编号为3-6853的苏-24轰炸机是24架于1991年从伊拉克叛逃过来的该型机其中之一。还有另外12架苏-24轰炸机是1990年从苏联直接购买的。伊朗空军的苏-24携带本国自产和中国制的机载武器，可以使用波音707和波音747加油机进行空中加油。

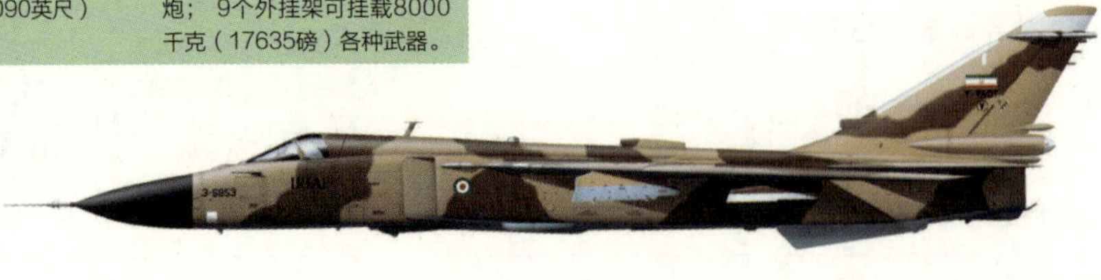

以色列

以色列国防军空天军

以色列空天军（IASF）是世界上最有实际作战经验的空军之一，在中东地区占据着独一无二的位置，装备着非常先进的作战飞机。

以色列空中力量，曾经名称叫作以色列国防军/空军，在2005年更名为以色列国防军空天军，以反映其空、天双重任务范围。如今的以色列空天军的前身最初创建于1947年，当时是为犹太复国运动服务的“航空勤务队”，经过历次威胁以色列生存的中东战争的锤炼，才有今天的规模。以色列一直面临来自四面八方的恐怖主义和叛乱分子威胁，尤其是加沙地带和戈兰高地，该区域内持续多年的地缘政治紧张局势，让以色列空天军一直保持高度的战备状态。

以色列空天军的骨干作战力量是数个版本的F-15和F-16战斗机，这两种型号的数量总计达360架，负责防空、远程打击和

技术参数

乘员：1名

发动机：2台推力105.7千牛（23830磅）的普惠F100-PW-220/220E涡扇发动机

最高速度：3000千米/小时（1875英里/小时）

航程：5745千米（3570英里）

实用升限：19800米（65000英尺）

外形尺寸：翼展13.05米（42英尺9英寸）；机长19.43米（63英尺9英寸）；机高5.68米（18英尺7英寸）

起飞重量：20500千克（45155磅）

武器：1门20毫米（0.79英寸）M61A1火神机炮，武器挂架可以携带7300千克（16000磅）武器。

▼ 麦克唐纳·道格拉斯/波音综合国防系统集团F-15C鹰，第148中队，特诺夫空军基地

如图所示，序号640的F-15C战斗机，绰号“突击队员”，这是该机在1982-85年服役时期的涂装（现在已经被重新编号为840）。该机在序号为640的时候，在1980年初取得了3.5次击落记录（尽管最初涂上了6个战果标志，如图中所示），现在该机服役于第106中队。

技术参数

乘员：1名

发动机：1台最大推力129.6千牛(29160磅力)的普惠F100-PW-229涡扇发动机

最高速度：2173千米/小时(1350英里/小时)

航程：1930千米(1200英里)

实用升限：15240米(50000英尺)

外形尺寸：翼展9.45米（31英尺）；机长15.09米（47英尺8英寸）；机高5.09米（16英尺8英寸）

起飞重量：19187千克（42300磅）

武器：一门通用电气20毫米（0.79英寸）M61A1多管机炮；7个外挂点可以携带9276千克（20450磅）武器。

▼ 通用动力/洛克希德·马丁公司 F-16C战隼，第110中队“北方骑士”，拉马特戴维空军基地

图中这架F-16C Block 30战斗机在2006年8月击落了一架黎巴嫩真主党无人机，从而获得了一个战果标志。该机混装AIM-9响尾蛇导弹（翼尖）和巨蟒4（机翼下）空对空导弹。

以色列空天军		
F-15战斗机部队		
第69中队	F-15I	哈泽里姆空军基地，南方司令部
第106中队	F-15B/C/D	特诺夫空军基地，中央司令部
第133中队	F-15B/C/D	特诺夫空军基地，中央司令部
第601战术训练中心	F-15A/B/C/D/I	特诺夫空军基地，中央司令部
F-16战斗机部队		
第101中队	F-16C	哈佐尔空军基地，中央司令部
第105中队	F-16D	哈佐尔空军基地，中央司令部
第107中队	F-16I	哈泽里姆空军基地，中央司令部
第109中队	F-16D	拉马特戴维空军基地，北方司令部
第110中队	F-16C	拉马特戴维空军基地，北方司令部
第115中队	F-16A/B	奥华特空军基地，南方司令部
第116中队	F-16A/B	内瓦蒂姆空军基地，南方司令部
第117中队	F-16C	拉马特戴维空军基地，北方司令部
第119中队	F-16I	拉蒙空军基地，南方司令部
第140中队	F-16A/B	内瓦蒂姆空军基地，南方司令部
第201中队	F-16I	拉蒙空军基地，南方司令部
第253中队	F-16I	拉蒙空军基地，南方司令部

▲ 麦克唐纳·道格拉斯/波音综合国防系统集团F-15D鹰

维护人员对一架以色列空天军的F-15D鹰战斗机进行航后检查，背景是位于亚速尔群岛的葡萄牙拉日什空军基地。图中这架F-15D服役于第106中队“一针见血”，该机的绰号是“风中玫瑰”。

封锁任务。踏入新世纪后，以色列空天军除获得了F-15I和F-16I这两种全天候打击战斗机（为以色列量身定做）以外，还得到了比奇200、湾流550特种任务飞机（包含“埃坦姆”空中早期预警和“沙维特”特种电子战飞机）、AH-64D武装直升机和埃坦无人机。这些新机型加入后，以色列空天军的旧机型也开始在本地进行升级改造，大部分作战飞机都采用本国制造的航空电子设备和武器系统。以色列空天军的武装直升机阵容十

技术参数

乘员：2名

发动机：1台推力129.6千牛（29160磅）的普惠F100-PW-229加力涡扇发动机

最高速度：2173千米/小时(1350英里/小时)

航程：1930千米(1200英里)

实用升限：15240米（49000英尺）

外形尺寸：翼展9.45米（31英尺）；机长15.09米（47英尺8英寸）；机高5.09米（16英尺8英寸）

起飞重量：19187千克（42300磅）

武器：一门通用电气20毫米（0.79英寸）M61A1多管机炮；7个外挂点可以携带9276千克（20450磅）武器。

▼ 通用动力/洛克希德·马丁公司 F-16D战隼，第109中队“山谷”，拉马特戴维空军基地

图中这架序号为074的F-16D Block 30型战斗机因为在2006年7月击落一架黎巴嫩真主党无人机，而获得了一个战果标志。在以色列，F-16C/D叫作“闪电”战斗机。图中这架F-16D在翼尖挂架携带一枚本国产的巨蟒4空对空导弹。

技术参数
乘员：5名
发动机：3台3270千瓦（4380马力）通用电气T64-GE-416(A)涡轴发动机
最高速度：315千米/小时（196英里/小时）
航程：1833千米（1139英里）
实用升限：5640米（18500英尺）
外形尺寸：螺旋桨直径24米（79英尺）；机长30.2米（99英尺1英寸）；机高8.46米（27英尺9英寸）
起飞重量：33300千克（73500磅）
武器：两挺7.62毫米（0.3英寸）MG3舱门机枪，一挺12.7毫米（0.5英寸）尾部机枪

▼ 西科斯基飞机公司 CH-53A，第114中队"暗夜之王"，特诺夫空军基地

CH-53直升机在以色列叫作“海燕”，是以色列最有效的运输直升机，以色列空天军的该型机以前已经升级到CH-53 2000的性能水平，现在正在继续改进升级到2025型的水平，并且通过更换机体机构和动力系统组件来延长其寿命。

技术参数
乘员：2名
发动机：1台1300千瓦（1800轴马力）莱康明T53-L-703涡轴发动机
最高速度：每小时277千米（每小时172英里）
航程：510千米（315英里）
实用升限：3720米（12200英尺）
外形尺寸：螺旋桨直径13.6米（44英尺）；机长16.1米（53英尺）；机高4.1米（13英尺5英寸）
起飞重量：4500千克（10000磅）
武器：1门20毫米（0.78英寸）M197机炮，7-19枚70毫米（2.75英寸）九头蛇火箭弹；4或8枚陶氏反坦克导弹。

▼ 贝尔直升机公司 AH-1F眼镜蛇，第161中队"首波攻击"，帕勒马希姆空军基地

以色列的眼镜蛇武装直升机叫作“毒蛇”，图中编号393的AH-1F在2004年驻扎于帕勒马希姆空军基地，但是该单位现在转移到奥华特空军基地。该型直升机原本设计作为反坦克，但现在越来越多的投入到反恐任务当中。

分庞大（对于领土面积而言），除最新加入的20架AH-64D外，还有30架AH-1Q/S和28架AH-64A，这很大程度上是对2006年黎巴嫩战争的反思，以色列空天军还在试验一种UH-60直升机的武装型号，并计划对更多的S-70/UH-60进行改进升级。

未来需求

展望未来，以色列希望引进F-35战斗机，以替代现有的F-16早期型号，还对未来的军用运输机做出了规划，C-130J可能已经进入了订单状态，V-22倾转旋翼攻击运输机也在进行测试，该机是CH-53的潜在取代者。以色列空天军还希望装备一种新的喷气式教练机，来取代老旧的A-4机群。以色列空天军的主要使用“Tzukit”教练机（“教师”教练机的以色列改进版)和T-6A教练机（已订购了25架），还可以使用民用的Grob 120飞机。

以色列空天军组织结构的基础是分布在全国的，具有半自主性的飞行联队，每个联队通常下辖3个中队，还有跟作战部队一起部署的搜救和联络机飞行队。目前以色列空天军共有750架各型飞机，部署在45个作

通用动力/洛克希德·马丁公司 F-16I战隼

双座的F-16I战斗机已经成为以色列空天军固定翼作战飞机的主力。图中这架F-16I隶属于第253中队“尼吉夫沙漠”，该中队的基地位于拉蒙。机身上使用了保形油箱，意味着F-16I几乎拥有和F-15I全天候打击战斗机几乎相同的作战半径。

战中队（包括中程弹道导弹和无人机中队）和8个后备中队之内。这些中队驻扎于9个主要的空军基地（哈泽里姆、哈佐尔、内瓦蒂姆、奥华特、帕勒马希姆、拉马特戴维、拉蒙、塞得多夫和特诺夫空军基地）。除此之外，还有分布于全国的后备空军基地，这些后备空军基地驻扎着作战部队的分遣队，也可以作为作战行动的前进基地来使用。以色列空天军的联络机和运输机还定期从民用机场起降，来执行任务。

海军部队的空中支援任务也由以色列空天军负担，维持着1个空军/海军联合中队，装备5架AS565直升机。同时，还装备了3架固定翼的IAI（以色列飞机工业有限公司）1124“沙哈夫”飞机用于执行海上巡逻任务。

支援和运输部队					
第100中队	比奇200	塞得多夫空军基地，运输司令部	第118中队	CH-53	特诺夫空军基地，中央司令部
第103中队	C-130E，K/C-130H	特拉维夫空军基地，运输司令部	第123中队	S-70A	哈泽里姆空军基地，南方司令部
第120中队	波音707，IAI 1124N	特拉维夫空军基地，运输司令部	第124中队	UH-60A，S-70A	*帕勒马希姆空军基地，南方司令部
第122中队	湾流550	特拉维夫空军基地，运输司令部	*该中队的分遣队位于贝泽和海法		
第131中队	C-130E，K/C-130H	特拉维夫空军基地，运输司令部	第125中队	贝尔206，OH-58B	*塞得多夫空军基地，运输司令部
第135中队	比奇200，比奇“富豪”	塞得多夫空军基地，运输司令部	第160中队	AH-1E/F	帕勒马希姆空军基地，南方司令部
第166中队	赫耳墨斯450无人机	帕勒马希姆空军基地，南方司令部	*该中队的分遣队位于沙哈尔		
第191中队	RC-12D/K	塞得多夫空军基地，运输司令部	第161中队	AH-1E/F	奥华特空军基地，南方司令部
第200中队	苍鹭1无人机	帕勒马希姆空军基地，南方司令部	第190中队	AH-64D	拉蒙空军基地，南方司令部
直升机部队			第193中队	AS565	拉马特戴维空军基地
第113中队	AH-64D	拉蒙空军基地，南方司令部	**训练部队**		
第114中队	CH-53	特诺夫空军基地，中央司令部	战术训练中队	TA/A-4N，贝尔206，Grob 120，Tzukit，AH-1E，T-6A	哈泽里姆空军基地，训练司令部
			第102中队	TA/A-4N	哈泽里姆空军基地，训练司令部

约旦

约旦皇家空军

约旦曾经依靠沙特阿拉伯的帮助建立起约旦皇家空军（RJAF），但是目前其装备当中美国武器的比重明显加大，拥有作为美国剩余装备的喷气式战机、运输机和直升机。

约旦皇家空军的武器装备得到升级，是在上个世纪90年代中期，约旦和美国重新确立关系之后，美国准许向约旦出口了C-130H运输机、UH-1H直升机和作为剩余物资的F-16A/B战斗机。约旦最开始一共引进了16架F-16A/B，到2003年又引进了另外17架。这些F-16战斗机目前是约旦皇家空军最具威力的装备，除了它们以外，还装备有幻影F1和F-5E/F，后者主要用于高级飞行训练。约旦皇家空军拥有1个武装直升机联队，下辖2个装备AH-1F/S的中队，这些作战飞机都隶属于作战司令部，基地位于安曼-马尔卡、阿贾夫、阿尔马塔尔、阿兹拉克和H5。训练司令部下辖侯赛因国王航空学院，用来培训飞行员。有1个皇家专机飞行队驻扎于安曼-马尔卡空军基地，该基地也是一支使用Extra 300教练机的飞行表演队驻地。约旦皇家空军的军用运输机包括固定翼的C-295、C-212和CN-235，还有AS332、S-70和UH-1直升机。

技术参数

乘员：1名

发动机：1台推力105.7千牛（23770磅）的普惠F100-PW-200涡扇发动机或者1台推力128.9千牛（28984磅）的通用电气F110-GE-100涡扇发动机

最高速度：2173千米/小时(1350英里/小时)

航程：1930千米(1200英里)

实用升限：15240米（50000英尺）

外形尺寸：翼展9.45米（31英尺）；机长15.09米（47英尺8英寸）；机高5.09米（16英尺8英寸）

起飞重量：19187千克（42300磅）

武器：一门通用电气20毫米（0.79英寸）M61A1多管机炮；7个外挂点可以携带9276千克（20450磅）武器。

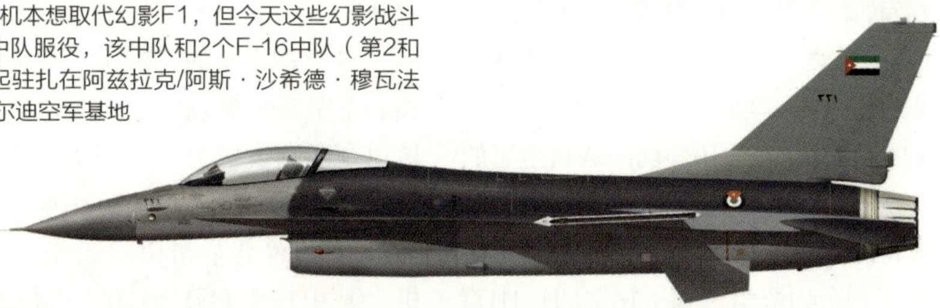

▼ 通用动力/洛克希德·马丁公司 F-16A战隼，第2中队，阿兹拉克/阿斯·沙希德·穆瓦法克·艾尔·萨尔迪空军基地

图中所示的这架编号为80-0546的F-16A Block 15 ADF型战斗机在1998年后属于第2中队。约旦皇家空军引进F-16战斗机本想取代幻影F1，但今天这些幻影战斗机仍然在第1中队服役，该中队和2个F-16中队（第2和第6中队）一起驻扎在阿兹拉克/阿斯·沙希德·穆瓦法克·艾尔·萨尔迪空军基地

科威特

科威特空军

1990年遭到伊拉克入侵之后，科威特空军（KAF）从联军获得了先进的新装备，目前尽管其规模比较小，但拥有现代化和足以胜任其责任的武器装备。

科威特空军和防空军组织建立于1961年，在1991年海湾战争时期，科威特空中力量以幻影F1战斗机和A-4KU喷气式攻击机为骨干力量，并且更名为科威特空军。如今，这支空中力量装备了更强有力的F/A-18大黄蜂战斗机，一共拥有32架单座型F/A-18C和8架双座型F/A-18D，服役于第9和第25中队，主要基地是艾哈迈德贾比尔（还有另外两个基地，科威特空军在这三个基地之间轮流驻扎）。科威特空军还拥有16架AH-64D武装直升机（已经于2006年交付）。

科威特国际机场是科威特空军运输机的中心基地，驻扎着第41中队，装备6架L-100-30大力神运输机。还有1个专机运输飞行队，装备A300、A310、湾流IV、湾流V以及S-92A直升机。

科威特空军的训练部队以大约9架鹰MK64和8架巨嘴鸟Mk52为主，这些飞机属于萨勒姆空军基地的飞行训练中心，分别属于了第12和第19中队。该空军基地还是科威特空军直升机部队的主要驻地，驻扎着第32中队（装备SA330H直升机）、第33中队（SA342K）、第62中队（AS332B/M和AS532）和第88中队（AH-64D）。

科威特还有一支警察直升机联队，目前装备EC135和AS365。该联队以前装备的是SA330和SA342，但是这些直升机现在很可能已经退役。

黎巴嫩

黎巴嫩空军

黎巴嫩空军受到上个世纪八十年代的内战和近期以色列攻打真主党军事行动的阻碍，一直维持在比较小的规模，但是其作战飞机的行动很积极。

目前黎巴嫩空军（LAF）的主要力量是通过各种渠道引进的直升机，还在里亚格象征性地拥有4架“猎人”战斗机，这些战斗机中最早的在1959年就抵达黎巴嫩了。

黎巴嫩空军有大约10架前阿联酋空军的二手SA342L直升机，目前还在使用中，装备位于贝鲁特的第8中队。黎巴嫩空军在1995年从美国陆军剩余物资里得到了16架UH-1H直升机，这些直升机通过安装本地生产的炸弹和火箭弹，可以执行对地攻击任务，装备了在贝鲁特的第10和第11中队，还有在里亚格的第12中队和克里亚特的第14中队。

2005年黎巴嫩空军在里亚格创建了一支训练部队——第15中队，该中队和黎巴嫩航空学校一起训练飞行员，装备4架罗宾逊R44直升机。

黎巴嫩空军的总部位于贝鲁特，但各单独的空军基地都隶属于一个独立的司令部，该司令部则隶属于1个技术联队和1个飞行联队，由飞行联队管辖各飞行中队。

黎巴嫩空军希望引进米-24武装直升机，其中10架已于2010年由俄罗斯提供。如果顺利交付，这些米-24将会和大约7架AB212和SA330直升机一起服役，这7架直升机是黎巴嫩接受卡塔尔的资金援助，进行翻新后，重新投入现役的。黎巴嫩的要员专机飞行队使用1架AW139直升机，还有唯一的1架固定翼飞机——赛斯纳208武装运输机。

技术参数

乘员：1名
发动机：1台推力45.13千牛（10145磅）的罗罗 埃文207涡喷发动机
最高速度：1144千米/小时（710英里/小时）
外形尺寸：翼展10.26米（33英尺8英寸）；机长13.98米（45英尺10.5英寸）；机高4.02米（13英尺2英寸）
航程：689千米（490英里）
实用升限：15240米（50000英尺）
起飞重量：17750千克（24600磅）
武器：4门30毫米（1.18英寸）Aden机炮，可携带2722千克（6000磅）的炸弹或火箭弹；还可以携带AIM-9空空导弹和AGM-65空地导弹。

▼ 霍克·西德利航空公司 猎人F70A，第2中队，里亚格空军基地

黎巴嫩的第一架猎人战斗机是在1959年引进的，当时装备位于卡尔迪的第1中队，这些猎人战斗机参加过1967年的六日战争。1994年，大部人猎人停飞，并且进入封存状态，但直到2008年，仍然有极少量在服役。

哈萨克斯坦

哈萨克斯坦空军

哈萨克斯坦空军的基础是苏联遗留的武器装备，虽然其规模很小，但装备相对比较好，严重缺乏资金使得这些装备目前只能得到很有限的改进升级。

哈萨克斯坦空军主要的基地位于塔尔迪库尔干（装备米格-27）、卡拉干达（米格-31、米格-29和苏-27）、作为运输机基地的阿拉木图（安-12和安-24/26）、阿克套（苏-27和苏-25）、申特亚根（苏-24和米格-29）、卢戈沃耶（米格-29）。乌特斯哈罗尔和塔拉斯是哈萨克斯坦空军的直升机基地，装备米-8/17、米-24和米-26。还有1个位于巴尔喀什的侦察机团（装备米格-25RB和苏-24MR）和1个位于阿拉木图-波拉肯特的边境警卫飞行队。

吉尔吉斯斯坦

吉尔吉斯斯坦空军

随着苏联的解体，吉尔吉斯斯坦的领土范围内留下了一座苏联的飞行训练学校，作为建立吉尔吉斯斯坦空军的基础。如今，有消息称吉尔吉斯斯坦空军维持两个作战单位的规模。

目前吉尔吉斯斯坦空军的结构可能以1个运输机单位和1个训练中队为基础，后者的前身是苏联遗留在伏龙芝的一处飞行训练设施。目前吉尔吉斯斯坦空军训练中队装备L-39教练机，运输机中队装备安-12、安-26和米-8，首脑专机飞行队装备图-154和雅克-40。据报道，吉尔吉斯斯坦空军大约还有9架米-24武装直升机在服役中，但48架米格-21战斗机现在都已经处于封存状态。

蒙古

蒙古人民军空军

以前蒙古人民军全面沿用苏联的体制，其空中力量都被掌握在陆军的手中，但严重的经济困难意味着现在蒙古空军大部分飞机无法执行任务。

1993年当失去苏联的保护后，小规模的蒙古空军开始分成5个分支机构，包括通用任务部队、防空部队、建设部队、民防部队和后备动员部队，现在蒙古空军是负责内部安全和保护边境的独立军种。

蒙古最近的一次获得喷气式战斗机是在上世纪70年代末，引进了米格-21战斗机，据推测这些战斗机现在都被封存于赛音山达，但有消息称蒙古空军正在努力恢复其中一部分战斗机的飞行能力。目前蒙古空军最有效的作战装备是米-24武装直升机，但也只有4架能用，驻扎在纳来哈，还有大约25架米-8直升机。

蒙古空军的运输能力主要由少量安-24/26和运-12飞机提供，还有大约10架安-2通用飞机。蒙古在全国范围内约有80个机场可以使用，但是其中最重要的是乌兰巴托机场（这是蒙古空军固定翼运输机和运输直升机的中心基地），还有阿勒泰和赛音山达。

阿曼

阿曼皇家空军

阿曼皇家空军（RAFO）建立于1959年，原名叫“阿曼苏丹国空军”，创建初期得到英国的援助，1990年更改到现在的名称，目前阿曼皇家空军正在引进新装备和升级旧装备。

阿曼皇家空军的主力部队是扎驻在塞迈里的高速喷气机单位。该基地驻扎着16架美洲豹战斗机，这是阿曼于1977年引进的，之后升级到美洲豹97型的性能水平。除此之外，阿曼皇家空军第20中队装备8架单座F-16C多用途战斗机和4架双座F-16D战斗机（这些F-16战斗机是阿曼于2002年购买的）。阿曼皇家空军希望全面淘汰美洲豹战斗机，并进行替代机种的选型招标，目前估计台风战斗机会是选型的赢家。

运输机部队

阿曼皇家空军运输机部队的总部位于锡卜，装备3架C-130H（还有1架C-130J在订购中）、1架BAC111和1架空客A320（准备再买1架A320，替换BAC111）。锡卜空军基地驻扎着4架肖特“空中货车”(即肖特330的军用型号)，用于执行海上巡逻任务（将更换），另有3架肖特“空中货车”（也将被更换）部署于塞拉莱。

阿曼皇家空军在阿尔·穆萨纳新建了一座空军基地，这处设施将会接收从前部署于锡卜的直升机部队。第14中队正在更换新型直升机NH90，以允许老型号的直升机和肖特“空中货车”退役。直升机飞行员的训练通过位于塞拉莱的第3中队进行，该中队装备贝尔206。

阿曼皇家空军的飞行员训练中心位于玛斯拉岛，装备12架PC-9（M）教练机和“超级木沙克”初级教练机，分成两支飞行队。担任高级教练和防空任务的是第6中队，装备11架单座的鹰Mk203和4架双座的鹰Mk103飞机。玛斯拉岛还是一个装备山猫Mk120直升机的搜救分队的基地。

阿曼皇家空军		
第1中队	超级木沙克	玛斯拉岛
第2中队	肖特“空中货车”	锡卜
第3中队	山猫Mk120，贝尔206	塞拉莱
第4中队	BAC 111，A320	锡卜
第5中队	肖特“空中货车”	塞拉莱
第6中队	鹰 Mk103/203	玛斯拉岛
第8中队	美洲豹	塞迈里
第14中队	AB205，SA330，AS332	*阿尔.穆萨纳
*有搜救分遣队部署于卡萨布		
第15中队	山猫Mk120	*阿尔.穆萨纳
*有搜救分遣队部署于玛斯拉岛		
第16中队	C-130H	锡卜
第18中队	F-16C/D	塞迈里
第20中队	美洲豹S/B	塞迈里

技术参数

乘员：2名
发动机：1台推力131.5千牛（29588磅力）的通用动力F110-GE-129涡扇发动机
最高速度：2173千米/小时(1350英里/小时)
航程：1930千米(1200英里)
实用升限：15240米（49000英尺）
外形尺寸：翼展9.45米（31英尺）；机长15.09米（47英尺8英寸）；机高5.09米（16英尺8英寸）
起飞重量：19187千克（42300磅）
武器：一门通用电气20毫米（0.79英寸）M61A1多管机炮；7个外挂点可以携带9276千克（20450磅）武器。

通用动力/洛克希德·马丁公司 F-16D战隼，第18中队，塞迈里空军基地

图中这架双座的F-16D Block 50战斗机，是阿曼皇家空军引进的四架该型机其中之一，装备第18中队。F-16D是一种多用途战斗机，还可以用于反舰作战。

技术参数

乘员：2或3名
发动机：2台835千瓦（1120轴马力）罗罗Gem涡轴发动机
航程：528千米（328英里）
外形尺寸：螺旋桨直径12.8米（42英尺）；机长15.241米（50英尺）；机高3.734米（12.25英尺）
最高速度：324千米/小时（201英里/小时）
起飞重量：5330千克（11750磅）
武器：1挺7.62毫米（0.3英寸）重机枪；2个70毫米（2.76英寸）火箭发射巢。

阿古斯塔·维斯特兰直升机公司 山猫Mk120，第15中队，阿尔·穆萨纳空军基地

阿曼皇家空军第15中队以阿尔·穆萨纳为基地，还派出一支固定的搜救分遣队，驻扎在阿曼皇家空军训练中心—玛斯拉岛。装备山猫直升机的部队还有位于塞拉莱的第3中队，塞拉莱是阿曼皇家空军最南部的空军基地，该基地还有用于训练飞行员的贝尔206直升机。

技术参数

乘员：1名
发动机：2台推力32.5千牛（7305磅力）的罗.罗/Turbomeca Adour Mk 811涡轮风扇发动机
最高速度：1699千米/小时（1056英里/小时）
航程：3524千米（2190英里）
实用升限：14000米（45931英尺）
外形尺寸：翼展8.69米（28英尺6英尺）；机长16.83米（55英尺2.5英寸）；机高4.89米（16英尺0.5英尺）
起飞重量：15700千克（34613磅）
武器：2门30毫米（1.18英寸）Aden MK.4机炮；可挂载4763千克（10500磅）武器。

▼ 欧洲战斗教练和战术支援飞机制造公司 美洲豹S，第8中队，塞迈里空军基地

图中是1架第一批次的美洲豹国际战斗机，该批次的美洲豹于1977年引进到阿曼皇家空军。尽管后来升级到美洲豹97型的性能水平（拓展其武器搭载范围，更换新型导航设备），阿曼皇家空军还是迫切地想将其退役。

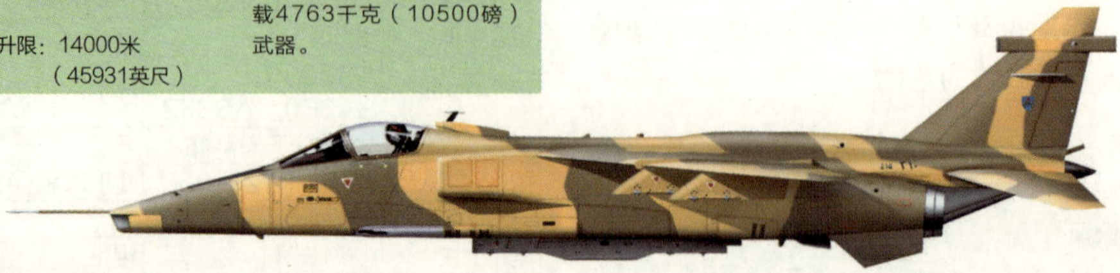

卡塔尔

卡塔尔埃米尔空军

现代卡塔尔埃米尔空军（QAEF）的建立始于1974年，当时新独立的卡塔尔保安部队组建了1个飞行联队，主要装备直升机。

在空军现代化的进程下，卡塔尔埃米尔空军主要依靠法国和英国提供的武器装备，尽管其目前对美国的新飞机更感兴趣。英国提供的装备包括9架“突击队员”Mk2/3直升机。这些突击队员直升机装备了位于多哈国际机场的2个中队：第8和第9中队，主要职责分别是近岸作战和武装运输。卡塔尔埃米尔空军希望在现有装备的基础上再增加18架鹰Mk100，但预算的限制使得这个计划只好搁置起来。

法国为卡塔尔埃米尔空军贡献了6架阿尔法喷气飞机，它们服役于多哈的第11中队，主要执行近距支援任务和训练。还有大约12架SA342近距支援直升机，这些直升机服役于多哈的第6中队。1997年，卡塔尔埃米尔空军引进了9架单座幻影2000-5EDA和3架双座幻影2000-5DDA多用途战斗机，才把手头的幻影F1转卖给西班牙。这些新锐的幻影战斗机也部署在多哈，装备第7中队，主要执行防空任务。卡塔尔埃米尔空军最新入役的直升机是AW139，总共18架该型直升机执行通用运输任务。

新运输机

近期，卡塔尔埃米尔空军通过购买4架C-17A运输机，获得了战略和战区投送能力。头两架C-17已经于2010年服役，卡塔尔埃米尔空军在2011年又订购了4架C-130J-30运输机。这些新购入的运输机将在多哈1个新组建的运输机中队中服役。

除了这些一线装备外，卡塔尔埃米尔空军还维持着一支要员专机飞行队，这些专机以多哈国际机场的民用部分为基地，卡塔尔埃米尔专机飞行队装备A310、A319、A320、A340、波音707、波音727、波音747SP和猎鹰900飞机。

技术参数

乘员：1名
发动机：1台推力97千牛（21834磅力）的斯奈克玛M53-P2涡轮风扇发动机
最高速度：2338千米/小时（1,453英里/小时）
航程：1480千米（920英里）
实用升限：18000米（59055英尺）
外形尺寸：翼展9.13米（29英尺11英寸）；机长14.36米（47英尺1.25英寸）；机高5.2米（17英尺0.75英寸）
起飞重量：17000千克（37480磅）
武器：2门DEFA 554机炮，9个外挂点可挂装6300千克（13889磅）的武器。

▼ 达索航空 幻影2000-5EDA，第7中队，多哈

卡塔尔埃米尔空军装备3架幻影2000 Mk5 DDA双座型和9架幻影2000 Mk5 EDA单座型多用途战斗机，装备位于多哈的第7制空中队，该中队是第1战斗机联队的一部分。

▲ 麦道/波音公司 C-17A环球霸王III

卡塔尔是首个购买这种机型的中东国家，在2008年提交订单之后，已经有4架C-17A在卡塔尔完成组装。2008年卡塔尔还签订了购买4架C-130J运输机和18架AW139中型直升机的合同。图中C-17旁边的客机采用卡塔尔航空的涂装。

沙特阿拉伯

沙特皇家空军（RSAF），陆军航空司令部和海军航空兵

作为阿拉伯半岛上最大的国家，沙特阿拉伯的空中力量包括陆军航空兵和海军航空兵，是世界上装备最好的空中力量之一。

沙特皇家空军长期以来致力于一系列的战力升级，主要采购计划的目标都瞄准最新和最先进的作战飞机。从数字上看，F-15是沙特皇家空军最重要的喷气式战斗机，有57架单座F-15C和25架双座F-15D，执行防空任务（在防空任务中，这些F-15战斗机可以得到5架E-3A空中早期预警平台的帮助），还有71架F-15S，用于执行打击任务。沙特皇家空军的24架防空截击型狂风ADV战斗机的具体状况目前不得而知，但是87架经过改进升级的狂风IDS型战斗机仍然在服役中。尽管已经老旧，沙特皇家空军中还有大量F-5战斗机在服役，其型号包括F-5A（83架），用于防空；F-5B（37架），用于训练。沙特皇家空军最新的战斗机装备—72架台风也已经交付。

技术参数

乘员：1名
发动机：2台推力90千牛（20250磅）的欧洲喷气发动机公司EJ200加力涡扇发动机
最高速度：2390千米/小时（1480英里/小时）
航程：2600千米（1613英里）
实用升限：19810米（65000英尺）
起飞重量：23500千克（34280磅
外形尺寸：翼展10.95米（35英尺11英寸）；机长15.96米（52英尺5英寸）；机高5.28米（17英尺4英寸）
武器：1门27毫米（1.06英寸）毛瑟机炮，13个外挂架可以携带多种武器。

▼ 欧洲战斗机公司 台风战斗机，第10中队，法赫德国王空军基地，塔伊夫

沙特一共订购了72架台风战斗机，包括48架Tranche 2型和24架Tranche 3型，这些新锐战机首先装备的是第10中队，最终沙特皇家空军的台风战斗机订单可能会达到100架。

技术参数

乘员：2名
发动机：2台推力40.5千牛（9104磅力）（净推力）的“Turbo联合”RB.199-34R加力涡扇发动机
最高速度：2.27马赫（2338千米/小时，1452英里/小时）
作战半径：1390千米（869英里）
实用升限：15240米（50000英尺）
起飞重量：21546千克（47500磅）
外形尺寸：翼展13.91米（45英尺7.75英寸）——伸展；翼展8.6米（28英尺2.5英寸）——后掠；机长18.7米（61.3英尺）；机高5.95米（19英尺6.25英寸）
武器：1门国际毛瑟BK-27机炮，10个外挂点可挂装9000千克（19800磅）的武器载荷。

▼ 泛那维亚集团 狂风IDS，第11联队，第75中队，阿卜杜拉. 阿齐兹国王空军基地，达朗

沙特皇家空军的狂风IDS攻击机跟F-15S一起参加了打击沙特—也门边境地区也门胡赛叛乱武装的军事行动。沙特皇家空军的狂风IDS已经升级到类似英国皇家空军狂风GR4的性能水平。

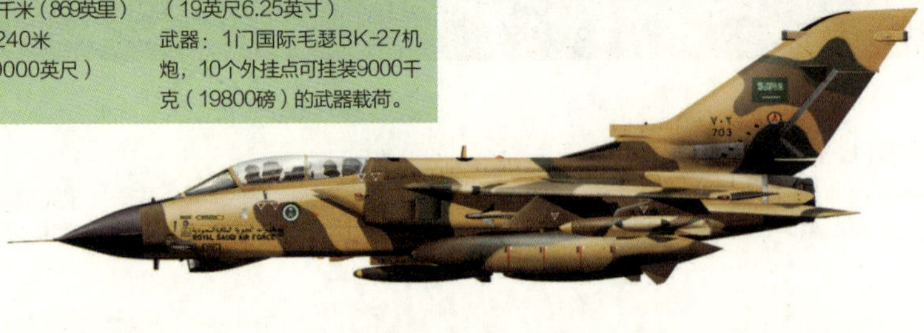

沙特皇家空军			
阿卜杜拉. 阿齐兹国王空军基地，达朗		**哈立德国王空军基地，利雅得**	
第3联队	第4联队		
第13中队	F-15C/D	第1中队（皇家专机飞行队）	VC-130H、C-130H、L-100-30大力神、CN235、BAe125、A340、AS61、里尔喷气35、波音707、波音737、波音747、MD-11、湾流1159、赛斯纳550
第92中队	F-15S	费萨尔国王空军学院	
第44中队	贝尔412	第8中队	赛斯纳172，超级木沙克
第11联队		第9中队	PC-9
第7中队	狂风IDS	第22中队	PC-9
第35中队	“急流”31	**哈立德国王空军基地，海米斯穆谢特**	
第75中队	狂风IDS	第5联队	
第83中队	狂风IDS	第6中队	F-15S
法赫德国王空军基地，塔伊夫		第15中队	*F-5E/F
第2联队		*该单位可能已经解散	
第3中队	*F-5E/F	第55中队	F-15S
第5中队	F-15C/D	第99中队	AS532
第10中队	台风	第14中队 分队	AB212，贝尔412
第14中队	AB212，贝尔412		
第12中队	AB212		
第17中队	F-5E/F		
第34中队	F-15C/D		
*该单位可能已经解散			

沙特皇家空军运输机部队主要依靠30架C-130E/H、7架KC-130H和6架洛克希德L-100-30。还有6架A330加油/运输机将于2011年开始交付，以取代现有的7架KE-3A。沙特皇家空军的飞行员训练装备主要是鹰式教练机、PC-9教练机、木沙克教练机和赛斯纳172，此外还有“急流”机组人员教练机。

▲ **洛克希德·马丁公司 C-130H大力神**

沙特皇家空军拥有大量大力神运输机，包括C-130E/H战术运输机，KC-130H空中加油机，要员专机型VC-130H运输机和民用的L-100-30货运飞机。照片中的C-130H运输机服役于驻吉达的第16中队，照片拍摄于该机空投货物的瞬间。

苏尔坦亲王空军基地，阿尔卡吉	
第6联队	
第18中队	E-3A，KE-3A
第71中队	RE-3A
第32中队	KC-130H
费萨尔国王空军基地，塔布克	
第7联队	
第2中队	F-15C/D
第21中队	鹰 T65
第37中队	鹰 T65
第79中队	鹰 T65A
第88中队	鹰 T65/65A
阿卜杜拉王子空军基地，吉达	
第8联队	
第4中队	C-130E/H
第16中队	C-130E/H
第20中队	C-130E/H
哈立德国王军用城市，哈费尔巴廷	
第12中队	AB212

沙特皇家空军直升机部队

沙特皇家空军的直升机部队有大约30架AB212，用于搜救和通用运输；12架AS532，用于战场搜救；少量AS-61A用于要员专机运输；24架贝尔205和16架贝尔412用于通用运输；还有12架SA365用于紧急医疗后送。除这些外，沙特皇家空军还订购了22架UH-60L直升机。

沙特皇家陆军装备飞机的行为始于1986年，目前拥有12架AH-64A武装直升机、12架贝尔406武装侦查直升机、12架S-70A和18架VH-60L专用运输直升机。

沙特皇家海军装备20架AS332和12架SA365，还订购了部分AS565直升机，用于驻留在沙特皇家海军战舰上。

技术参数

乘员：1名

发动机：2台推力105.7千牛（23830磅）的普惠F100-PW-220/220E涡扇发动机

最高速度：3000千米/小时（1875英里/小时）

航程：5745千米（3570英里）

实用升限：19800米（65000英尺）

起飞重量：20500千克（45155磅）

外形尺寸：翼展13.05米（42英尺9英寸）；机长19.43米（63英尺9英寸）；机高5.68米（18英尺7英寸）

武器：1门20毫米（0.79英寸）M61A1火神机炮，武器挂架可以携带7300千克（16000磅）武器，包括导弹，炸弹，副油箱，各种吊舱和火箭弹。

▼ 麦克唐纳·道格拉斯/波音综合国防系统集团 F-15C鹰，第3联队，第13中队，阿卜杜拉·阿齐兹国王空军基地，达朗

这架战斗机属于沙特皇家空军上尉一阿依希德·萨拉赫·沙姆拉尼，该战机涂装是1991年海湾战争时期，当时沙姆拉尼用AIM-9P响尾蛇空对空导弹击落了2架伊拉克幻影F1EQ战斗机。

技术参数

乘员：2名

发动机：1台推力29千牛（6500磅力）的罗罗阿杜尔 Mk.861涡扇发动机（全权限数字电子控制）

最高速度：0.84马赫（1028千米/小时，638英里/小时）

航程：2520千米（1565英里）

实用升限：13565米（44500英尺）

外形尺寸：翼展9.94米（32英尺7英寸）；机长12.43米（40英尺9英寸）；机高3.98米（13英尺1英寸）

起飞重量：9100千克（20000磅）

武器：4挺12.7毫米（0.5英寸）M-3机枪；可携带19504千克（43000磅）炸弹。

▼ 英国航空航天系统公司 鹰 T65，第7联队，第21中队，费萨尔国王空军基地，塔布克

沙特阿拉伯的鹰式高级教练机装备了塔布克的4个中队。一共有50架该机型在服役，包括Mk65和Mk65A型，该型教练机还装备了沙特皇家空军特技飞行表演队“沙特之鹰”，这个飞行表演队是第88中队的一部分。

叙利亚

阿拉伯叙利亚空军

阿拉伯叙利亚空军（SyAAF）装备的唯一来源是苏联和俄罗斯，一直表现得很低调，但目前似乎是处于一种过渡状态，升级和重组工作正在进行中（内战打乱了这一计划）。

作为世界上最神秘的空军之一，阿拉伯叙利亚空军在2004年开始改革，其实施具体情况目前仍然让人困惑，只了解在2006年的黎巴嫩战争之后，阿拉伯叙利亚空军进行了更进一步的重组。目前阿拉伯叙利亚空军的战斗序列被视为是临时的，一些作战单位很少或者根本没有分配到飞机。

从阿拉伯叙利亚空军各中队和航空旅的编制清单上看，许多部队已经确认被完全解散了。最新的情报显示，阿拉伯叙利亚空军的基础是大约60架米格-21，60—80架米格-23和20架左右不同亚型的米格-25。确定的是，阿拉伯叙利亚空军中最有效的作战飞机是苏-24MK，估计还有20架在服役。

技术参数

乘员：1名
发动机：2台推力81.4千牛（18298磅力）的萨尔基索夫RD-33涡扇发动机
最高速度：2443千米/小时（1518英里/小时）
航程：1500千米（932英里）
实用升限：17000米（55775英尺）
外形尺寸：翼展11.36米（37英尺3.75英寸）；机长（包括空速管）17.32米（56英尺10英寸）；机高4.73米（15英尺6英寸）
起飞重量：18500千克（40785磅）
武器：1门30毫米（1.18英寸）GSh-30机炮，可挂载4500千克（9921磅）武器。

▼ 米高扬-格列维奇设计局 米格-29，第698中队，T-4/杜哈尔空军基地

以T-4/杜哈尔为基地的第698中队是阿拉伯叙利亚空军唯一装备米格-29的部队。图中这架米格-29采用典型的防空武器配备，携带一枚雷达制导的R-27R和红外线制导的R-60空对空导弹。

技术参数

乘员：2名
发动机：2台推力110.3千牛（24802磅）的土星科研生产联合体（留里卡）AL-21F-3A涡喷发动机
最高速度：1654千米/小时（1027英里/小时）
航程：2775千米（1725英里）
实用升限：11000米（36090英尺）
外形尺寸：翼展17.63米（57英尺10英寸）——伸展；翼展10.36米（34英尺）——后掠；机长22.53米（73英尺11英寸）；机高6.19米（20英尺4英尺）
起飞重量：43755千克（96505磅）
武器：1门23毫米（1.18英寸）GSh-23-6六管机炮机炮；9个外挂架可挂载8000千克（17635磅）各种武器。

▼ 苏霍伊设计局 苏-24MK，第819中队，提亚斯空军基地

阿拉伯叙利亚空军少数仍在服役的苏-24MK都集中于第819中队，图中所示的是其中一架，大部分该型机都已经入库封存。阿拉伯叙利亚空军非常看重该机型投掷精确制导武器的能力，尽管升级之后的米格-23BN也可以携带这些先进机载武器。

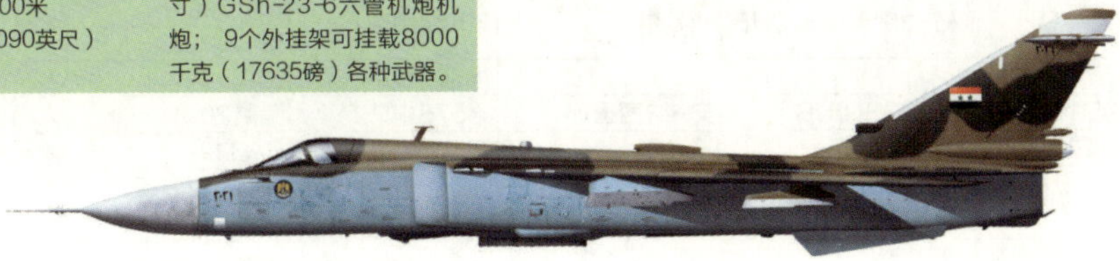

本地升级

阿拉伯叙利亚空军试着用新的导航/火控系统和机载武器升级米格-21bis和米格-23MF/ML战斗机，相似的改进还在米格-23BN战斗机上面进行，叙利亚士兵和军用物资的空运行动，传统上是委托民用运输机执行，包括安-24/26和伊尔-76。还有其他涂装成民用的飞机，也在参与军事任务，包括猎鹰20、派珀纳瓦霍人、图-134和雅克-40。

阿拉伯叙利亚海军也拥有一支小规模的直升机反潜部队，装备卡-28和米-14，以拉塔基亚港为基地。

阿拉伯叙利亚空军					
第14航空旅			**第50航空旅**		
第678中队	米格-23M/UB	阿布.阿德 杜霍尔	第677作战部队	苏-20，苏-22M4K/UM	沙伊拉特
第697中队	米格-23M/UB	杜哈尔	第685中队	苏-22M3K/UM3K	沙伊拉特
第680中队	米格-21MF/UM	哈马	**第81航空旅**		
第24航空旅			第819中队	苏-24MK	提亚斯
第8中队	米格-21MF	代尔祖尔	第820中队	苏-22M4K/UM3K	提亚斯
第10中队	米格-21PF/MFUM	依拉赫	第827中队	苏-22M-4K/UM-3K	提亚斯
第12中队	米格-21MF/UM	塔波阿	**第59航空旅**		
第67航空旅	第525中队	米-8M/MT	东大马士革		
第67中队	米格-23ML/UB	杜迈尔	第532中队	米-2/8/17	东大马士革
第679中队	米格-23ML/UB	杜迈尔	第537中队	米-2/8/17	东大马士革
第675中队	米格-23M/UB	杜迈尔	**第63航空旅**		
第70航空旅			第253中队	米-8	阿菲斯
第1中队	米格-25PD/PU	T4	第255中队	米-8	阿菲斯
第5中队	米格-25PD/PU	T4	**第64航空旅**		
第7作战部队	米格-25PD/PU/RB	T4和沙伊拉特	第765中队	米-24	苏韦达
第9中队	米格-23M/UB，米格-25RB/PU	沙伊拉特	第766中队	米-24	苏韦达
第73航空旅			**未知航空旅**		
第945中队	米格-21bis/UM	卡哈拉克哈拉	第767中队	米-24	布莱
第946中队	米格-21bis/UM	卡哈拉克哈拉	第976中队	SA342L	阿尔-马泽
未知中队	米格-21PF/RF	卡哈拉克哈拉	第977中队	SA342L	阿尔-马泽
搜救飞行队	卡-25BSh	卡哈拉克哈拉	未知中队	米-17	阿尔-马泽
第86航空旅			第909中队	米-8PP	*阿尔-马泽
第825中队	米格-21bis/UM	古赛尔	*该单位可能已经解散		
第826中队	米格-21bis/UM	古赛尔	第77航空旅		
第1航空旅			未知中队	米-8	奈耶拉布（阿勒颇）
第697中队	米格-29/米格-29UB	杜哈尔	未知中队	米-8	奈耶拉布（阿勒颇）
第698中队	米格-29/米格-29UB	杜哈尔	**未知航空旅**		
第699中队	米格-29/米格-29UB	杜哈尔	第522中队	PA-38，安-24/26	大马士革国际机场
第17航空旅			第565中队	雅克-40	大马士革国际机场
第695中队	米格-23BN/UB	安-纳西里耶	第575中队	猎鹰20	大马士革国际机场
第30航空旅			第577中队	SA342L	大马士革国际机场
第77中队	米格-23ML/UB	布莱	第585中队	波音727，伊尔-76MD	大马士革国际机场

塔吉克斯坦

塔吉克斯坦空军

塔吉克斯坦只有很小规模的空中力量，包括一支直升机部队和一支要员专机飞行队。据估计，现在这个原苏联的加盟共和国所有型号的飞机加在一起不到20架。

塔吉克斯坦空军最具威力的作战飞机是米-24武装直升机，但是据报道，只有不超过4架该型直升机还在服役。另外还有大约15架米-8/17运输直升机能够使用，和1架图-134首脑专机一起为塔吉克斯坦政府服务。这些飞机都部署在苏联遗留下的空军基地，位于杜尚别。

土库曼斯坦

土库曼斯坦空军

拥有石油资源的土库曼斯坦于1991年从苏联独立，其空军和防空军以继承自苏联空军的第73航空军为基础，建立起自己的空军力量。

表面上看，土库曼斯坦空军的基础是4个作战飞行团、1个训练单位和1个首脑专机运输飞行队。土库曼斯坦空军战斗机单位分为：第107歼击航空团，装备米格-25和米格-23截击机，驻地位于阿克德佩；第55歼击航空团，原装备米格-23战斗机，原基地位于涅比特达；取代米格-25成为土库曼斯坦空军最强战机的是米格-29，一共有24架米格-29服役于第67歼击航空团，基地位于马利亚，此外还装备了少量的苏-17M攻击机。

土库曼斯坦空军有一个混成运输航空团，以阿什哈巴德为基地，装备1架安-24和部分米-8、米-24直升机。

土库曼斯坦空军的飞行员训练任务由一个未知训练单位负担，位于土库曼纳巴德，该单位现在很可能以少量L-39为主。

首脑专机运输飞行中队位于阿拉木图，装备波音737和BAe125。

技术参数

乘员：1名

发动机：2台推力81.4千牛（18298磅力）的萨尔基索夫RD-33涡扇发动机

最高速度：2443千米/小时（1518英里/小时）

航程：1500千米（932英里）

实用升限：17000米（55775英尺）

外形尺寸：翼展11..36米（37英尺3.75英尺）；机长（包括空速管）17.32米（56英尺10英寸）；机高7.78米（25英尺6.25英尺）

起飞重量：18500千克（40785磅）

武器：1门30毫米（1.18英寸）GSh-30机炮，可挂载4500千克（9921磅）武器

▼ 米高扬-格列维奇设计局 米格-29，第67歼击航空团，马利亚-2空军基地

目前，随着米格-25和米格-23被封存起来，米格-29成为土库曼斯坦空军最具威力的防空战斗机。这些米格-29以马利亚为基地，该基地在冷战时期曾是苏联空军的一个重要飞行训练中心。

阿拉伯联合酋长国

阿联酋空军

阿联酋空军（UAEAF）的总部位于阿布扎比的拜腾国际机场，空军和防空部队一起共用两个司令部，分别位于阿布扎比和迪拜，拥有大约1800名人员。

阿联酋空军拥有典型的先进装备，包括F-16E/F、幻影2000-9战斗机和AH-64A武装直升机。

阿联酋空军战斗机部队以阿布扎比的迪哈夫拉空军基地为中心，是属于西部空军司令部的一部分。该基地驻扎着79架F-16E/F Block 60（1架已经坠毁）和约46架幻影2000（1个中队的幻影2000已被部署于阿尔赛丰空军基地）。迪哈夫拉空军基地还驻扎着AH-64武装直升机部队，订购中的2架Saab 340空中早期预警飞机也将部署在这里。

阿联酋空军的飞行训练主要在阿尔艾因机场进行，驻扎在这里的各种训练单位装备鹰Mk63、MB339、PC-7（即将被PC-21所取代）和Crob115教练机。阿联酋空军还订购了更先进的训练装备，以48架M-346为代表，其中20架将装备成轻型攻击机。

阿联酋空军的运输能力将会随着6架C-17A和12架C-130J的到来，得到巨大的提升，其订单中还有3架配置成加油/运输机的A330。目前，阿联酋空军的运输能力还是依靠5架较老的C-130H-30和6架CN235，这两种飞机都驻扎于拜腾国际机场。阿联酋空军的中央空军司令部，负责指挥驻扎在迪拜和艾尔明翰的空军部队。迪拜同时也是阿联酋空军运输司令部的所在地，而艾尔明翰驻扎着第102中队（装备鹰Mk102教练机）和1个运输机中队（装备C-130和L-100-30运输机）。阿联酋空军学院也位于艾尔明翰，装备部分AB206直升机和6架MB339教练机。特种作战司令部位于萨斯·阿那克黑尔，装备一些二手CH-47C直升机，此外还有8架固定翼的赛斯纳208飞机。

技术参数

乘员：1名

发动机：1台推力95.1千牛（21834磅）的斯奈克玛M53-P2涡轮风扇发动机

航程：3330千米（2073英里）

实用升限：18000米（59055英尺）

外形尺寸：翼展9.13米（29英尺）；机长14.36米（47英尺1英寸）；机高5.2米（17英尺）

最高速度：2530千米/小时（1500英里/小时）

起飞重量：17000千克（37500磅）

武器：2门DEFA 554机炮，9个外挂点可挂装6300千克（13889磅）的武器，包括空对空导弹，火箭发射吊舱，各种对地攻击武器，包括454千克（1000磅）炸弹。

▼ 达索航空 幻影2000-9，战斗机联队，迪哈夫拉空军基地

阿联酋空军的幻影2000战斗机装备了第71和第76中队，和F-16战斗机一起组成混合战斗机联队，部署于迪哈夫拉空军基地。阿联酋空军的幻影战斗机家族包括最新建造的幻影2000Mk9，还有较早的幻影2000EAD/DAD/RAD，这些老型号都已经过改进，升级到和Mk9型相近的性能水平。

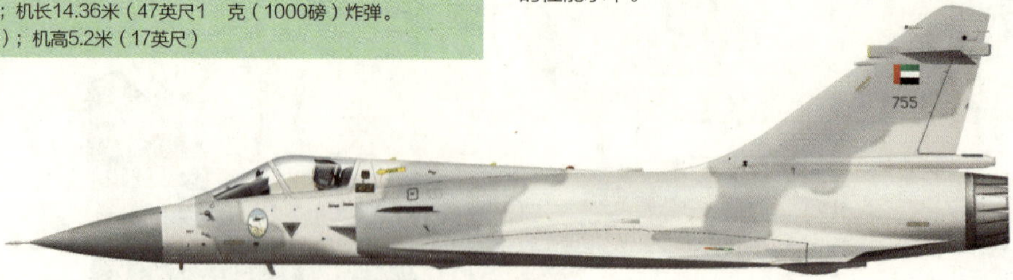

阿联酋空军			
西部空军司令部，总部位于阿布扎比		**拜腾国际机场**	
迪哈夫拉空军基地		第4中队	C-130H
第1沙欣中队	F-16E/F	第6中队	AB412
第2沙欣中队	F-16E/F	阿布扎比运输中队	CN235
第3沙欣中队	F-16E/F	美洲狮中队	SA330，IAR-330
第71中队	幻影2000-9EAD/DAD	**中央空军司令部，总部位于迪拜和艾尔明翰**	
第76中队	幻影2000-9EAD/DAD	第102中队	鹰 Mk102
第86中队	幻影2000-9EAD/DAD	**特种作战司令部，总部位于阿布扎比，萨斯·阿那克黑尔**	
阿尔艾因机场		第18大队	CH-47C，赛斯纳208，DHC-6
哈里发·本·扎耶德空军学院	Crob 115		
初级飞行中队	PC-7		
鹰式教练机中队	鹰 Mk63		
飞行训练学校	MB339A		
搜救飞行队	*贝尔412，AB139		
*该飞行队的分队部署于艾尔明翰			

技术参数

乘员：1-2名
发动机：1台1342千瓦（1800马力）普.惠加拿大PT6T-3B-1涡轴发动机
最高速度：每小时259千米（每小时161英里）
航程：695千米（432英里）
实用升限：4970米（16306英尺）
外形尺寸：螺旋桨直径14.02米（46英尺）；机长12.92米（42英尺4英寸）；机高4.32米（14英尺4英寸）
起飞重量：5397千克（11900磅）

▼ 阿古斯塔/贝尔直升机公司 AB412HP，迪拜内政部民防队

迪拜空军减少了AB412HP直升机的服役数量，这些前空军直升机转而隶属于迪拜内政部，执行民用搜救和消防任务。

技术参数

乘员：2名
发动机：1台推力1996千克（4400磅）的罗·罗“毒蛇”680涡喷发动机
最高速度：898千米/小时（598英里/小时）
航程：1760千米（1093英里）
实用升限：14020米（46000英尺）
外形尺寸：翼展11.22米（36.8英尺）；机长11.24米（36.8英尺）；机高3.9米（12.8英尺）
起飞重量：6350千克（14000磅）

▼ 阿莱尼亚宇航公司 MB339A，飞行训练学校，阿尔艾因机场

阿联酋飞行训练学校拥有6架MB339A高级教练机，该飞行训练学校是哈里发·本·扎耶德空军学院的一部分。

海军直升机

阿联酋海军有一支独立的空中力量，主要装备直升机。海航中队的AS332和AS565都以拜腾国际机场为基地，阿联酋空军也有4架DHC-8用于执行海上巡逻任务。

阿联酋陆军司令部，总部位于阿布扎比，包含第10陆军航空旅，该旅驻扎在迪哈夫拉空军基地，装备AD550和30架AH-64A直升机，后者将会被升级成为作战效能更高的AH-64D型。除此之外，阿联酋陆航还订购了14架UH-60M。

阿联酋航空公司的首脑专机飞行队至少有6支飞行队在提供政府飞行服务，其中最重要的是阿布扎比埃米尔飞行队（位于拜腾国际机场），还有阿布扎比和迪拜飞行联队（位于迪拜国际机场）。

技术参数

乘员：2名
发动机：1台推力29千牛（6500磅力）的罗罗阿杜尔 Mk.861涡扇发动机（全权限数字电子控制）
最高速度：0.84马赫（1028千米/小时，,638英里/小时）
航程：2520千米（1565英里）
实用升限：13565米（44500英尺）
外形尺寸：翼展9.94米（32英尺7英寸）；机长12.43米（40英尺9英寸）；机高3.98米（13英尺1英寸）
起飞重量：9100千克（20000磅）

▼ **英国航空航天系统公司 鹰Mk63C，鹰式教练机中队，阿尔艾因机场**

鹰式教练机在哈里发·本·扎耶德空军学院使用的多种不同型号教练机当中，处于主力高级教练机地位。第一代的鹰Mk63很可能被全部淘汰，但鹰 Mk103型还将继续在艾尔明翰空军基地服役。

▲ **通用动力/洛克希德·马丁公司 F-16E沙漠隼**

可能是世界各地服役的F-16战斗机家族中战力最强的型号，阿联酋空军的Block 60沙漠隼正在执行红旗训练任务，背景是美国内华达州，该机装备1台高性能的AN/APG -80有源相控阵(AESA)雷达，安装保形油箱，采用F110-GE-132发动机，可以携带空对空和空对地武器，还有“猎鹰边缘” 综合电子战套件。

乌兹别克斯坦

乌兹别克斯坦空军

乌兹别克斯坦空军是中亚规模最大的空中力量之一，与该地区其他分离出去的原苏联加盟共和国相比，乌兹别克斯坦空军的装备较好，但是据报道，其很多一线装备都处于封存状态

乌兹别克斯坦的空中力量包括2个航空旅，分别位于卡尔西-汗阿巴德和吉扎克。一线作战装备包括米格-29、苏-24和苏-27，乌兹别克斯坦空军原有的苏-17M战斗轰炸机在奇尔奇克被封存起来。运输航空团位于塔什干和费尔干纳，装备图-134、安-12和安-24/26。其直升机团位于卡干和维尔科纳共青城，装备米-8和米-24。

技术参数

乘员：1名
发动机：2台推力81.4千牛（18298磅力）的萨尔基索夫RD-33涡扇发动机
最高速度：2443千米/小时（1518英里/小时）
外形尺寸：翼展11..36米（37英尺3.75英尺）；机长（包括空速管）17.32米（56英尺10英寸）；机高4.73米（15英尺6英寸）
航程：1500千米（932英里）
实用升限：17000米（55775英尺）
起飞重量：18500千克（40785磅）
武器：1门30毫米（1.18英寸）GSh-30机炮，可挂载4500千克（9921磅）武器，包括R-27E（AA-10“白杨”）和R-77（AA-12“蝰蛇”）空对空导弹。

米高扬-格列维奇设计局 米格-29，第60独立歼击航空旅，卡尔西-汗阿巴德空军基地

乌兹别克斯坦空军曾经从苏联继承了39架米格-29战斗机。这些米格战斗机中的大部分已被封存多年，但近期有一些被重新投入使用。

也门

也门空军

现代也门空军（YAF）是由以前的也门阿拉伯共和国空军和南阿拉伯空军统一而成，装备了来自东西方的飞机。

技术参数

乘员：1名
发动机：2台推力81.4千牛（18298磅力）的萨尔基索夫RD-33 ser.3加力涡扇发动机
最高速度：2443千米/小时（1518英里/小时）
航程：1500千米（932英里）
实用升限：17000米（55775英尺）
外形尺寸：翼展11..36米（37英尺3.75英尺）；机长（包括空速管）17.32米（56英尺10英寸）；机高4.73米（15英尺6英寸）
起飞重量：18500千克（40785磅）
武器：1门30毫米（1.18英寸）GSh-30-1机炮，可挂载4500千克（9921磅）武器。

也门空军的作战装备包括米格-29、米格-21、苏-22和F-5B/E战斗机，L-39和兹林教练机。运输机包括安-12、安-24/26和C-130。直升机包括米-8/17、米-14和米-24/25。

米高扬-格列维奇设计局米格-29SMT，第9中队，萨那国际机场

也门空军的米格-29战斗机都在第9中队服役，该中队以萨那国际机场的军用部分为基地。也门空军的米格-29包含SMT这种改进型，增加了空中受油探头，SMT型和单座型米格-29及双座型米格-29UB战斗教练机一起在也门空军服役。

第六章

南亚、东亚和东南亚

南亚、东亚和东南亚地区，由西部的印度和东部的中国这两个远东的经济“老虎”主导。除了这两个国家外，还有很多国家拥有装备齐全、训练良好的空中力量。热点地区包括两个：韩国，韩国是美国在远东一个非常重要的军事盟友，为了应对朝鲜的威胁，美国不断地对韩国军队进行援助并且保持在该国的军事存在；中国台湾地区，为了确保其和海峡对岸保持对峙状态，美国也对中国台湾地区进行了有力的军事援助。另外，本地区的两个有核国家——印度和巴基斯坦，也一直保持着紧张的状态，随时可能擦枪走火。日本也是美国的一个重要盟友，并且拥有很多美国在该地区最重要的空军基地。还有位于东南亚的印度尼西亚、马来西亚和新加坡，这三国在最近高调地引进新装备，并对其空军进行重新规划，引发了该地区的军备竞赛。

孟加拉

孟加拉空军

孟加拉空军（BBB）建立于1973年，以中国和俄国产装备为主，拥有四个主要的基地：达卡、杰索尔、吉大港和博格拉。

孟加拉空军的主力装备是：1个中队的米格-29战斗机，2个中队的各型号歼-7战斗机和1个中队的强-5攻击机，这些部队都驻扎在达卡。在达卡空军基地还驻扎着2个直升机中队（装备贝尔212和米-17）和1个不满编的运输中队（装备4架C-130B运输机）。孟加拉空军有一所空军学院，位于杰索尔，下辖2个中队，分别使用T-37教练机和贝尔206直升机。杰索尔还驻扎着一支运输机部队。孟加拉空军的高级飞行训练基地位于博格拉，使用歼教-6教练机，这些教练机隶属于孟加拉空军学院，也是博格拉基地的唯一一种机型。除此之外，还有1个装备L-39喷气式教练机的中队、1个装备安-32和米-17的中队和1支装备贝尔212直升机的分遣队，一起部署于吉大港。

孟加拉陆军有一支小规模航空部队，装备1架赛斯纳208，部分米-17和贝尔206直升机。孟加拉海军航空兵于2010年建立，已经订购了2架AW109直升机。

技术参数

乘员：1名

发动机：2台推力81.4千牛（18298磅力）的萨尔基索夫RD-33涡扇发动机

最高速度：2443千米/小时（1518英里/小时）

航程：1500千米（932英里）

实用升限：17000米（55775英尺）

外形尺寸：翼展11.36米（37英尺3.75英尺）；机长（包括空速管）17.32米（56英尺10英寸）；机高4.73米（15英尺6英寸）

起飞重量：18500千克（40785磅）

武器：1门30毫米（1.18英寸）GSh-30机炮，可挂载4500千克（9921磅）武器。

▼ 米高扬-格列维奇设计局 米格-29，第8中队，达卡-齐亚国际机场（巴沙尔）

总共6架米格-29战斗机（包括2架双座的米格-29UB）装备了达卡的第8中队。达卡实际上有两座基地，特加翁（前国际机场）和齐亚国际机场（目前的国际机场）。

文莱

文莱皇家空军

文莱皇家空军是世界上规模最小，但装备最丰富的空军之一。

作为英国的保护国，文莱的文莱国际机场驻扎着一支英国皇家空军贝尔212直升机分遣队。文莱拥有一支小规模军队，其中一个组成部分是建立于1991年的文莱皇家空军。文莱皇家空军包含4个中队，主要装备直升机，驻扎于文莱国际机场。目前文莱皇家空军直升机部队包括2架贝尔206、10架贝尔212、1架贝尔214、5架BO105和6架西科斯基S-70。固定翼飞机部队包括4架PC-7教练机和1架CN235涡轮螺旋桨运输机，还有3架用于海上巡逻的CN235MPA。

技术参数

乘员：3—4名
动力系统：2台1210千瓦(1622马力)通用电气T-700-GE-401涡轴发动机
最高速度：357千米/小时(222英里/小时)
航程；2220千米(1380英里)
实用升限：5790米(19000英尺)
外形尺寸：螺旋桨直径16.36米(53英尺8英寸)；机长19.76米(64英尺10英寸)；机高5.13米(16英尺10英寸)
起飞重量：11113千克(24500磅)
武器：2部7.62毫米M60机枪、M240机枪或M134六管航空机枪、AGM-114地狱火导弹、19联装"九头蛇"70mm火箭发射巢。

▼ 西科斯基飞机公司 S-70A，第4中队，文莱皇家空军，文莱国际机场

文莱装备了6架S-70直升机，以执行中型运输和要员专机任务，具体型号包括4架S-70A和2架S-70L。

柬埔寨

柬埔寨皇家空军

柬埔寨皇家空军的飞机由少量喷气式战斗机和喷气式教练机组成，基地位于金边。

除了主空军基地之外，柬埔寨皇家空军的飞机还定期部署在一些辅助基地内，包括马德望、磅清扬、戈公岛、磅逊港和暹粒。柬埔寨的现代空军重建于1993年，目前包括1个直升机中队，装备米-8/17。一支运输机部队，装备2架安-24、2架运-12和

技术参数

乘员：1名
发动机：1台推力73.5千牛（16535磅力）的图曼斯基R-25涡轮喷气发动机
最高速度：2229千米/小时（1385英里/小时）
航程：1160千米（721英里）
实用升限：17500米（57400英尺）
外形尺寸：翼展7.15米（23英尺5.5英寸）；机长（包含空速管）15.76米（51英尺8.5英寸）；机高4.1米（13英尺5.5英寸）
起飞重量：10400千克（22925磅）
武器：在机腹下部装1门23毫米（0.9英寸）GSh-23双管机炮，载弹量约1500千克（3307磅）。

▼ 米高扬-格列维奇设计局 米格-21bis，第701航空团，波成东机场

图中的米格-21bis战斗机于上个世纪80年代晚期服役于第701航空团，当时一共有24-28架该型战斗机部署于波成东机场，90年代早期，柬埔寨计划在以色列对这些米格-21进行彻底检修维护，但因为缺乏资金而中止。

3架岛民飞机；还有1个装备Tecnam“回声”超轻型飞机的侦察中队。1996年，柬埔寨皇家空军重新装备喷气式飞机——6架L-39运输机。1998年，柬埔寨皇家空军引进了2架米-26重型运输直升机，这些米-26在1个直升机中队服役。柬埔寨希望引进12架以色列改进的米格-21战斗机，但这笔交易受到制裁和预算的限制，只得搁置。2000年，1架米格-21bis和1架双座的米格-21UM在经过以色列的升级改进后，运抵柬埔寨。1个由政府运营的要员专机运输中队也以金边为基地，混编直升机和1架安-24、1架猎鹰20喷气式飞机。

中华人民共和国

人民解放军空军、海军航空兵和陆军航空兵

中华人民共和国的空中力量由中国人民解放军空军、海军航空兵和陆军航空兵组成。

中国陆海空三军的空中力量都在进行严格的现代化改造，从装备清单中除去旧型号，加入新的和改进过的机型，空中力量的组织结构也在逐渐合理化。与此同时，训练和后勤支援水平也在逐渐提高。

作为三军空中力量中最大的一支，中国人民解放军空军是中国人民解放军的次级单位，并通过统一的司令部整体指挥部队。中国人民解放军空军目前分为7个军区，与中国人民解放军的7个军区相对应，分别是：北京军区、成都军区、广州军区、济南军区、兰州军区、南京军区和沈阳军区。[①]每个空军军区包含一定数量航空兵师，每个航空兵师通常下辖2个或3个航空团。

过去的十年中，中国人民解放军空军从国际上的历次冲突中吸取教训，开展了装备更新计划，包括研制新型飞机、发动机、精确制导武器，建立完善的自动化指挥系统（C4ISR）。据估计，中国人民解放军空军拥有约1300架战斗机、600架轰炸/攻击机、

技术参数

乘员：2名
发动机：2台推力123千牛（27600磅力）的土星科研生产联合体（留里卡）AL-31F涡扇发动机
最高速度：2120千米/小时（1320英里/小时）
航程：3000千米（1864英里）
实用升限：17300米（56800英尺）
外形尺寸：翼展14.7米（48英尺2.5英尺）；机长21.94米（72英尺11英寸）；机高6.36米（20英尺9英尺）
起飞重量：34500千克（76100磅）
武器：1门30毫米（1.18英寸）GSh-3-1机炮，可挂载空对空和反舰导弹。

▼ 苏霍伊设计局 苏-30MK2，第4歼击机师第10航空团，中国人民解放军海军航空兵，肥东县

中国人民解放军海航部队共接收了24架苏-30MK2（2003年订购，2004年交付）。图中这架苏-30MK2携带R-77和R-73空对空导弹，但该机型最适合的任务是反舰作战，安装一台改进型N001VEP雷达，用于制导Kh-31A和Kh-59MK反舰导弹。

① 目前已改组为东部、南部、西部、北部、中部5个战区。

约300架运输和支援飞机，共有约32个航空团的兵力。

中国人民解放军空军轰炸机部队目前仍以轰-6为主力，经改进的各型轰-6装备至少4个空军航空团和3个海军一线航空团，目前该型轰炸机已经具备发射巡航导弹的能力。

中国人民解放军空军战斗机的现代化，体现在本国研发的歼-10战斗机上。这些歼-10、歼-11和从苏俄引进的苏-27系列战斗机一起执行防空任务，将会逐步取代歼-7和歼-8（虽然这些数量庞大的战斗机都经过了升级改进）。

▲ 苏霍伊设计局 苏-27UBK

在中国订购的各型俄制苏-27当中，双座的苏-27UBK战斗教练机占有很大比重，图中这架隶属于中国人民解放军空军第1歼击机师第1航空团的苏-27UBK，该航空团部署于鞍山。

技术参数

乘员：1名
发动机：1台推力129.4千牛（29101磅力）的WS-10A“太行”涡扇发动机
最高速度：2696千米/小时（1675英里/小时）
航程：2700千米（1677英里）
实用升限：18000米（59055英尺）
外形尺寸：翼展9.75米（31英尺10英寸）；机长15.49米（50英尺10英寸）；机高4.78米（15英尺9英寸）
起飞重量：18500千克（40785磅）
武器：一门23毫米（0.9英寸）双管机炮；11个外挂点可以携带6000千克（13228磅）副油箱和武器。

▼ 中航工业成都飞机工业（集团）有限责任公司歼-10A，第44歼击师/第131航空团，中国人民解放军空军，吕梁市

歼-10A是一种轻微改进型，包括在机背上安装一个卫星通信/数据链天线，在机鼻安装可拆式受油探头。而歼-10AS是一种双座型号。

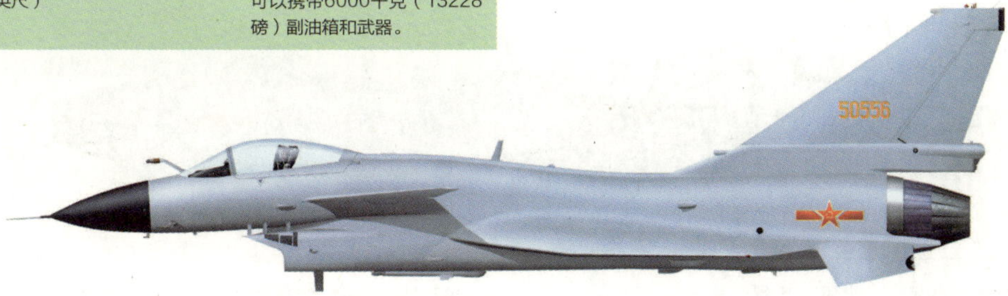

国产战斗机

歼-10于2006年公开展示，是中国人民解放军空军最新的量产多用途战斗机，该机使用国产的武器系统和航电设备。一种双座的、具备全任务能力的亚型—歼-10S战斗机也已经进入使用状态。歼-10的初期型号装备了4个航空团，经过改进的歼-10A和歼-10AS已经装备了3个航空团，更多的还在继续交付使用。歼-10战斗机家族的最新发展型是大幅改进的歼-10B，于2009年披露。

中国人民解放军空军在1991年首次购买了20架苏-27SK和6架双座的苏-27UBK，后来又追加购买了16架苏-27SK和34架苏-27UBK。中国国产的新锐主力战斗机是歼-11战斗机，拥有歼-11A和歼-11B两个不同的改进型，后者安装国产多模式雷达。有报告称，11个中国人民解放军空军航空团和海军航空团已经装备或正在换装歼-11战斗机。另外一种新型战斗机——歼-15战斗机，作为中国第一种舰载战斗机，装备了中国人民解放军海军"辽宁"号航空母舰，该航母目前部署于大连。

歼-7E战斗机目前还装备了7个一线空军航空团和2个海军航空团，而最新改型歼-7G则装备了3个航空团。一些早期的歼-8战斗机被改装成专用侦察型——歼侦-8，而较为先进一些的歼-8II仍然作为远程截击机在使用。改进的歼-8H和进一步改进的歼-8F共装备了5个空军作战单位，除此之外，歼-8战斗机还被2个海军航空团所使用。歼-8G作为一种防空压制型战斗机也在中国人民解放军空军中少量装备[①]。中国人民解放军正在致力于提高其空中早期预警、指挥控制和电子战能力，已经披露的飞机型

技术参数

乘员：1名
发动机：1台推力129.4千牛（29101磅力）的WS-10A"太行"涡扇发动机
最高速度：2696千米/小时（1675英里/小时）
航程：2700千米（1677英里）
实用升限：18000米（59055英尺）
外形尺寸：翼展9.7米（31英尺10英寸）；机长15.5米（50英尺10英寸）；机高4.78米（15英尺9英寸）
起飞重量：18500千克（40785磅）
武器：一门23毫米（0.9英寸）双管机炮；11个外挂点可以携带6000千克（13228磅）副油箱和武器。
*采用歼-10A的技术参数

▼ 中航工业成都飞机工业（集团）有限责任公司歼-10B

图中这架飞机于2009年在珠海进行展示，该机或许是歼-10B的第一架原型机。配备DSI进气道（无附面层隔道超音速进气道），驾驶舱前方安装了光电瞄准系统，内藏红外线搜索及追踪系统及激光测距仪，垂直尾翼和襟翼亦相应地加大，垂尾切尖、腹鳍切尖，进一步改进气动布局。另外，雷达罩被重新设计，取消了传统圆锥型的雷达罩，更改为扁身锥型，雷达罩内可能安装一台新型有源相控阵（AESA）雷达。

① 截至本书完成，中国人民解放军的第四代战斗机——歼-20和歼-31也已经初现端倪，两种先进战斗机都为本国设计、制造，四代机的装备将使得中国人民解放军跻身世界最强空中力量的行列。

▲ **中航工业成都飞机工业（集团）有限责任公司歼-10A**

中国人民解放军空军的第一个歼-10单位于2004年建立。据估算，目前中国人民解放军空军以每年一支部队的速度，用新的歼-10取代较旧的各型歼-7战斗机。

号有空警-2000和空警-200空中早期预警平台，还有用图-154、伊尔-76和运-8改装的专用预警和电子战型号。中国人民解放军空军越来越多的飞机，包括经过改进的轰-6和歼-8，都安装了空中受油设备，为此还专门装备了轰-6加油机，还订购了专用加油机伊尔-78。

中国人民解放军的歼击-轰炸机部队一直以来装备强-5攻击机，但是这种机型已明显过时，如今中国人民解放军空军的航空团装备了先进的苏-30MKK和歼轰-7“飞豹”歼击轰炸机。中国一共引进了76架苏-30MKK，该机是苏-27的多用途双座改型，接下来又购买了24架苏-30MK2海军

技术参数

乘员：2名
发动机：2台632千瓦（847轴马力）透博梅卡·阿赫耶-1C1涡轴发动机
最高速度：315千米/小时（195英里/小时）
航程：1000千米（621英里）
实用升限：6000米（20000英尺）
起飞重量：4100千克（9038磅）
外形尺寸：旋翼直径12.11米（39英尺9英寸）；机长13.68米（44英尺11英寸）（包括尾桨）；机高4.01米（13英尺2英寸）
武器：2门23毫米（0.90英寸）固定式机炮；短翼挂架上可挂载火箭弹、航炮吊舱、鱼雷、HJ-8型反坦克导弹，或TY-90型空对空导弹。

▼ **中航工业哈尔滨飞机工业集团有限责任公司直-9，中国人民解放军驻港部队**

直-9是法国宇航公司AS365N “海豚”2的中国生产型，在中国人民解放军中服役的包括陆军通用运输、海上和攻击亚型。直-9B增大了中国国产零件的比例，据报道大约有150架直-9B直升机在中国人民解放军服役。

型，以供海军航空部队使用。歼轰-7“飞豹”是作为中国人民解放军海军的海上攻击机设计建造的，但也在空军部队服役，每个军种各装备了3个航空团。

中国人民解放军运输机的主力机型是大量本国生产的运-5、运-7和运-8，并且通过引进伊尔-76获得了真正的战略投送能力。中国人民解放军大部分陆基直升机都属于陆军航空部队，装备国产的直-8、直-9和直-11运输直升机、武直-9武装直升机（武直-10也已经展示），还引进了米-8/17作为辅助。解放军海军航空部队的主要机型包括：卡-28舰载直升机，还有改装的运-8来执行海上巡逻任务。解放军飞行训练部队主要装备：初教-6初级教练机、越来越多的教练-8（K-8）喷气式教练机（取代歼教-5）和歼教-7高级教练机，并且正在用L-15“猎鹰”和教练-9“山鹰”来取代那些较老的机型。

技术参数

乘员：1名
发动机：1台推力65.17千牛（14650磅）的Liyang涡喷-13F（R-13-300）加力涡轮喷气发动机
最高速度：2120千米/小时（1317英里/小时）
航程：2230千米（1380英里）
实用升限：18800米（61700英尺）
外形尺寸：翼展8.32米（27英尺4英寸）；机长14.89米（48英尺10英寸）；机高4.1米（13英尺5英寸）
起飞重量：7540千克（16620磅）
武器：2门30毫米（1.18英寸）30-1型机炮，5个外挂架可挂装火箭弹、空对空导弹和炸弹。

▼ 中航工业成都飞机工业（集团）有限责任公司歼-7GB，“八一”飞行表演队，中国人民解放军空军，杨村

歼-7GB是歼-7战斗机家族中的无武装型号，是以前“八一”飞行表演队的专用型号，该飞行表演队驻扎在杨村，属于北京军区。目前，该飞行表演队更换了新的机型—由歼-10改进的歼-10AY和歼-10SY，后者是一种双座飞机。

技术参数

乘员：2名
动力系统：2台1409千瓦（1890轴马力）通用电气T700-GE-701C涡轴发动机
最高速度：361千米/小时（224英里/小时）
航程：463千米（288英里）
实用升限：4021米（13200英尺）
外形尺寸：螺旋桨直径16.36米（53英尺8英寸）；机长19.76米（64英尺10英寸）；机高5.33米（17英尺6英寸）
起飞重量：9997千克（22000磅）
武器：2挺7.62毫米（0.3英寸）舱门机枪。

▼ 西科斯基飞机公司 S-70C-2 黑鹰，陆航2团，陆航13大队，成都-凤凰山

图中这架黑鹰直升机隶属于成都军区，该机是在上个世纪80年代中期、中美军事合作期间，由中国人民解放军购买的，一共有24架。在未来，这些黑鹰很可能会被米-171直升机取代。

中国台湾地区

“空军”、“海军航空兵”和“陆军航空兵”

中国台湾地区“空军”（RoCAF）模仿美国空军的组织结构，拥有1个空军作战指挥部，负责指挥作战飞机，这些作战飞机部署在8个联队内，还有训练和支援部队。

中国台湾地区的8个“空军”联队当中，5个是“纯粹”的战术战斗机联队（TFW），1个是战术混合联队（TCW），1个是战术战斗机/战术训练和发展中心（TTDC），还有1个是早期预警联队（T/EWW）。

中国台湾地区“空军”的战斗机部队由3种型号组成：F-CK-1“经国”号、幻影2000-5和F-16A/B战斗机。F-16已经取代了大部分原有的F-5E/F，但是后者的改进型仍然装备了1个联队，并且还在战术战斗机/战术训练和发展中心充当假想敌。一些F-16战斗机在台湾岛内进行了相应的改装，以和RF-5E一起执行侦察任务。

中国台湾地区“空军”的运输机部队规模相对较小，主力机型是C-130H，装备了2个中队。E-2T预警机的职责是为各作战联队提供空中早期预警和控制能力，还有1架改装的C-130H专门执行电子战任务。比奇1900C则用于执行助航设备校准任务。另外一支运输机部队以台北松山机场为基地，用作VIP专机飞行队，装备波音737和福克F27

技术参数

乘员：1名
发动机：1台推力105.7千牛（23770磅）的普惠F100-PW-200涡扇发动机或者1台推力128.9千牛（28984磅）的通用电气F110-GE-100涡扇发动机
最高速度：2173千米/小时(1350英里/小时)
航程：1930千米(1200英里)
实用升限：15240米（50000英尺）
外形尺寸：翼展9.45米（31英尺）；机长15.09米（49英尺6英寸）；机高5.09米（16英尺8英寸）
起飞重量：16057千克（37500磅）
武器：一门通用电气20毫米（0.78英寸）M61A1多管机炮；翼尖导弹挂架可携带两枚导弹；另外外挂点可以携带9276千克（20450磅）武器。

▼ 通用动力/洛克希德·马丁公司 F-16A战隼，第5战术战斗机联队，花莲空军基地

中国台湾地区的战隼机群包含图中这架编号为93-0774的F-16 Block 20。通过“和平凤凰计划”，美国一共向中国台湾地区提供了150架F-16战斗机，于1997年到2001年交付。未来，中国台湾地区希望再次引进66架F-16C/D Block 52。

首脑专机。

中国台湾地区“空军”的搜索和救援任务由搜救中队负责，使用S-70C“蓝鹰”直升机（和美国空军的HH-60A类似）。S-70C搜救部队在其他各基地也有分遣队。中国台湾地区“空军”训练部队主要使用自制的AT-3喷气式教练机和T-34C，还有用来训练多发飞机机组人员的比奇1900。

中国台湾地区“海军航空兵”的基地位于花莲和屏东南，既装备固定翼飞机，也有直升机。原有的S-2T反潜机已经被12架P-3C取代。反潜直升机则包括MD500和S-70C“雷鹰”，这两种直升机都部署在中国台湾地区“海军”的战舰上。

“陆军”直升机

中国台湾地区“陆军航空兵”包括2个武装直升机联队，还有通讯和训练部队，以桃园龙潭和台南堀江为基地。其攻击能力主要由62架AH-1W武装直升机提供，还有30架AH-64D处于订单状态[①]。中国台湾地区“陆军航空兵”装备的直升机型号还包括：CH-47SD运输直升机、OH-58D搜索直升机、UH-1H通用直升机和TH-67训练直升机。

▲ **达索航空 幻影2000-5Ei**

照片中这架幻影2000-5战斗机服役于第2战术战斗机联队，基地位于新竹。中国台湾地区一共购买了60架各型幻影2000-5，目前还有46架单座的2000-5Ei型战斗机和11架双座的5Di型教练机留存下来。这些幻影战斗机可以发射“云母”和“魔术2”空对空导弹，也可以发射中国台湾地区自主研发的空地武器。在中国台湾地区“空军”部队中服役的幻影2000-5Ei是幻影-2000C家族中的最新改进型之一。

① 已经开始交付。

中国台湾地区“空军”

***第1战术战斗机联队（原第443战术战斗机联队）**		
第1战斗机作战队	F-CK-1A/B	台南空军基地
第3战斗机作战队	F-CK-1A/B	台南空军基地
第9战斗机作战队	F-CK-1A/B	台南空军基地
*有一支F-CK-1A/B分遣队部署于马公		
第2战术战斗机联队（原第499战术战斗机联队）		
第41战斗机作战队	幻影2000-5Ei/Di	新竹空军基地
第42战斗机作战队	幻影2000-5Ei/Di	新竹空军基地
第48战斗机换装训练队	幻影2000-5Ei/Di	新竹空军基地
*第3战术战斗机联队（原第427战术战斗机联队）		
第7战斗机作战队	F-CK-1A/B	清泉岗空军基地
第28战斗机作战队	F-CK-1A/B	清泉岗空军基地
*有一支F-CK-1A/B分遣队部署于马公		
第4战术战斗机联队（原第455战术战斗机联队）		
第21战斗机作战队	F-16A/B	嘉义空军基地
第22战斗机作战队	F-16A/B	嘉义空军基地
第23战斗机作战队	F-16A/B	嘉义空军基地
救援中队	S-70A	嘉义空军基地
第5战术战斗机联队（原第401战术混合联队）		
第12战术侦察机队	RF-5E，RF-16A	花莲空军基地
第17战斗机作战队	F-16A/B	花莲空军基地
第26战斗机作战队	F-16A/B	花莲空军基地
第27战斗机作战队	F-16A/B	花莲空军基地

第6早期预警联队（原第439混合联队）		
第10空运大队		
第101空运队	C-130H	屏东北空军基地
第102空运队	C-130H	屏东北空军基地
第20电战大队		
第2早期预警中队	E-2T	屏东北空军基地
第6电子战中队	C-130H（EW）	屏东北空军基地
第7战术战斗机联队（原第737战术战斗机联队）		
第44战斗机作战队	F-5E/F	台东空军基地
第45战斗机作战队	F-5E/F	台东空军基地
战术训练和发展中心		
第46战斗机作战队	F-5E/F	台东空军基地
松山空军基地指挥部		
特种运输中队	比奇1900C，福克F27	松山机场
VIP专机飞行队	波音737，福克F27	松山机场
空军学院		
基础训练大队	T-34C	冈山空军基地
战斗机/运输机训练大队	AT-3	冈山空军基地
基地飞行大队	比奇1900C	冈山空军基地

印度

印度空军、海军航空兵和陆军航空兵

印度空军（IAF）拥有1300架飞机，但不得不面对庞大的机群越来越落后的现实。印度空军已经着手开启现代化进程，主要是通过装备国外和本国制造的先进飞机，为空军加入新鲜血液。

由于经济不景气的现状和自主研发的国防项目遭遇困难，印度空军现代化进程明显放缓，典型代表是印度空军寄予厚望的“光辉”战斗机项目严重拖延，该机本来计划是作为米格-21的成功后继者，打算装备超过20个中队。如今，印度空军最重要的作战飞机是苏-30MKI，但数量庞大的米格-21依然在服役。除了米格-21，印度空军的美洲豹、幻影2000和米格-27都开始显现出老态。印度空军计划引进一种新型战

技术参数

乘员：1名

发动机：2台推力32.5千牛（7305磅力）的罗.罗/Turbomeca Adour Mk 811涡轮风扇发动机

最高速度：1699千米/小时（1056英里/小时）

航程：3524千米（2190英里）

实用升限：14000米（45931英尺）

外形尺寸：翼展8.69米（28英尺6英寸）；机长16.83米（55英尺2.5英寸）；机高4.89米（16英尺0.5英寸）

起飞重量：15700千克（34613磅）

武器：2门30毫米（1.18英寸）Aden MK.4机炮；可挂载4763千克（10500磅）武器。

▼ 欧洲战斗教练和战术支援飞机制造公司 美洲豹IT，第6中队，贾姆讷格尔

印度空军于上个世纪80年代早期引进了35架英国航空航天系统公司制造的美洲豹攻击机，图中正是其中之一，该机型在印度被叫作“沙姆谢尔”，而印度国产的美洲豹（由印度斯坦航空有限公司——HAL制造），得到“JS”的序列号。共有99架单座型美洲豹由HAL建造，这些攻击机装备了6个中队。

技术参数

乘员：2名

发动机：2台推力131千牛（27557磅力）的土星科研生产联合体（留里卡）AL-31FP涡扇发动机

最高速度：2500千米/小时（1533英里/小时）

航程：5000千米（3106英里）

实用升限：17300米（56800英尺）

外形尺寸：翼展14.7米（48英尺2.5英尺）；机长21.94米（72英尺11英寸）；机高6.36米（20英尺9英尺）

起飞重量：23900千克（54895磅）

武器：1门30毫米（1.18英寸）GSh-3-1机炮，可挂载空对空和反舰导弹。

▼ 苏霍伊设计局 苏-30MKI，第30中队，普纳

图中是最新的苏-30MKI Phase II型，是第四批交付给印度的苏-30MKI战机，该型机装备鸭翼和矢量发动机——土星 AL-31FP。图中这架苏-30MKI携带一枚Kh-31P反辐射导弹。

印度空军战斗机部队

中区空军司令部（CAC），总部位于阿拉哈巴德		
第1中队	幻影2000H/TH	瓜廖尔
第7中队	幻影2000H/TH	瓜廖尔
第8中队	苏-30MKI	巴雷利
第9中队	幻影2000H/TH	瓜廖尔
第16中队	美洲豹IS	戈勒克布尔
第24中队	苏-30MKI	巴雷利
第27中队	美洲豹IS	戈勒克布尔
第27中队	米格-27M	巴克什卡塔拉卜
印度空战学校	米格-27	瓜廖尔（TACDE）
东区空军司令部（EAC），总部位于西隆		
第2中队	苏-30MKI	提斯普尔
第18中队	米格-27	卡莱昆达
第222中队	米格-27	哈希马拉
米格战机操作与训练分队（MOFTU）	米格-21FL	提斯普尔
西区空军司令部（WAC），总部位于巴勒姆		
第3中队	米格-21 Bison	安巴拉
第5中队	美洲豹IS	安巴拉
第14中队	美洲豹IS	安巴拉
第17中队	米格-21M	贝希亚纳
第21中队	米格-21 Bison	锡尔萨
第22中队	米格-27	海瓦拉
第26中队	米格-21bis	未知
第31中队	苏-30MKI	海瓦拉?
第37中队	米格-21M	未知
第47中队	米格-29	阿达姆普尔
第48中队	安-32	昌迪加尔
第51中队	米格-21 Bison	斯利那加
第108中队	米格-21M	伯坦果德
第223中队	米格-29	阿达姆普尔
西南空军司令部（SWAC），总部位于甘地讷格尔		
第4中队	米格-21 Bison	县北莱
第6中队	美洲豹IM/IS	贾姆讷格尔
第10中队	米格-27	焦特布尔
第15中队	米格-21bis	普杰
第20中队	苏-30MKI	普纳
第23中队	米格-21 Bison	苏拉特加尔
第28中队	米格-29	贾姆讷格尔
第29中队	米格-27	焦特布尔
第30中队	苏-30MKI	普纳
第32中队	米格-21 Bison	焦特布尔
第101中队	米格-21M	纳里亚
第224中队	美洲豹IS	贾姆讷格尔

▲ 欧洲战斗教练和战术支援飞机制造公司 美洲豹IS

图中这架美洲豹IS属于印度空军第14中队，基地位于安巴拉。除了单座的对地攻击型，印度空军还装备有双座的转换训练型美洲豹IB、单座的雷达型美洲豹IM——为执行海上攻击任务专门设计的机型，装备位于贾姆讷格尔的一个中队。

技术参数

乘员：1名
发动机：2台推力81.4千牛（18298磅力）的萨尔基索夫RD-33涡扇发动机
最高速度：2443千米/小时（1518英里/小时）
航程：1500千米（932英里）
实用升限：17000米（55775英尺）
外形尺寸：翼展11..36米（37英尺3.75英尺）；机长（包括空速管）17.32米（56英尺10英寸）；机高4.73米（15英尺6英寸）
起飞重量：18500千克（40785磅）
武器：1门30毫米（1.18英寸）GSh-30机炮，可挂载4500千克（9921磅）武器

▼ **米高扬-格列维奇设计局 米格-29，第223中队，阿达姆普尔**

印度空军是米格-29战斗机的第一个海外用户，剩余的大约50架该型机现在正进行现代化改造，使其增加15年的服役寿命，改装项目有：更换多模式的Zhuk-ME雷达和卡里莫夫RD-33发动机，采用新的航电系统和座舱显示器，增加空中受油能力。

▲ **英国航空航天系统公司 鹰Mk132**

印度一共引进了66架鹰式高级教练机，这些教练机于2008年加入现役。英国航空航天系统公司负责建造首批24架，剩余的42架由本国的印度斯坦航空有限公司继续建造。引进鹰式教练机是印度空军训练部队升级计划的一部分，该计划还包括生产本国的HAL HJT-36喷气式教练机，以这两种机型取代老旧的HJT-16“基兰”MkI和MkII。

斗机，即“中型多用途作战飞机计划”，按照该计划，至少需要采购126架新飞机。与此同时，印度空军计划将现有的米格-21bis升级到Bison型的性能水平，米格-27也有现代化改进计划。而幻影和米格-29战斗机则继续进行航电系统的升级。按许可证生产苏-30MKI已经迈入正轨，引进的A-50EI和伊尔-78MKI分别满足了印度空军急需的空中早期预警和空中加油能力要求，而且还有6架A330加油机处于订单状态。印度空军的运输机部队也将随着6架C-130J的引入，得到彻底的更新。

印度空军司令部的总部位于德里，受空军参谋长的领导。印度空军总司令部下辖5

个行动司令部，每个行动司令部由一位将级空军司令掌管。除此之外，印度空军还有两个功能性司令部，即训练司令部和维修司令部，用来维持战备系统。

规模最大的行动司令部是西区空军司令部（WAC），负责指挥防空和对地攻击中队，还负责德里、查谟和克什米尔的空中防御。该司令部的总部位于巴勒姆，印度的航空研究中心、试验联队和要员专机中队“珀加索斯”也部署在这里。西南空军司令部（SWAC）主要负责防空，但也拥有一支攻击部队。中区空军司令部（CAC）负责指挥大部分运输机部队，拥有装备安-32、Do228和伊尔-76的中队及装备米-8/17、米-26的直升机中队。东区空军司令部（EAC）负责指挥边境地区的空军部队，包括印度与孟加拉、缅甸和中国的边境区域。南区空军司令部（SAC），总部位于喀拉拉邦，是所有行动司令部中最小的，目前处于缺乏作战飞机的状态。

印度空军训练司令部的总部位于卡纳塔克邦的班加罗尔，其装备正在更新中，印度通过“高级喷气式教练机计划”引进了66架鹰Mk132，该计划还涉及印度本国生产的教练机。印度计划通过这两种机型——鹰和国产的HJT-36“西塔拉”教练机，取代现有的HJT-16“基兰”和HPT-32“迪帕克”教练机。印度国产的北极星式“先进多用途轻型直升机”目前主要用于训练，而印度空军开发这种直升机的主要目的本是想替换老旧的“猎豹”和“印度豹”，当作通用直升机使用。印度空军其他的直升机型号包括米-25/35，装备了2个中队。

海军航空兵

印度海军航空兵分为陆基海军航空兵和舰载航空分队，包括“维拉特”号航空母舰的舰载机部队。印度海军的新航母“维克

技术参数
乘员：3名
发动机：2台1454千瓦（1950马力）卡里莫夫TV3-117Mt 轴发动机
最高速度：260千米/小时（156英里/小时）
航程：960千米（596英里）
实用升限：4500米（14765英尺）
外形尺寸：螺旋桨直径21.29米（69英尺10英寸）；机长18.17米（59英尺7英寸）；机高5.65米（18英尺6英寸）
起飞重量：11100千克（24470磅）
武器：6个外挂架可以挂载1500千克（3300磅）的武器，包括57毫米（2.24英尺）S-5火箭弹，炸弹，或者9M17 Phalange 反坦克导弹。

▼ 米里设计局 米-8，第109直升机部队，哥印拜陀市
印度在1970-1980年间一共引进了80架米-8直升机，图中所示的是其中之一。在中型直升机通用运输领域，米-8（在印度叫作“拉娜”）正在被米-17所取代，并且在2008年印度和俄罗斯达成了一笔交易，俄罗斯将提供80架米-17V-5。

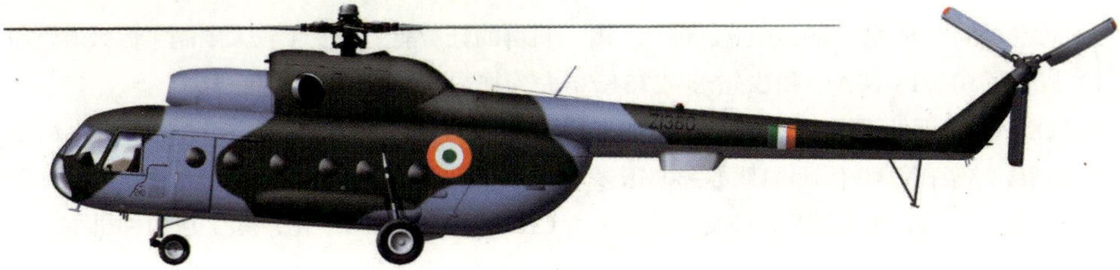

拉姆帝亚”号准备搭载米格-29K舰载战斗机。而目前的“维拉特”号航空母舰搭载的是海鹞战斗机和海王反潜直升机、卡-31空中早期预警直升机、还有“印度豹”通用直升机。印度海军较小的战舰则搭载卡-28直升机。印度陆基海上巡逻飞机包括Do228、伊尔-38、岛民和图-142，除此之外，印度海军又订购了8架先进的P-8A“波塞冬”反潜巡逻机。目前“北极星”直升机也进入印度海军服役，以取代“印度豹”。印度海航训练部队主要依靠HPT-32和HJT-16教练机。主要的海军航空设施位于阿拉考奈姆、孟买、科钦、克拉巴和高阿-德布劳民。

印度陆军航空兵的主要装备是“猎豹”和“印度豹”直升机，但也在接收越来越多的“北极星”直升机。

技术参数

乘员：1名

发动机：1台推力73.5千牛（16535磅力）的图曼斯基R-25涡轮喷气发动机

最高速度：2229千米/小时（1385英里/小时）

航程：1160千米（721英里）

实用升限：17500米（57400英尺）

外形尺寸：翼展7.15米（23英尺5.5英寸）；机长（包含空速管）15.76米（51英尺8.5英寸）；机高4.1米（13英尺5.5英寸）

起飞重量：10400千克（22925磅）

武器：在机腹下部装1门23毫米（0.9英寸）GSh-23双管机炮，载弹量约1500千克（3307磅）。

▼ 印度斯坦航空有限公司（米高扬-格列维奇设计局）米格-21 Bison，第3中队，安巴拉

图中这架经过改进的Bison型米格-21战斗机在2008年之后属于第3中队。Bison型通过使用Kopyo多模式雷达和R-77导弹，具有进行超视距空战的能力。其他改进还包括安装一台以色列制造的平视显示器，采用握杆操纵技术（HOTAS）和多功能座舱显示器。

印度尼西亚

印度尼西亚空军

作为东南亚最大的国家，印度尼西亚的空中力量主要为印度尼西亚国防军空军（TNI-AU），其空中作战司令部分为东、西两个区域。

印尼空军的骄傲是它的战斗机部队，共装备了10架F-16A/B和少量苏-27SK/苏-30MK。后者正处于缓慢交付状态，已有2架苏-27SK（3架在订购中）和4架苏-30MK多用途战斗机（一共订购了5架）入役。受国际武器禁运的影响，印尼空军原有的F-16和F-5机群的任务能力遭受了较大限制。据报道，印尼空军只有4架F-5E还在现役中。

由于要覆盖数量众多的的岛屿，运输机对于印尼非常重要，因此印尼空军呼吁将CN235和C-212国产化，除了这两种机型，目前印尼空军还拥有8架C-130B、2架KC-130B

加油机和少量DHC-5。

印尼空军的初级教练机是SA 202和SF 260，之后飞行学员将会转到KT-1B“黄蜜蜂”飞机上继续训练（该机型正在被T-34取代）。鹰Mk53教练机受限于机况不佳，大部分都停飞在地面。鹰Mk109教练机的机况要好一些，而鹰Mk209型仍然被印尼空军用于打击叛乱武装和低强度对地攻击。直升机飞行员训练主要依靠EC120，该机型取代了贝尔47，成为了印尼空军主要装备的轻型直升机，在印尼本国组装并使用的运输直升机包括贝尔412、BO105、美洲豹和超级美洲豹。

技术参数

乘员：2名

发动机：2台推力131千牛（27557磅力）的土星科研生产联合体（留里卡）AL-31FP涡扇发动机

最高速度：2.35马赫（2500千米/小时；1533英里/小时）

航程：5000千米（3106英里）

实用升限：17300米（56800英尺）

外形尺寸：翼展14.7米（48英尺2.5英尺）；机长21.94米（72英尺11英寸）；机高6.36米（20英尺9英尺）

起飞重量：23900千克（54895磅）

武器：1门30毫米（1.18英寸）GSh-3-1机炮，可挂载空对空和反舰导弹。

▼ **苏霍伊设计局 苏-30MK，第11中队，哈萨奴丁**

图中所示的TS-3002号是首批交付给印尼的2架苏-30MK之一，该机于2008年12月交付，是印尼空军A-4“天鹰”攻击机（2004年退役）的继任者。第11中队以哈萨奴丁为基地，位于苏拉威西岛。

日本

日本航空、海上和陆上自卫队

日本的三支空中力量分别是航空自卫队、海上自卫队和陆上自卫队，它们都能获得非常先进的飞机。

日本航空自卫队（JASDF）的主战力量是12个战斗机飞行队（中队规模），都受航空自卫队的航空总队司令部司令指挥。12个战斗机飞行队中有9个是战斗–截击部队，3个是战斗支援部队，但这3个战斗支援部队——第3、第6和第8飞行队也负责保持防空警戒。战斗机飞行队受到航空总队所属的空中早期预警、侦察和假想敌训练部队的支援。

航空总队对日本进行防御的基础是4个地区性的航空方面队，每个航空方面队都拥有2个战斗机航空团（联队规模），每个典型的航空团都下辖2个飞行队。只有较小的西南航空混合团，被指定做为一个复合机构。

隶属于航空总队下属的航空支援集团，其司令部位于东京都府中市，负责指挥运输、搜救和飞行检查单位，拥有1个航空救难团（联队规模）4个输送航空队（大队规模），这4个输送航空队分别是：第1输送航空队，司令部位于小牧基地；第2输送航空队，司令部位于入间基地；第3输送航空队，司令部位于美保基地；还有1个特别航空输送队，司令部位于千岁基地。航空救难团下辖第11飞行队，装备UH-60J直升机和U-125A飞机。

航空支援集团还拥有4个独立的直升机飞行队，装备CH-47J。位于小牧基地的第1输送航空队下辖1个装备C-130H运输机的飞行队（第401飞行队）和1个装备KC-767加油机的飞行队（第404飞行队）。位于入间基地的第2输送航空队下辖1个装备C-1和U-4的飞行队（第402飞行队）。位于美保基地的第3输送航空队下辖1个装备C-1、YS-11P和YS-11NT飞机的飞行队（第403飞行队）和1个装备T-400的训练飞行队（第41教育飞行队）。飞行点检队（中队规模）装备YS-11FC和U-125飞机，位于入间基地。最后，特别航空输送队位于千岁基地，下辖1个装备波音747-47C的要员专机

技术参数

乘员：2名
发动机：2台推力79.4千牛（17900磅）的通用电气J79-GE-17涡喷发动机
最高速度：2390千米/小时（1485英里/小时）
航程：2600千米（1615英里）
实用升限：18300米（60000英尺）
外形尺寸：翼展11.7米（38英尺5英寸）；机长19.2米（63英尺）；机高5米（16英尺6英寸）
起飞重量：28030千克（61795磅）
武器：一门20毫米（0.78英寸）M61A1机炮，和4枚AIM-7麻雀空空导弹9个外挂点，最大载弹量8480千克（18695磅），可发射AGM-65D/G小牛空对地导弹，AGM-88“哈姆”高速反辐射导弹，激光制导炸弹，通用自由落体炸弹和集束炸弹等空对地攻击武器。

▼ 三菱重工业株式会社 F-4EJ 鬼怪II，第3航空团，第8飞行队，三泽基地

图中所示的27-8306号F-4于2004年在第8飞行队服役，但是该单位现在已经换装F-2，这架鬼怪战斗机被封存在三泽基地。日本空自的F-4EF进行过“Kai”升级，该升级包括更换AN/APG-66J脉冲多普勒雷达，从而使战机具备了下视下射能力。

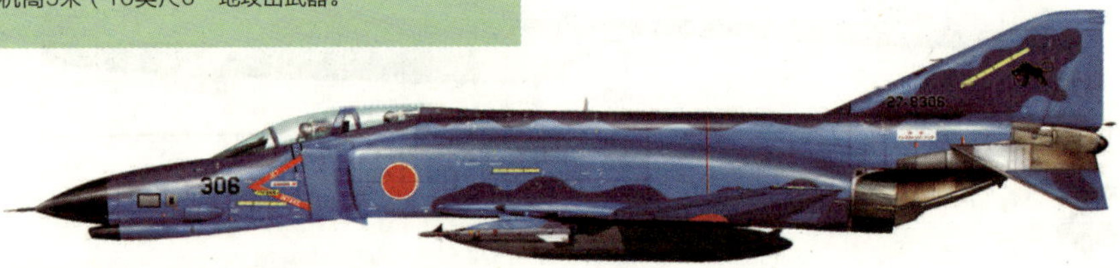

技术参数

乘员：1名
发动机：2台推力105.7千牛（23830磅）的普惠F100-PW-220/220E涡扇发动机
最高速度：3000千米/小时（1875英里/小时）
航程：5745千米（3570英里）
实用升限：19800米（65000英尺）
外形尺寸：翼展13.05米（42英尺9英寸）；机长19.43米（63英尺9英寸）；机高5.68米（18英尺7英寸）
起飞重量：20500千克（45155磅）
武器：1门20毫米（0.79英寸）M61A1火神机炮，武器挂架可以携带7300千克（16000磅）武器，包括导弹，炸弹，副油箱，各种吊舱和火箭弹。

▼ 三菱重工业株式会社（麦克唐纳·道格拉斯/波音综合国防系统集团） F-15J鹰，第7航空团，第305飞行队，茨城县百里基地

日本空中自卫队一共引进了213架F-15J/DJ，图中所示的52-8849号是其中之一。这些飞机当中，首批2架F-15J和14架双座的F-15DJ是在美国本土生产的，之后由三菱重工完成了全部产量。

航空自卫队 航空总队，司令部位于东京都府中市					
北部航空方面队，司令部位于青森县三泽基地			**第8航空团，福冈县筑城基地**		
北部航空方面队司令部飞行队	T-4	三泽基地	第6飞行队	F-2A/B，T-4	筑城基地
第2航空团，北海道千岁基地			第304飞行队	F-15J/DJ，T-4	筑城基地
第201飞行队	F-15J/DJ，T-4	千岁基地	**西南航空混合团，司令部位于冲绳县那霸市**		
第203飞行队	F-15J/DJ，T-4	千岁基地	西南支援飞行班	T-4	那霸基地
第3航空团，青森县三泽基地			**第83航空队（大队规模），冲绳县那霸市**		
第3飞行队	F-2A/B，T-4	三泽基地	第204飞行队	F-15J/DJ，T-4	那霸基地
第8飞行队	F-2A/B，T-4	三泽基地	**指挥-评价部队**		
北部支援飞行班	T-4	三泽基地	司令部飞行队	T-4，U-4	入间基地
中部航空方面队，司令部位于入间基地			电子对抗支援飞行队	EC-1，YS-11EA	入间基地
第6航空团，石川县小松基地			电子情报飞行队	YS-11EB	入间基地
第303飞行队	F-15J/DJ，T-4	小松基地	**侦察航空队，百里基地**		
第306飞行队	F-15J/DJ，T-4	小松基地	第501飞行队	RF-4E/EJ，T-4	百里基地
第7航空团，茨城县小美玉市百里基地			飞行教导队	F-15DJ，T-4	新田原基地
第302飞行队	F-4EJ，T-4	百里基地	**飞行教育航空队**		
第305飞行队	F-15J/DJ，T-4	百里基地	第23飞行队	F-15D/DJ，T-4	新田原基地
西部航空方面队，司令部位于福冈县春日基地			**警戒航空队，三泽基地**		
西部航空方面队司令部飞行队	T-4	春日基地	飞行警戒监视队	E-2C	三泽基地
第5航空团，新田原基地			飞行警戒管制队	E-767	滨松基地
第301飞行队	F-15J/DJ，T-4	新田原基地			

运输飞行队（第701飞行队）。

另外还有航空教育队和航空开发实验集团。飞行员训练先从第11飞行教育团或第12飞行教育团的T-7教练机开始，战斗机飞行员将会在T-4喷气式教练机（属于第13飞行教育团和第1飞行教育队）上继续进行飞行训练，而运输机机组成员则在T-400教练机（属于第41教育飞行队）上进行训练。

日本空中自卫队计划引进新型战斗机以取代现有的F-4EJ，即已经制订的“F-X”战斗机计划。另外还研制了一种新型运输机——C2，以取代现有的C-1和C-130。

海上自卫队航空集团

日本海上自卫队航空集团的司令部位于厚木航空基地，基础编制是航空群（联队规模），每个航空群下辖一定数量的航空队。大部分作战单位都装备有P-3C以执行陆基海上巡逻任务，或装备SH-60J/K直升机，这些直升机部署在海上自卫队的战舰上。P-3巡逻机最终会被日本国产的P-1所取代。大部分海上自卫队航空群都辖有航空基地队，装备UH-60J直升机，以执行搜救任务。海上自卫队共有7个航空群，其中4个航空群装备固定翼飞机（P-3C），分别部署于鹿屋航空基地、八户航空基地、厚木航空基地和那霸航空基地；2个航空群装备直升机（SH-60J/K），部署于馆山航空基地和大村航空基地。独立的第31航空群（部署于岩国航空基地）是一支混合部队，装备US-1和US-2水上飞机、各型P-3反潜巡逻机、LC-90空中国王、U-36里尔喷气、SH-60和TH-135教练直升机。此外还有3个独立的航空队作为指挥-评价部队，包括第51航空队（厚木航空基地），装备P-3、SH-60和OH-6；第61航空队（厚木航空基地），装备YS-11和LC-90；第111航空队，是一支特种扫雷部队，正在用MCH-101和CH-101直升机更换其现有的MH-53E。

日本陆上自卫队的航空部队分布在5个方面队内（军区规模），包括北部、东北、东部、中部和西部方面队。每个方面队都拥有：1个方面队司令部飞行队，装备固定翼的LR-1和LR-2（分别是日本三菱公司许可证生产的MU-2和比奇200飞机）；1个直升机飞行队，装备UH-1和OH-6直升机；还有1个反坦克直升机飞行队，装备AH-1S和OH-6D。陆上自卫队的每个师团都辖有1个观测飞行队，一般装备OH-6D直升机。陆上自卫队计划用新型武装直升机AH-64DJP取代了现有的AH-1S，而日本国产的OH-1侦察直升机也已经投入现役，成为OH-6的有效补充，其交付数量还在增加中。陆上自卫队的运输主要依靠CH-47J和UN-60J中型直升机，这两种直升机分别取代了原有的KV-107和UH-1。

技术参数

乘员：1名
发动机：2台推力105.7千牛（23830磅）的普惠F100-PW-220/220E涡扇发动机
最高速度：3000千米/小时（1875英里/小时）
航程：5745千米（3570英里）
实用升限：19800米（65000英尺）
外形尺寸：翼展13.05米（42英尺9英寸）；机长19.43米（63英尺9英寸）；机高5.68米（18英尺7英寸）
起飞重量：20500千克（45155磅）
武器：1门20毫米（0.79英寸）M61A1火神机炮，武器挂架可以携带7300千克（16000磅）武器，包括导弹，炸弹，副油箱，各种吊舱和火箭弹。

▼ 三菱重工业株式会社（麦克唐纳·道格拉斯/波音综合国防系统集团）F-15DJ鹰，第8航空团，第304飞行队，福冈县筑城基地

日本的F-15D/DJ机群都经过了中期寿命改进，改进项目包括换用本国按许可证生产的F110-PW-220发动机、一个改进的弹射座椅和一台现代化的AN/APG-63U雷达。日本的鹰式战斗机也可以装备本国产的航空武器。

老挝

老挝人民解放军空军

老挝人民解放军空军（LPLAAF）以一支小规模的运输机和直升机部队为基础，基地位于鹿港、巴色、沙湾拿吉、万象和川圹。

如今，老挝人民解放军空军中的喷气式战斗机已全部退役。其组织结构的基础是4个军区，总部位于万象。仍在使用的飞机有安-2、安-24/26和1架安-74运输机、部分米-8/17、米-26和直-9直升机，还有1架雅克-40用于执行要员专机运输任务。

技术参数

乘员：1名

发动机：1台推力60.5千牛（13610磅）的图曼斯基R-11F2S-300加力涡轮喷气发动机

最高速度：2229千米/小时（1385英里/小时）

航程：1670千米（1037英里）

实用升限：19000米（62335英尺）

外形尺寸：翼展7.15米（23英尺5.5英寸）；机长（包含空速管）14.5米（47英尺7英寸）；机高4.1米（13英尺5.5英寸）

起飞重量：7800千克（17195磅）

武器：在机腹下部装1门23毫米GSh-23双管机炮，还有2枚K-13A（R-3S）空对空导弹或者2枚500千克（1102磅）炸弹。

▼ 米高扬-格列维奇设计局 米格-21PFM，截击航空团，万象

老挝人民解放军空军以前装备有15架米格-21PFM和双座的米格-21US教练机，还有15架改进型的米格-21bis战斗机，这些都是在上个世纪八十年代中期从苏联引进的。

马来西亚

马来西亚皇家空军

马来西亚皇家空军（RMAF或TUDM）拥有一支现代化的作战和支援飞机部队，基地主要位于马来半岛和婆罗洲。

马来西亚皇家空军的作战飞机包括：18架苏-30MKM、10架米格-29、8架F/A-18D、7架F-5E/F，13架用于对地攻击的鹰Mk208以及2架用于侦察的RF-5E。除了这些之外，还有MB339和鹰Mk108高级教练机。运输机部队主要使用C-130和CN235，使用最多的直升机型号则是S-61A“努里”。

技术参数
乘员：2名
发动机：2台推力131千牛（27557磅力）的土星科研生产联合体（留里卡）AL-31FP涡扇发动机
最高速度：2500千米/小时（1533英里/小时）
航程：3000千米（1864英里）
实用升限：17300米（56800英尺）
外形尺寸：翼展14.7米（48英尺2.5英尺）；机长21.94米（72英尺11英寸）；机高6.36米（20英尺9英尺）
起飞重量：23900千克（54895磅）
武器：1门30毫米（1.18英寸）GSh-3-1机炮，可挂载空对空和反舰导弹。

▼ 苏霍伊设计局 苏-30MKM，第11中队，巩科达克

马来西亚一共购买了18架苏-30MKM（2003年订购，2007年开始交付），图中所示的苏-30MKM战斗机是其中之一。这些多用途战斗机使用了源自法国、印度和以色列的机载设备。

缅甸

缅甸空军

缅甸空军拥有一支发展中的作战和支援飞机部队，其装备主要来自中国和俄罗斯的战斗机，以及波兰提供的直升机。

缅甸空军主要的作战机型是由中国提供的，包括强-5攻击机、歼-6和歼-7战斗机。这些老式的战斗机正处于被米格-29取代的过程中。缅甸空军还有G-4超级海鸥和K-8教练机，用来提供高级飞行训练。缅甸空军使用的主要直升机型号是米-2、米-17、UH-1和W-3。

技术参数
乘员：1名
发动机：2台推力81.4千牛（18298磅力）的萨尔基索夫RD-33涡扇发动机
最高速度：2443千米/小时（1518英里/小时）
航程：1500千米（932英里）
实用升限：17000米（55775英尺）
外形尺寸：翼展11..36米（37英尺3.75英尺）；机长（包括空速管）17.32米（56英尺10英寸）；机高4.73米（15英尺6英寸）
起飞重量：18500千克（40785磅）
武器：1门30毫米（1.18英寸）GSh-30机炮，可挂载4500千克（9921磅）武器

▼ 米高扬-格列维奇设计局 米格-29，缅甸空军，山特

缅甸空军原计划引进10架米格-29战斗机，图中所示是其中之一。之后，缅甸又在购买清单上添加了米格-29SMT。这些米格-29装备1个位于山特的未知单位，基地在密铁拉市附近。

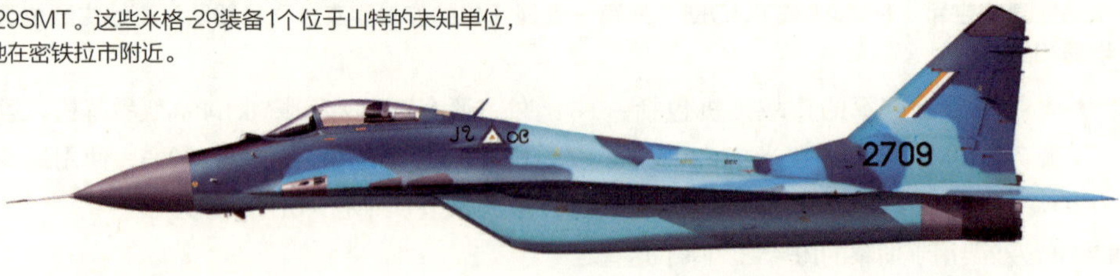

尼泊尔

尼泊尔陆军航空兵

尼泊尔没有独立的空军，只有尼泊尔喜马拉雅王国陆军维持着一支主要装备直升机的航空部队。这些直升机都属于第11旅（陆军航空联队）。

尼泊尔陆军航空联队的飞机以加德满都-特里布万为基地，但有遍布全国的36个辅助机场可以使用。陆航联队使用的机型包括：AS350、贝尔206、印度豹/枪骑兵，猎豹和米-17直升机，还有少量的固定翼飞机，包括HS748、岛民、M-28和运-7。

技术参数

乘员：3名
发动机：2台1545千瓦（2225马力）卡里莫夫TV3-117VM轴发动机
最高速度：250千米/小时（156英里/小时）
航程：950千米（594英里）
实用升限：6000米（19690英尺）
外形尺寸：螺旋桨直径21.35米（69英尺10英寸）；机长18.42米（60英尺5英寸）；机高4.76米（15英尺7英寸）
起飞重量：11100千克（24470磅）
武器：6个外挂架，可携带1500千克（3300磅）炸弹，火箭和机炮吊舱

▶米里设计局 米-171MTV-5，第11旅，加德满都

尼泊尔于2002年1月引进了第一批2架米-171MTV-5。在那之后，尼泊尔一共获得了4-6架该型直升机，但其中至少有1架因为不明原因注销。

朝鲜

朝鲜民主主义人民共和国空军

朝鲜民主主义人民共和国空军（DPRKAF）是世界上最神秘的空中力量之一，主要使用来自中国、苏联和俄罗斯的飞机，司令部位于平壤，至少拥有25个军事机场。

尽管朝鲜空军拥有大量的飞机，但现在其勤务状况不得而知。作战飞机型号包括歼-5、歼-6、歼-7、米格-21、米格-23、米格-29、强-5、苏-7和苏-25，此外还有一些运输机和教练机。

技术参数

乘员：1名
发动机：2台推力81.4千牛（18298磅力）的萨尔基索夫RD-33涡扇发动机
最高速度：2443千米/小时（1518英里/小时）
航程：1500千米（932英里）
实用升限：17000米（55775英尺）
外形尺寸：翼展11..36米（37英尺3.75英尺）；机长（包括空速管）17.32米（56英尺10英寸）；机高4.73米（15英尺6英寸）
起飞重量：18500千克（40785磅）
武器：1门30毫米（1.18英寸）GSh-30机炮，可挂载4500千克（9921磅）武器

▼ 米高扬-格列维奇设计局 米格-29，第55航空团，顺川

朝鲜空军获得了一批未知编号的米格-29战斗机。这些米格-29都属于第55航空团的1个独立中队，该团是第1作战飞机师团的一部分。

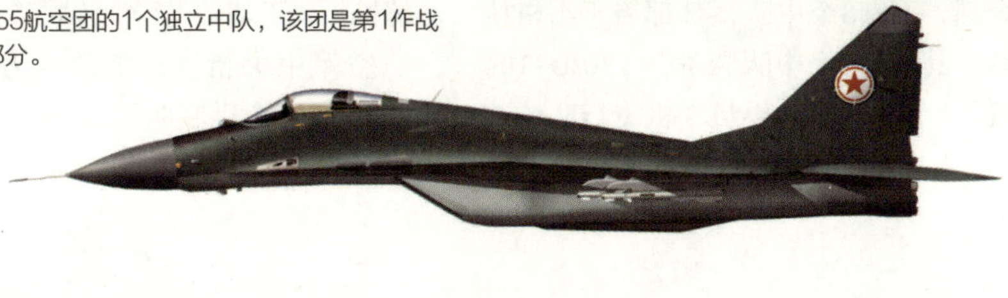

菲律宾

菲律宾空军

菲律宾空军的作战能力随着F-5喷气式战斗机的退役而被削弱。目前该国空军尽量利用手头的力量从事禁毒、运输和训练任务。

菲律宾空军采用和美国空军相似的组织架构，使用OV-10和武装的MD520直升机从事反叛乱（COIN）任务；使用C-130、F27、岛民和“牧民”飞机从事运输和海上巡逻任务；直升机部队使用S-70、S-76和UH-1H。飞行训练部队使用S211喷气式飞机，初级训练使用SF260和T-41。另外还购买了W-3直升机，用于训练直升机飞行员。

技术参数

乘员：1名
发动机：2台推力18.1千牛（4080磅）的通用电气J85-GE-13涡轮喷气发动机
最高速度：1487千米/小时（924英里每小时）
航程：3720千米(2311英里）
实用升限：15390米（50500英尺)
外形尺寸：翼展8.13米(26英尺8英尺)、机长14.45米(47英尺4.75英寸)、机高4.07米(13英尺4.5英寸)
起飞重量：9374千克（20667磅）
武器：2门20毫米（0.79英寸）M39机炮；可携带1996千克（4400磅）重的武器（包括导弹、炸弹、集束炸弹、火箭发射巢）。

▼ 诺斯洛普·格鲁曼公司 F-5A自由战斗机，第5战斗机联队，第6战术战斗机中队，波沙

图中所示的是一架菲律宾于1966年引进的F-5A战斗机，当时一共引进了19架（和另外3架双座的F-5B一起交付），这些战斗机一直服役到了90年代中期，目前已经全部退役，装备部队也已经解散。

巴基斯坦

巴基斯坦空军、陆军航空兵和海军航空兵

巴基斯坦空军（PAF）分为中央、北部和南部空军指挥总部，每个指挥总部包含2个或3个飞行联队及其下属的各飞行中队。

除了地区空军指挥总部外，巴基斯坦空军还拥有：1所空军学院，位于里萨尔普尔；1个混合运输联队——第35航空运输联队，该联队直接隶属于巴基斯坦空军司令部，下辖3个中队，都部署于杰格拉拉机场。其中，1个中队装备C-130/L-100运输机；1个中队作为要员专机飞行队（装备F27、猎鹰20、波音707和湾流IV、湾流350）；最后1个中队装备赛斯纳172、派珀PA-34和运-12联络机。巴基斯坦空军学院装备MFI-17“木沙克”初级教练机（属于初级飞行训练联队），还有T-37和K-8喷气式教练机（属于基础飞行训练联队）。

空军中央指挥总部的兵力包含2个联队：第34战斗机联队，位于拉菲克空军基地，下辖1个歼-7P/歼教-7P战斗机中队、2

个幻影III/5中队、1个幻影5中队和1个云雀III直升机中队；第38多用途联队，位于萨果达市穆萨夫空军基地，辖2个F-16A/B战斗机中队、1个猎鹰20电子战/电子对抗训练中队，1个云雀直升机中队（搜救/联络中队）。

巴基斯坦空军3个地区空军指挥总部中规模最大的是北部指挥总部，主要指挥战斗机和攻击机部队，包括：第33多用途联队，位于卡尔马空军基地，兵力包括：1个歼-7P/歼教-7P中队、1个幻影III/5中队、1个云雀直升机中队和1个装备新型战斗机JF-17“雷电”[①]的测试单位；第36战术攻击联队，位于白沙瓦空军基地，该联队专门负责对地攻击，兵力包括：1个强-5C攻击机中队、1个JF-17中队和2个云雀直升机中队；第37作战培训联队，位于米安瓦利，兵力包括：2个装备歼-7P/歼教-7P战斗机的作战培训中队，1个装备歼教-5教练机的高级培训中队和1个云雀直升机中队。

南部指挥总部兵力包括：第31飞行联队，以基达为基地，但该联队有1个下属中队（装备歼-7P/歼教-7P喷气式战斗机）位于拉菲克空军基地。2个以基达为基地的中队也装备歼-7P/歼教-7P，还有1个云雀直升机中队；第32战斗机/对地攻击机联队是巴基斯坦空军最大的联队，下辖5个中队，其中3个中队装备幻影III/5，1个中队装备歼-7P/歼教-7P，还有1个中队装备云雀和米-171直升机。目前大部分空军基地都维持着一支装备MFI-17的基地飞行队。

陆军和海军航空兵

巴基斯坦陆军航空兵装备AH-1F/S、云雀II/III、AS350、贝尔206、贝尔412、米-17、美洲豹和UH-1H等直升机，MFI-17、运-12固定翼飞机和少量要员专机。巴基斯坦海军航空兵装备“大西洋”、“防御者”飞机、F27和P-3C海上巡逻机，还有云雀III和海王Mk45直升机，这些飞机除以岸上的沙拉·费萨尔为基地外，另外还部署于卡拉奇附近的迈赫兰(PNS Mehran)海军基地。

技术参数

乘员：1名

发动机：1台推力105.7千牛（23770磅）的普惠F100-PW-200涡扇发动机或者1台推力128.9千牛（28984磅）的通用电气F110-GE-100涡扇发动机

最高速度：2173千米/小时(1350英里/小时)

航程：1930千米(1200英里)

实用升限：15240米（50000英尺）

外形尺寸：翼展9.45米（31英尺）；机长15.09米（47英尺8英寸）；机高5.09米（16英尺8英寸）

起飞重量：19187千克（42300磅）

武器：一门通用电气20毫米（0.79英寸）M61A1多管机炮；7个外挂点可以携带9276千克（20450磅）武器。

▼ 通用动力/洛克希德·马丁公司 F-16A战隼，第38多用途联队，萨果达

图中所示的81-0921号F-16A战斗机于1991年注销之前在第38多用途联队服役。该机的2个战果标志是在80年代击落2架阿富汗战斗机。巴基斯坦空军计划引进24架新战斗机——先进的F-16C/D Block 50/52。

①中国制“枭龙”战斗机。

新加坡

新加坡共和国空军

作为东南亚经济实力最雄厚的国家之一，新加坡的空中力量拥有较新的装备和较高的训练水平，并且维持着长期的海外驻军。

新加坡共和国空军（RSAF）最重要的作战飞机是先进的F-16 Block 52型战斗机，不久后还将加入24架F-15SG打击战斗机。仍然在服役的F-5喷气式战斗机已经在本国升级到F-5S/T和RF-5S的性能水平。目前新加坡空军的F-5和F-16机群都可以得到KC-135R加油机和E-2C空中早期预警机的支援。

一些新加坡空军的训练部队位于海外，可在美国使用F-15、F-16、AH-64和CH-47训练，在澳大利亚可使用S211教练机和美洲豹直升机训练，还可以在法国使用A-4SU/TA-4SU教练机训练。

新加坡空军使用福克50MPA执行海上巡逻任务，还拥有20架AH-64D武装直升机和CH-47SD、S-70B运输直升机，以支援陆军部队。新加坡本土的飞行员训练部队依靠的是EC120和AS550直升机，还有S211和PC-21。运输部队主要装备美洲狮和超级美洲豹直升机、C-130H、KC-130B/H加油/运输机和福克50。

技术参数

乘员：2名
发动机：2台推力131千牛（29400磅）的通用电气F110-GE-129涡扇发动机
最高速度：2660千米/小时（1653英里/小时）
航程：3900千米（2400英里）
实用升限：15000米（50000英尺）
外形尺寸：翼展13.05米（42英尺9.75英寸）；机长19.43米（63英尺9英寸）；机高5.63米（18英尺5英寸）
起飞重量：36700千克（81000磅）
武器：1门20毫米（0.79英寸）M61A1火神机炮；武器挂架可以携带11000千克（24250磅）各种武器，包括导弹、炸弹、副油箱、各种吊舱和火箭弹。

▼ 麦克唐纳·道格拉斯/波音综合国防系统集团F-15SG 打击鹰，第149中队，巴耶利巴

图中所示的06-0007号F-15于2010年加入现役。新加坡空军F-15SG打击战斗机安装F110-129发动机、AN/APG-63有源相控阵雷达、头盔瞄准系统、狙击手先进瞄准吊舱和一系列精确制导武器。

技术参数

乘员：2名
发动机：1台推力129.6千牛（29160磅）的普惠F100-PW-229涡扇发动机
最高速度：2173千米/小时(1350英里/小时)
航程：1930千米(1200英里)
实用升限：15240米（50000英尺）
外形尺寸：翼展9.45米（31英尺）；机长15.09米（47英尺8英寸）；机高5.09米（16英尺8英寸）
起飞重量：19187千克（42300磅）
武器：一门通用电气20毫米（0.79英寸）M61A1多管机炮；7个外挂点可以携带9276千克（20450磅）武器。

▼ 通用动力/洛克希德·马丁公司 F-16D战隼，第143中队“凤凰”，登加空军基地

图中所示的96-5030号F-16D战斗机，是一架新加坡空军的双座Block 52型，该型战隼的特点是在飞机中脊的外壳内安装电子战设备。

韩国

大韩民国空军，海军航空兵

大韩民国空军（RoKAF）的主要任务是防御来自朝鲜的进攻，因此其不断致力于升级现有装备，并制定新装备的采购计划。

技术参数

乘员：1名
发动机：1台推力129.6千牛（29160磅）的普惠F100-PW-229涡扇发动机
最高速度：2173千米/小时(1350英里/小时)
航程：1930千米(1200英里)
实用升限：15240米（50000英尺）
外形尺寸：翼展9.45米（31英尺）；机长15.09米（49英尺6英寸）；机高5.09米（16英尺8英寸）
起飞重量：19187千克（42300磅）
武器：一门通用电气20毫米（0.79英寸）M61A1多管机炮；7个外挂点可以携带9276千克（20450磅）武器。

▼ 通用动力/洛克希德·马丁公司 F-16C战隼，第20战斗机联队，瑞山空军基地

图中所示的01-515机属于F-16C Block 52型，韩国空军一共引进了180架这种战斗机。这种韩国独有的机型是根据“和平桥III”计划引进的，该计划覆盖了在2003—2004年交付的20架战机。

韩国空军近期获得的新装备中作战能力最强的是F-15K打击战斗机，一共订购了60架。这些F-15加入了韩国空军由F-16C/D、F-5E/F和F-4D/E战斗机所组成的机群（前两种机型都是韩国按许可证生产的）。其它的新装备还包括已经签订合同购买的44架国产A-50轻型攻击机和4架波音737空中早期预警机。韩国空军的直升机部队装备包括HH-47D和UH-60P，用于执行战场搜救任务。训练部队装备国产的KT-1和鹰式喷气式教练机，近期也有新成员——国产的T-50高级教练机加入。KT-1教练机的武装型号KO-1用于执行前线空中控制（FAC）任务。

大韩民国海军航空部队的主要装备是山猫Mk99反潜直升机，共装备了2个中队，还有一定数量的云雀III，UH-1H和UH-60P直升机作为补充，而岸基海上巡逻部队则装备P-3C猎户座反潜/巡逻机。

陆军航空兵

大韩民国陆军航空作战司令部包含2个航空旅，装备AH-1S和MD500“防御者”武装直升机、CH-47D和在本国组装的UH-60P运输直升机，此外还有部分BO105通用直升机。

大韩民国空军		
空军作战司令部		
第5空中机动联队，釜山金海机场		
第251战术空运中队	C-130H	金海机场
第256战术空运中队	CN235	金海机场
第258战术空运中队	UH-60P	金海机场
第259战术空运支援中队	C-130H	金海机场
第15混成联队， 城南空军基地		
第237战术控制中队	KO-1	城南空军基地
第255特种作战中队	C-130H	城南空军基地
第257特种作战中队	C-130H	城南空军基地
***第35混成大队**		
第296要员专机中队	波音737，VH-60P，CN235	城南空军基地
*隶属于第15混成联队		

空军北部战斗司令部		
第8战斗机联队，江原道原州机场		
第103战斗机中队	F-5E/F	原州机场
第203战斗机中队	F-5E/F	原州机场
第207战斗机中队	F-5E/F	原州机场
第238战斗机中队	A-37B	原州机场
第239特技飞行中队“黑鹰”	A-37B	原州机场
第10战斗机联队，京畿道水原空军基地		
第101战斗机中队	F-5E/F	水原空军基地
第201战斗机中队	F-5E/F	水原空军基地

第18战斗机联队，江原道江陵飞行场		
第105战斗机中队	F-5E/F	江陵飞行场
第112战斗机中队	F-5E/F	江陵飞行场
第205飞行训练中队	F-5E/F	江陵飞行场
第19战斗机联队，忠清北道忠州空军基地		
第161战斗机中队	F-16C/D	忠州空军基地
第162战斗机中队	F-16C/D	忠州空军基地
第155战斗机中队	F-16C/D	忠州空军基地
第159战斗机中队	F-16C/D	忠州空军基地
第20战斗机联队，忠清南道瑞山飞行场		

***第38战斗机大队**		
第111战斗机中队	F-5E/F	群山空军基地
*隶属于第10战斗机联队		
***第39战术侦察机大队**		
第125战术侦察中队	霍克 800	城南空军基地
第131战术侦察中队	RF-4C	水原空军基地
第132战术侦察中队	RF-5A，F-5A/B	水原空军基地
*隶属于第15战斗机联队		
第17战斗机联队，忠清北道清州机场		
第152战斗机中队	F-4E	清州机场
第153战斗机中队	F-4E	清州机场
第156战斗机中队	F-4E	清州机场
***第29战术开发和训练大队**		
第191战术开发和训练中队	F-16C/D	清州机场
第192战术开发和训练中队	F-16C/D	清州机场
*隶属于第17战斗机联队		
***第6搜救大队**		
第233战场搜救中队	HH-60P，AS332，贝尔412	清州机场
第235搜救中队	HH-47D，HH-32	清州机场
*隶属于第17战斗机联队		

第120战斗机中队	F-16C/D	瑞山飞行场
第121战斗机中队	F-16C/D	瑞山飞行场
第123战斗机中队	F-16C/D	瑞山飞行场
第157战斗机中队	F-16C/D	瑞山飞行场
空军南部战斗司令部		
第1战斗机联队，光州空军基地		
第102战斗机中队	F-15K	大邱空军基地
第122战斗机中队	F-15K	大邱空军基地
第206战斗机中队	F-5E/F	光州空军基地
第11战斗机联队，大邱空军基地		
第110战斗机中队	F-4D	大邱空军基地
第151战斗机中队	F-4D	大邱空军基地
第16战斗机联队，庆尚北道醴泉飞行场		
第115飞行训练中队	T-38A，T-50	醴泉飞行场
第189飞行训练中队	T-38A，T-50	醴泉飞行场
第202战斗机中队	F-5E/F	醴泉飞行场
第216飞行训练中队	鹰 Mk67	醴泉飞行场
空军教育训练司令部		
空军学院		
第208飞行训练中队	CAP 10B	星武飞行场
第212飞行训练中队	II-103	星武飞行场
第3训练联队		
第213飞行训练中队	KT-1	泗川机场
第215飞行训练中队	KT-1	泗川机场
第217飞行训练中队	KT-1	泗川机场
第236飞行训练中队	KT-1	泗川机场
第52测试评价大队		
第281测试评价中队	KT-1，T-50	泗川机场

斯里兰卡
斯里兰卡空军

近年来，斯里兰卡空军（SLAF）投入到反对泰米尔猛虎解放组织的战争中，其空中力量拥有越来越强大的作战飞机。

技术参数

乘员：1名

发动机：1台推力79.41千牛（17860磅）（带加力）的以色列航空公司/通用电气公司许可证生产的J79-JIE涡轮喷气发动机

最高速度：2440千米/小时，1516英里/小时

航程：882千米（548英里）

实用升限：17690米（58038英尺）

外形尺寸：翼展8.22米（26英尺11英寸）；机长15.65米（51.35英尺）；机高4.55米（14.93英尺）

起飞重量：16500千克（36376磅）

武器：2门30毫米（1.18英寸）Rafael DEFA 533机炮，还有集束炸弹和导弹。

▼ 以色列航空公司 幼狮C7，第10战斗机中队，卡图那雅克

图中所示的CF717号幼狮战斗机是斯里兰卡购买的9架单座型幼狮中的1架，部署于卡图那雅克（科伦坡—班达拉奈克国际机场的军用部分）。斯里兰卡空军中还有2架双座的幼狮TC2型教练机在服役。

斯里兰卡空军使用的航空基地包括卡图那雅克、拉特马拉那、亭可马里、米内日亚和瓦武尼亚。2001年，一支游击队袭击了卡图那雅克机场并宣称他们摧毁了一部分斯里兰卡空军装备。

卡图那雅克是斯里兰卡空军3个作战中队的驻地，装备“幼狮”战斗机、各型歼-7和米格-27。斯里兰卡空军希望用米格-29取代这些机型执行防空任务，有报道说一共订购了5架。2个运输机中队被部署于拉特马拉那，装备安-32、赛斯纳421、C-130、MA60和运-12。还有4个直升机中队利用分布在

技术参数

乘员：1名

发动机：1台推力112.8千牛（25360磅）的图曼斯基R-29B-300涡轮喷气发动机

最高速度：1885千米/小时（1170英里/小时）

航程：2500千米（1550英里）

实用升限：14000米（45900英尺）

外形尺寸：翼展13.97米（45英尺10英寸）——伸展；翼展7.78米（25英尺6英寸）——后掠；机长17.08米（56英尺）；机高5米（16英尺5英寸）

起飞重量：20670千克（45570磅）

武器：1门23毫米（0.9英寸）GSh-6-30机炮，可携带超过4000千克（8818磅）的武器。

▼ 米高扬-格列维奇设计局 米格-27M，第5喷气机中队，卡图那雅克

斯里兰卡从乌克兰采购米格-27M始于2000年，随着时光的流逝，该型机已经成为斯里兰卡空军最重要的对地攻击机，并且在2009年初，斯里兰卡东北部，政府军对泰米尔猛虎解放组织的最后一击中扮演了重要角色。

全国的基地，装备贝尔206、贝尔212、贝尔412、米-17和米-24/35等型号的直升机。

斯里兰卡空军的基础飞行训练中心在亭可马里建立，在这里飞行学员可以先使用CJ-6，然后再转到卡图那雅克的K-8喷气式教练机上继续训练。

斯里兰卡海军拥有一支小规模的航空部队，装备印度豹和“海豚”直升机。

泰国

泰国皇家空军、海军航空师和陆军航空师

泰国皇家空军由4个按地理位置划分的空军师和1所飞行训练学校组成，此外泰国还拥有1个实力雄厚的皇家海军航空师。

泰国皇家空军的空军师分别负责如下地域：曼谷地区（第1空军师）、东部地区（第2空军师）、中部及北部省份（第3空军师）和南部省份（第4空军师）。每个空军师下辖2个或3个联队（一共10个），各联队由飞行中队组成。

泰国皇家空军购买的装备中，最新和作战能力最强的是6架JAS39C/D“狮鹫”战斗机。这些战斗机和Saab 340早期预警和控制飞机互相搭配，一同引进。目前，泰国皇家空军的战斗机包括：F-16A/B和F-5E/F。运输机包括：A310、AU-23、C-130H、G222和HS748。还有1支规模庞大的要员专机飞行队，装备空客A319、ATR-72和波音737。泰

技术参数

乘员：1名

发动机：1台推力106千牛（23830磅）的普惠F100-PW-200涡扇发动机或者1台推力128.9千牛（28984磅）的通用电气F110-GE-100涡扇发动机

最高速度：2173千米/小时(1350英里/小时)

航程：1930千米(1200英里)

实用升限：15240米（50000英尺）

外形尺寸：翼展9.45米（31英尺）；机长15.09米（49英尺6英寸）；机高5.09米（16英尺8英寸）

起飞重量：16057千克（37500磅）

武器：一门通用电气20毫米（0.79英寸）M61A1多管机炮；翼尖导弹挂架可携带两枚导弹；另外外挂点可以携带9276千克（20450磅）武器。

▼ 通用动力/洛克希德·马丁公司 F-16A战隼，第102中队“星战士”，呵叻空军基地

泰国一共购买了54架F-16A/B战斗机，图中所示的这架是来自美国空军的二手F-16A，属于Block 15G型。泰国皇家空军还接收了另外7架由新加坡捐赠的F-16A/B。

▲ **诺斯洛普·格鲁曼公司 F-5虎II**

泰国皇家空军维持着一支庞大的F-5机群。除了24架单座的F-5E（执行防空任务）外，还有少量双座的F-5F型（在换装训练部队服役）。3个装备F-5E的防空中队分别以曼谷-廊曼国际机场、乌汶叻差他尼和素叻他尼为基地。

国皇家空军的训练部队以CT-4“空中教师”和DA42“双星”作为初级教练机，PC-9基础教练机，以阿尔法喷气和L-39作为高级教练机，这两种机型还可以执行低强度对地攻击任务。直升机部队则装备贝尔412和UH-1。

泰国皇家海军航空师包括“纳吕贝特”号航空母舰的舰载机部队，但是曾经装备的AV-8S鹞式战斗机已经退出现役。目前泰国皇家海航使用贝尔212、山猫Mk300和S-70B执行反潜任务，还订购了MH-60S。陆基海航部队则装备了Do228、F27、“游牧者”和P-3，用这些飞机执行海上巡逻任务。

泰国皇家陆军航空师拥有一支庞大且种类齐全的部队，机型包括：AH-1F武装直升机、比奇200/350（执行运输和监视任务）、贝尔206/212和UH-1H通用直升机，CH-47D和S-70/UN-60运输直升机（订购了米-17）。另外，还有训练和要员专机部队。

越南

越南人民军空军

越南人民军空军（VPAF）的所有装备几乎都来自苏俄，目前新老机型混杂，但是采购新型战斗机和对现有机型进行彻底检修的计划正在进行中。

越南人民军空军组织结构的基础是3个空军师，每个师都有自己专门的任务范围，下辖的各航空团部署在不同的基地内。包括：第370师，司令部位于岘港，以前下辖2个团的米格-21bis战斗机和1个团的Su-22M4攻击机，现在则接收了越南人民军空军最新的战斗机——苏-30MK2V多用途战斗机（装备于越南空军第923战斗轰炸机团），这些苏-30部署于宁顺省潘郎市（寿春机场），这里以前是一座苏-22M4基地；第371师（司令部位于河内内拜国际机场）以前下辖3个米格-21bis团，但是很可能已经用苏-27SK截击机替换了一部分原有的米格-21（越南空军第940战斗机训练团装备了Su-27SKM/UBK/PU）。第372师下辖3个团，装备苏-22M和米格-21bis，司令部位于寿春机场。

▲ 苏霍伊设计局 苏-30MK2V

越南人民军空军装备清单中最强有力的机型是少量苏-30Mk2V全天候多用途战斗机。MK2型是为中国研发的苏-30MKK的继续改进型，装备更先进的航电系统和更广泛的武器。

越南人民军空军运输机部队

越南人民军空军拥有1个运输航空旅，下辖至少3个团，装备米-8/17和米-24直升机，还有安-2、安-24/26/30、安-38和M-28运输机。已确认的运输机基地包括和乐机场、新山一、河内嘉林。越南人民军空军有一些UH-1H直升机，是从前南越空军处继承来的，这些直升机据悉仍然在使用。越南人民军空军学院装备L-39高级教练机，部署于和乐机场（第910航空训练团“伏契克”），还装备米格-21bis和米格-21UM，用于转换训练，基地位于越南平定省富吉县。越南人民军海军航空部队的主力机型是卡-25/27反潜直升机，基地位于建安郡和岘港。

技术参数

乘员：2名

发动机：2台推力123千牛（27600磅力）的土星科研生产联合体（留里卡）AL-31F涡扇发动机

最高速度：2120千米/小时（1320英里/小时）

航程：3000千米（1864英里）

实用升限：17300米（56800英尺）

外形尺寸：翼展14.7米（48英尺2.5英尺）；机长21.94米（72英尺11英寸）；机高6.36米（20英尺9英尺）

起飞重量：24900千克（54900磅）

武器：1门30毫米（1.18英寸）GSh-3-1机炮，可挂载空对空和反舰导弹。

▼ 苏霍伊设计局 苏-30MK2V，第370战斗机师，潘郎市

2006年，第一批2架苏-30MK2V中的1架交付给越南。如今，越南人民军空军拥有4架苏-30MK2V，还有8架处于订单状态。这些新型多用途战斗机是对越南人民军空军现有的12架较早的苏-27SK和3架双座苏-27UBK的有力补充。

第七章

非洲

作为一个多元化的大陆，非洲国家空中力量的规模和实力也千差万别。北非各国代表性地拥有规模较大、装备较好的空中力量，可以提供均衡的勤务能力。东非国家的空中力量在近年来参与到各种冲突当中，尤其是厄立特里亚、埃塞俄比亚和苏丹。西非国家的空军则普遍规模小、装备差，经常用武装教练机充当作战飞机主力，西非很多国家的空中力量都受到低勤务能力的影响。而在中非，多年的武装冲突给该地区的空中力量打上了深深的烙印，但是该地区大部分国家至少都拥有作战飞机，这代表在某种情况下是武装直升机辅以小规模的喷气式飞机的作战模式。除南非和津巴布韦外，非洲南部国家的空中力量普遍规模较小，而在冷战时期爆发的“罗德西亚布什战争”之后也只有有限的战争冲突。

注：罗德西亚布什战争，又被称为第二次革命斗争或津巴布韦解放战争，是一场于1964年7月到1979年12月发生的内战，在未被承认的罗德西亚（即后来的津巴布韦–罗德西亚）爆发。参与战争的势力有：由伊恩·史密斯（后来埃布尔·穆佐雷瓦主教的津巴布韦–罗德西亚政府）统治的罗德西亚政府、津巴布韦非洲民族解放军、罗伯特穆加贝军事派的津巴布韦非洲国家联盟，和约书亚恩科莫的津巴布韦非洲人民联盟的津巴布韦人民革命军。战争的开始日期和结束日期很难确定。爆发日期大致可以被看作是1964年7月4日，津巴布韦非洲国家联盟叛乱者将Pieter Johan Andries (Andrew) Oberholzer谋杀；也可以看做是1965年11月11日，罗德西亚单方面宣布独立；还可以看做是1966年4月28日，津巴布韦非洲民族联盟的骨干队伍和英国南部非洲警察在锡诺亚（现更名为奇诺伊）附近的接触。

津巴布韦当今的执政党津巴布韦非洲民族联盟—爱国阵线官方地认为，第三个日期是战争的爆发日。并认为那次接触是“锡诺亚战斗”。

战争结束通常认为是1979年12月12日，根据兰卡斯特宫协定，国家暂时回到英国的控制之下。

而史密斯和穆佐雷瓦在1978年所所进行的内部清算导致了1979年的普选和少数白人统治在罗德西亚的终结。罗德西亚被重新命名为津巴布韦–罗德西亚，这是一个主要由黑人统治的国家。然而，这个新体制没有能够获得国际社会的认可，并且，战争仍然继续进行。

1979年12月，英国政府、罗伯特·穆加贝和约书亚·恩科莫领导的“爱国阵线”、津巴布韦非洲人民联盟、津巴布韦非洲国家联盟以及由主教埃布尔·穆佐雷瓦和伊恩·史密斯代表的津巴布韦–罗德西亚政府签署了《兰卡斯特宫协定》。国家暂时由英国控制，新的选举于1980年3月在英国和英联邦的监管下举行。津巴布韦非洲国家联盟赢得了选举，罗伯特·穆加贝在1980年4月18日成为了津巴布韦第一任总理。津巴布韦共和国的独立赢得了国际社会的认可。

阿尔及利亚

阿尔及利亚空军

阿尔及利亚于1962赢得对法国的独立战争之后建立了阿尔及利亚空军（QJJ），这是一支装备越来越好的空中力量。

阿尔及利亚空军组织结构的基础是9个联队，每个联队都有自己特定的任务范围，各联队下辖不同数量的中队，并被部署在不止一个空军基地内。因为人们经常可以发现，阿尔及利亚空军的飞机从备用机场起降。阿尔及利亚空军还有一定数量的独立中队，这些独立中队直接隶属于空军司令部。

阿尔及利亚空军联队包括：第1战斗直升机团、第2战术运输和后勤团、第3防空联队、第4攻击与渗透联队、第5侦察联队、第6运输直升机联队、第7运输和加油联队、第8训练联队和第9直升机运输联队。

目前，苏-30MKA取代了米格-25和3个中队的苏-24MK，执行对地攻击任务。其他的作战部队包括3个现役米格-29防空中队，装备米格-25R、苏-24MR和“探索者”无人机的侦察部队，还有装备伊尔-76/78、C-130H和CN235的运输机部队。阿尔及利亚空军的主要直升机型号是米-17/171和米-24。

技术参数

乘员：2名
发动机：2台推力74.5千牛（16750磅力）的土星科研生产联合体（留里卡）AL-31FL低涵道比涡扇发动机
最高速度：2120千米/小时（1320英里/小时）
航程：3000千米（1864英里）
实用升限：17300米（56800英尺）
外形尺寸：翼展14.7米（48英尺2.5英尺）；机长21.94米（72英尺11英寸）；机高6.36米（20英尺9英尺）
起飞重量：24900千克（54900磅）
武器：1门30毫米（1.18英寸）GSh-3-1机炮，可挂载空对空和反舰导弹。

▼ 苏霍伊设计局 苏-30MKA，第120战斗机中队，艾因贝达

第120战斗机中队接收了苏-30MKA多用途战斗机，以替代该中队中仍然在服役的少量米格-25PDS截击机。另外一个苏-30MKA中队组建于乌姆布阿基。

埃及

阿拉伯埃及共和国空军

阿拉伯埃及共和国空军传统上是非洲大陆上实力最强和装备最好的空中力量之一，其装备清单上兼有来自东西方的武器。

连续的采购项目给阿拉伯埃及共和国空军带来了220架F–16，这些战隼战斗机目前已经成为了埃及空中力量的主力机型，尽管较老的苏联和中国制飞机也还在继续使用中。

阿拉伯埃及共和国空军防空司令部的兵力包含：第102战术战斗机联队（TFW），下辖2个中队的歼–7B战斗机，部署于马特鲁港；第103和第104战术战斗机联队分别部署在阿斯旺和曼苏拉，每个联队下辖2个米格–21MF中队；第282战术战斗机联队部署于法伊德，下辖2个歼–7B中队（该联队现在得到了扩充，又增加了2个F–16C/D中队）。

战术司令部的兵力包括：位于开罗西部的第222战术战斗机联队，下辖2个中队的F–4E战斗机和1个中队的E–2C。F–16战斗机还装备了位于英查斯的第232战术战斗机联队、位于巴尼斯瓦夫的第242战术战斗机联队和位于阿布·苏威尔的第262战术战斗机联队（每个联队下辖2个中队），还有位于甘卡利斯的272战术战斗机联队（下辖3个F–16C/D中队）。装备幻影战斗机的联队包括：第236战术战斗机联队，位于比尔马/坦塔（下辖2个幻影5中队）和第252战术战斗机联队，位于加贝尔·阿尔–巴苏尔（下辖1个幻影5中队和1个幻影2000中队）。

阿拉伯埃及共和国空军的直升机部队兵力包括：4个航空旅，分别位于赫尔加达（装备米–8/17）、科瓦亚丝娜（装备瞪羚直升机）、科胡特米亚（装备瞪羚和AH–64D）和阿布·哈马德（装备AH–64D）。

阿拉伯埃及共和国空军的运输司令部和训练司令部中，每个司令部都拥有至少2个航空旅，下辖数个中队。

技术参数

乘员：1名

发动机：1台最大推力129.6千牛（29160磅力）的普惠F100-PW-229涡扇发动机

最高速度：2173千米/小时(1350英里/小时)

航程：1930千米(1200英里)

实用升限：15240米(50000英尺)

外形尺寸：翼展9.45米（31英尺）；机长15.09米（47英尺8英寸）；机高5.09米（16英尺8英寸）

起飞重量：19187千克(42300磅)

武器：1门通用电气20毫米（0.79英寸）M61A1多管机炮；7个外挂点可以携带9276千克（20450磅）武器。

▼ 通用动力/洛克希德·马丁公司 F–16C战隼，阿拉伯埃及共和国空军

图中这架编号为96-0096的F-16C Block 属于阿拉伯埃及共和国空军的一个未知单位，该机是通过“和平载体5”计划引进的，该计划于1996年签署，规定给埃及提供21架新建的F-16C/D。埃及使用的Block 40型可以使用AGM-88“哈姆”反辐射导弹执行压制敌方防御任务。

埃塞俄比亚

埃塞俄比亚空军

尽管不是非洲规模最大的，但埃塞俄比亚空军却是该地区近年来最活跃的空中力量之一，其战机和厄立特里亚的战机进行过空战。

目前，随着曾经装备过的米格–21、米格–23BN和苏–25被封存起来，埃塞俄比亚空军的主战力量变得更加依靠第5中队的苏–27战斗机。另外，埃塞俄比亚空军还拥有至少2支装备直升机和2支装备固定翼运输机的部队。直升机的型号是米–35，运输机型号包括安–12、安–26和C–130。

技术参数

乘员：1名
发动机：1台推力73.5千牛(16535磅力)的图曼斯基 R-25涡轮喷气发动机
最高速度：2229千米/小时(1385英里/小时)
航程：1160千米(721英里)
实用升限：17800米(58400英尺)
外形尺寸：翼展7.15米(23英尺5.5英寸)；机长(包含空速管)15.76米(51英尺8.5英寸)；机高4.1米(13英尺5.5英寸)
起飞重量：10400千克(22925磅)
武器：在机腹下部装1门23毫米GSh-23双管机炮，载弹量约1500千克(3307磅)。

▼ 米高扬–格列维奇设计局 米格–21bis，埃塞俄比亚空军，德布莱.泽比特

埃塞俄比亚于1977年引进了超过150架米格-21，图中所示的是其中一架，这些战斗机主要部署在德布莱·泽比特，在80年代与厄立特里亚的战争中表现活跃，执行广泛的任务，而且在1998—2001年再次服役。

利比亚

阿拉伯利比亚空军

阿拉伯利比亚空军（LARAF）在过去的十年发生了显著的变化，较老的机型正在退役，新政府正在寻求引进新机型来取代这些老旧装备。

利比亚新政府成立以来，一次性淘汰了大量旧装备，包括一些可用的机型，例如米格–25，现在也进入了封存状态。

阿拉伯利比亚空军最现代化的作战装备是幻影F1，装备了位于奥克巴·伊本·拿法的2个中队。米格–23仍然是数量最多的战斗机，共装备了5—7个中队，但根据一些情报，这些飞机现在很可能已全部退役。米格–21则相反，目前只剩下了1个中队。对地攻击部队包括苏–22M3（共有2个中队，但1个中队可能已被解散）、苏–22M4（1个中队）和苏–24MK（1个中队，但只有很少能起飞）。

阿拉伯利比亚空军的各直升机中队装备了CH–47、米–2、米–8、米–14和米–24。运输机部队则装备安–26、C–130H、猎鹰20、猎鹰50、湾流飞机（可能已退役）、伊尔–76和L–410。

技术参数

乘员：1名
发动机：2台推力100.1千牛（22494磅力）的图曼斯基R-15BD-300涡轮喷气发动机
最高速度：3470千米/小时（2170英里/小时）
航程：2575千米（1390英里）
实用升限：超过24385米（80000英尺）
外形尺寸：翼展14.01米（45英尺11.5英寸）；机长19.75米（64英尺10英寸）；机高6.1米（20英尺0.5英寸）
起飞重量：37425千克（82508磅）
武器：2枚R-40和4枚R-60空对空导弹

▼ 米高扬-格列维奇设计局 米格-25PD，第1015中队，苏尔特/古尔达比耶

上个世纪70年代末期到80年代早期，利比亚购买了大约80架各型米格-25战斗机，该型机随之成为阿拉伯利比亚空军的主力截击机，直到2004年退出现役。尽管已经退役，这些飞机仍然保持良好的性能条件被封存起来。

摩洛哥

皇家摩洛哥空军

皇家摩洛哥空军（QJMM）是一支西方化的空中力量，装备性能平衡的战斗机、运输机和教练机。

皇家摩洛哥空军组织结构的基础是战斗机航空司令部、运输机航空司令部、直升机司令部和训练司令部，每个司令部下辖的各个中队分布在数个基地内。

战斗机航空司令部的职责是防空，兵力包括：2个中队的F-5E/F战斗机，位于梅克内斯；2个中队的幻影F1，位于西迪苏莱曼，这些幻影战斗机分别执行防空和对地攻击任务。一所战斗机飞行员学校也坐落于梅克内斯，该学校装备阿尔法喷气教练机。

运输机航空司令部的主力机型是C-130H，还有波音707加油/运输机和CN235。运输机部队以盖尼特拉为基地。而拉巴特塞勒机场则是直升机部队的行动中心，装备型号包括SA330、贝尔205、CH-47C和SA342。马拉喀什部署了多种教练机，包括AS202、T-34和T-37。运输机飞行员使用比奇 200，直升机飞行员使用贝尔205/206和SA342进行飞行训练。湾流飞机和猎鹰飞机用于执行专机飞行任务。

技术参数

乘员：1名
发动机：2台推力22.2 千牛（5000磅）的通用电气J85-GE-21B 涡轮喷气发动机
最高速度：1741千米/小时(1082英里每小时)
航程：3720千米（2311英里）
实用升限：15790米(51800英尺)
外形尺寸：翼展8.13米(26英尺8英尺)、机长14.45米(47英尺4.75英寸)、机高4.07米(13英尺4.5英寸)
起飞重量：11187千克(24644磅)
武器：2门20毫米机炮；两枚空对空导弹；5个外挂点可挂装3175千克（7000磅）重的武器。

▼ 诺斯洛普·格鲁曼公司 F-5E虎II，战斗机中队，梅克内斯-巴斯赛特恩空军基地（第2空军基地）

摩洛哥这些年来一共接收了24架F-5E/F战斗机。在80年代与西撒哈拉独立阵线的冲突中损失了至少2架。剩余的战斗机装备了“沙欣”中队和“博拉克”中队。摩洛哥计划用24架F-16C/D取代这些F-5。

苏丹

苏丹空军

陷于内战的苏丹空军从各个渠道引进飞机，并将其力量投入到重要的战斗中。

尽管根据未经证实的消息，苏丹空军的战斗序列很可能以3个作战中队、3个直升机中队和1个固定翼运输机中队为基础。但在过去十年左右的时间内，石油收入让苏丹这个非洲最大的国家得以引进新的和更现代化的军用飞机。

技术参数

乘员：1名
发动机：2台推力81.4千牛（18298磅力）的萨尔基索夫RD-33涡扇发动机
最高速度：2443千米/小时（1518英里/小时）
航程：1500千米（932英里）
实用升限：17000米（55775英尺）
外形尺寸：翼展11..36米（37英尺3.75英寸）；机长（包括空速管）17.32米（56英尺10英寸）；机高4.73米（15英尺6英寸）
起飞重量：20000千克（44090磅）
武器：1门30毫米（1.18英寸）GSh-30机炮，可挂载4500千克（9921磅）武器

苏丹空军第1中队装备A-5C攻击机（即强-5攻击机）还有FT-6教练机；第2中队装备米格-29战斗机；第3中队据称混编米格-21（其中12架可能从乌克兰引进）和米格-23（但可能已退役）。苏丹空军于2008年从白俄罗斯引进11架苏-25攻击机。苏丹空军的直升机部队包括约24架米格-25/35，和少量米-17。训练部队主要装备中国提供的初教-6A和K-8。最先进的固定翼运输机是5架安-74。

▼ 米高扬-格列维奇设计局 米格-29SE，第2战斗机中队，瓦迪·萨希德纳

图中这架米格-29属于第12到第24架引进到苏丹的该型战斗机。参加过对达尔富尔杰姆叛军的攻击行动，其中有1架已经证实在2009年5月，叛军对瓦迪·萨希德纳的攻击中损失。

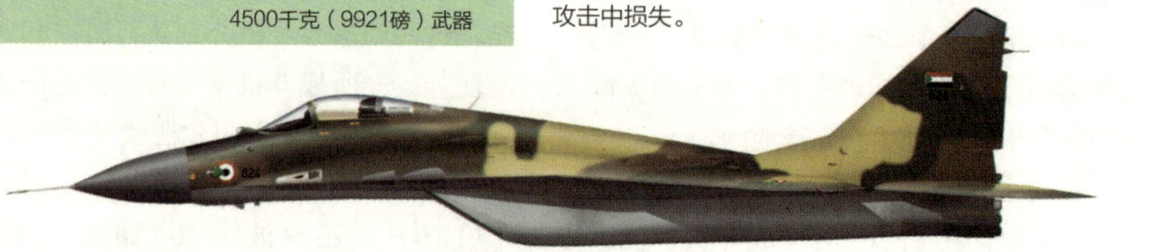

较小的北非和东非国家

厄立特里亚，肯尼亚，坦桑尼亚和突尼斯

突尼斯长期以来一直是非洲最稳定的国家，厄立特里亚则受困于与埃塞俄比亚的战争。肯尼亚和坦桑尼亚都维持着适度的空中力量，均装备有喷气式飞机。

和其他北非国家的空军相比，突尼斯空军的规模比较小，主要从法国和美国接受军事援助。在东非，厄立特里亚更倾向于俄罗斯提供的作战飞机，坦桑尼亚购买中国产喷气式飞机。肯尼亚在传统上保持与英国的军事联系。

厄立特里亚空军

厄立特里亚空军所有的作战部队都以阿斯马拉为主要基地，包含8个中队。装备包括：“西风”和CL-601飞机，用作要员专机；L-90“雷迪哥”教练机；米-8/17和米-35直升机；MB339喷气式教练机（可能

已不能使用）；1个中队的米格–29和1个中队的苏–27战斗机；此外还拥有部分贝尔412直升机和运–12运输机。

肯尼亚空军

肯尼亚空军的战斗机部队以F–5E/F和鹰MK52教练机为基础，其空军学校使用斗牛犬和巨嘴鸟式教练机。直升机部队则装备部分经武装后的MD500和直–9，还有部分SA330和瞪羚。运输机型号包括DHC–5、DHC–8、福克70和运–12。

坦桑尼亚空军

坦桑尼亚空军有1个中队歼–6C战斗机；1个直升机和1个运输机中队，后者装备运–8和运–12；还有1个训练中队装备初教–6。

突尼斯共和国空军

突尼斯共和国空军的结构分为中队和飞行队，大部分飞机都以比塞大、西迪·艾哈迈德、加夫萨、比塞大/卡鲁巴和斯法克斯为基地。突尼斯共和国空军的主力部队是1个F–5E/F战斗机中队，并以L–59和MB326武

技术参数

乘员：1名
发动机：2台推力81.4千牛（18298磅力）的萨尔基索夫RD-33涡扇发动机
最高速度：2443千米/小时（1518英里/小时）
航程：1500千米（932英里）
实用升限：17000米（55775英尺）
外形尺寸：翼展11..36米（37英尺3.75英寸）；机长（包括空速管）17.32米（56英尺10英寸）；机高4.73米（15英尺6英寸）
起飞重量：18500千克（40785磅）
武器：1门30毫米（1.18英寸）GSh-30机炮，可挂载4500千克（9921磅）武器

▼ 米高扬–格列维奇设计局 米格–29，第5中队，厄立特里亚空军，阿斯马拉空军基地

厄立特里亚空军于1998年从乌克兰引进了第一批4架米格-29战斗机，图中所示的是其中一架。这批米格-29后来有2架损失在与埃塞俄比亚的战争中。

技术参数

乘员：1名
发动机：2台推力36.78千牛（8267磅）的涡喷-6涡喷发动机
最高速度：1540千米/小时（960英里/小时）
航程：2200千米（1375英里）
实用升限：17900米（58725英尺）
外形尺寸：翼展9.2米（30英尺2英尺）；机长12.54米（41英尺）；机高3.9米（12英尺10英寸）
起飞重量：7560千克（16632磅）
武器：3门30毫米（1.18英寸）NR-30机炮，4个外挂点可挂载500千克（1102磅）武器

▼ 沈阳飞机工业（集团）有限公司 歼–6C，坦桑尼亚空军

只有少量歼-6C仍在坦桑尼亚空军中服役，图中所示的是其中一架，这种战机最初引进是在上个世纪80年代初。这些歼-6C已经被封存多年，直到2005年后得到中国的相关援助才重新投入现役。

装教练机作为补充。基础和初级飞行训练依靠SF260教练机。直升机部队装备AB205、AB412、云雀II、云雀II、松鼠轻型直升机、HH-3E和UH-1H。运输机部队装备前美国空军的二手C-130B和新的C-130H，还有部分G222和L-410。

技术参数

乘员：1名
发动机：2台推力22.2 千牛（5000磅）的通用电气J85-GE-21B 涡轮喷气发动机
最高速度：1741千米/小时(1082英里每小时)
航程：3720千米（2311英里）
实用升限：15790米(51800英尺)
外形尺寸：翼展8.13米（26英尺8英寸）；机长14.45米（47英尺4.75英寸）；机高4.07米（13英尺4.25英寸）
起飞重量：11214千克（24722磅）
武器：2门20毫米（0.78英寸）机炮；两枚空对空导弹；5个外挂点可挂装3175千克（7000磅）重的武器。

▼ 诺斯洛普·格鲁曼公司 F-5E虎II，第15中队，突尼斯共和国空军，比塞大/西迪·艾哈迈德空军基地

突尼斯于1985年开始共接收了24架虎II战斗机。目前这些战机中留存下来都属于第15中队，执行防空和对地攻击双重任务。

安哥拉

安哥拉国家空军

安哥拉空中力量诞生于20世纪80年代那场代价高昂的内战当中，目前其对更新武器装备做出了一些努力，并且更名为安哥拉国家空军。

尽管具体细节还是不得而知，但据信安哥拉空军拥有：1个运输机司令部（基地位于首都罗安达，该基地还驻扎着一支直升机飞行队）、1所军用飞行员训练学校（位于洛比托）、1个高级飞行员训练团（卡通贝拉）、1个歼击航空团（卢班戈）、1个歼击-轰炸航空团（卡通贝拉）。

技术参数

乘员：2名
发动机：2台推力123.85千牛的AL-31F涡轮扇叶发动机
最高速度：2420千米/小时(1503英里/小时)
航程：3790千米（2355英里）
实用升限：18300米(60000英尺)
外形尺寸：翼展21.935米（71英尺11英寸）；机长14.7米（48英尺2英寸）；机高5.932米（19英尺5英寸）
起飞重量：22500千克（49604磅）
武器：1门30毫米(1.18英寸)GSh-3-1机炮，可挂载空对空、空对地、反舰导弹和航空炸弹。

▼ 苏霍伊设计局 苏-27UB，歼击航空团，卢班戈

只有1架苏-27UB和1架苏-27进入安哥拉国家空军服役；其中单座型的苏-27随后就在飞行事故中损失。双座的苏-27UB最后一次被目击是在2009年，据报道这架飞机还在卢班戈执行任务。

较小的西非国家

布基纳法索、喀麦隆、赤道几内亚、加蓬、加纳、几内亚共和国、科特迪瓦（象牙海岸）、马里、尼日利亚、塞内加尔和多哥

西非国家以小规模的、只装备少量武装教练机或武装直升机的空中力量为特色，其任务主要是运输、联络和训练。

接下来的篇幅主要介绍这些较小西非国家空中力量的重要细节。需要注意的是，贝宁、佛得角、毛里塔尼亚、尼日尔和塞拉利昂也维持着空中力量，但是大多数都仅仅由数架直升机和轻型运输机组成。在这些国家当中，只有塞拉利昂拥有少量米-24武装直升机这样可靠的作战飞机。冈比亚则是另一个例外，装备有苏-25攻击机这样的喷气式固定翼战机，但到目前为止，只有1架还在被冈比亚国家陆军所使用，且该国还没有独立的航空兵兵种。几内亚比绍空军在20世纪90年代初期让所有作战飞机退役，可能只留下2架米-24武装直升机和一支运输机队。而在连年的内战之后，利比里亚的空中力量也面临重建。

技术参数

乘员：2名

发动机：1台195千瓦(260马力)的莱康明O-540-E4A5活塞式发动机

最高速度：441千米/小时(276英里/小时)

航程：2050千米（1274英里）

实用升限：5790米(19000英尺)

外形尺寸：翼展8.35米（26英尺11.75英寸）；机长7.1米（23英尺）；机高2.41米（8英尺6英寸）

起飞重量：1100千克（2866磅）

武器：2个外挂点可挂装300千克（661磅）重的武器。

布基纳法索空军

传统上，布基纳法索空军的基础是2支部队，都以首都瓦加杜古为基地，包括1个运输机中队和1个直升机中队，此外还有1个战斗机中队。布基纳法索空军目前将部队分成瓦加杜古和博博迪乌拉索两个区域，每个区域各拥有一座空军基地。目前所有飞机都隶属于1个航空旅，但该航空旅或许只下辖1个中队。布基纳法索空军最有力的装备是SF260WP“勇士”教练机，引进的来源国有玻利维亚、意大利和利比亚。但这些飞机现在都已经退出现役，同样退役的还有利比亚提供的米格-21战斗机。另外，一些运输机和联络机（包括1架CN235）和直升机（AS350、米-8/17、米-35和SA365）作为布基纳法索空军目前的主力正在服役中。

▼ 阿莱尼亚宇航公司 SF260W勇士，布基纳法索空军，博博迪乌拉索

布基纳法索于1986年中期接收了6架前菲律宾空军的二手SF260，但1993年这些飞机被出售给了一名比利时商人。布基纳法索空军还从生产商那里直接购买了另外4架新的SF260。

技术参数

乘员：2名

发动机：2台斯奈马克/透博梅卡 拉尔扎克 04-C6，单台推力13.24千牛（2976磅）

最高速度：1000千米/小时（621英里/小时）

航程：670千米（415英里）

实用升限：14630米（19000英尺）

外形尺寸：翼展9.11米（30英尺）；机长11.75米（38英尺）；机高4.19米（14英尺）

起飞重量：8000千克（17600磅）

武器：1门30毫米（1.18英寸）DEFA 553机炮吊舱；可携带2500千克（5500磅）炸弹、火箭弹和可抛副油箱。

▼ 达索-道尼尔公司 阿尔法喷气MS2，喀麦隆空军，加鲁阿空军基地

喀麦隆一共购买了7架阿尔法喷气，图中所示是其中之一，这些飞机都驻扎在加鲁阿空军基地，据报道只有零星的起降。已经有2架损失在事故中了。

喀麦隆空军

喀麦隆空军的基地位于加鲁阿、库塔巴、雅温德、杜阿拉和巴门达。有4架“阿尔法喷气”执行低强度对地攻击和高级训练任务，还有4架前南非空军的二手“黑斑羚”MK2（轻型攻击机）和2架“黑斑羚”MK1喷气式教练机。Aravas、C-130H、DHC-4、DHC-5和Do28是喀麦隆空军主要的运输机型号。直升机部队则装备云雀II/III、贝尔206、贝尔412EP、SA330和SA342，另有1架Do128用于海上巡逻。

赤道几内亚国民警卫队

受益于撒哈拉以南非洲第三大石油生产国的地位，赤道几内亚国民警卫队飞行联队已发展成为一支实用的空中力量。该飞行联队以4-6架米-24武装直升机和4架单座的苏-25攻击机（主要由乌克兰雇佣兵进行操作和维护）为基础。这些乌克兰雇佣兵还使用2架L-39喷气式教练机和3—4架双座的苏-25UB攻击教练机对当地飞行员进行培训。赤道几内亚要员专机运输飞行队的机型包括：A109、波音737、ERJ-145、猎

技术参数

乘员：2名

发动机：1台16.87千牛（3792磅力）的伊夫钦科AI-25TL涡扇发动机

最高速度：750千米/小时（466英里/小时）

航程：1100千米（683英里）

实用升限：11000米（36100英尺）

外形尺寸：翼展9.46米（31英尺0.5英寸）；机长12.13米（39英尺9.5英寸）；机高4.77米（15英尺7.75英寸）

起飞重量：4700千克（10362磅）

武器：可外挂284千克炸弹（626磅）。

▼ 沃多乔迪航空公司 L-39C信天翁，赤道几内亚国民警卫队，马拉博

2004—2006年间，赤道几内亚从乌克兰引进了2架L-39，图中所示的是其中一架。这些信天翁教练机和苏-25攻击机一起驻扎在马拉博空军基地。所有赤道几内亚于近期获得的作战飞机（包括L-39、米-24和苏-25）都是由乌克兰提供的。

技术参数

乘员：1名
发动机：1台推力100千牛（15873磅）的斯奈克玛·阿塔9K-50涡喷发动机
最高速度：2350千米/小时（1460英里/小时）
作战半径：425千米（264英里）
外形尺寸：翼展8.4米（27英尺7英寸）；机长15米（49英尺2.25英寸）；机高4.5米（14英尺9英寸）
实用升限：20000米（65615英尺）
起飞重量：15200千克（33510磅）
武器：2门国际DEFA 30毫米机炮，通常可携带6枚MK81或MK82炸弹，翼尖挂架可携带2枚肯特朗（Kentron）V3C或“库克利弯刀”(Kukri) V3B导弹。

▼ 达索航空 幻影F1AZ，第2战斗机中队，加蓬空军，利伯维尔空军基地

图中所示的是首批2架（最终4架）来自前南非空军的二手幻影F1AZ的其中之一，这些幻影战斗机都经过南非航空制造公司（Aerosud）的升级改造，于2006年交付给加蓬。

鹰50、米–172和S–92。军事运输则依靠1架安–32和1架安–72。赤道几内亚国民警卫队飞行联队的主要行动基地是首都马拉博，还有1支米–24分遣队部署于巴塔。

加蓬空军

加蓬空军的兵力包括：第1运输中队、第2战斗机中队（装备幻影战斗机）、第5高级教练机中队、第11运输–侦察中队（装备EMB–110和EMB–111，后者也被用于海上巡逻），还有第12重型运输机中队（C–130H）。加蓬空军使用的其他机型还包括：ATR–42和CN235运输机、云雀II、贝尔412和SA330直升机，“教师”和T–34C教练机。此外，加蓬陆军也有一支独立的航空兵，使用SA330和SA342直升机。

加纳空军

加纳计划对其空中力量进行升级，在过去的资金短缺结束之后，加纳购买了4架C–27J战术运输机和6架“双星”海上巡逻飞机。据报道，目前的加纳空军的兵力包括：

技术参数

乘员：2名
发动机：1台16.01千牛（3600磅）的盖瑞特TFE731-2A-2A涡扇发动机
最高速度：0.75马赫（800公里/小时，498英里/小时）
航程：2250千米（1398英里）
实用升限：13000米（42651英尺）
外形尺寸：翼展9.63米（31英尺7英寸）；机长11.6米（38英尺）；机高4.21米（13英尺9英寸）
起飞重量：4330千克（9546磅）
武器：1门23毫米（0.9英寸）机炮吊舱，5个挂架可携带1000千克（2205磅）外挂燃料箱和武器。

▼ 中航工业江西洪都航空工业集团有限责任公司K–8，第4中队，加纳空军，阿克拉空军基地

图中所示的G913号K–8是第2批交付给加纳空军的该型机之一（2008年交付）。加纳空军已经拥有4架K–8，用于高级飞行训练，还有2架处于订单状态。

第1中队（巡逻机）、第2中队（直升机）、第3中队（运输机）、第4中队（装备4架MB339和4架K-8高级教练机）。第4中队还可能装备有2架武装的L-39喷气式教练机。加纳空军使用的机型包括：A109、云雀III、贝尔412、米-2和米-17直升机，福克27、福克28和岛民运输机。

几内亚共和国空军

几内亚共和国（或称几内亚-科纳克里）空军的主力部队是1个装备米格-21的战斗机中队，位于首都科纳克里。这些战斗机是从苏联引进并在苏联顾问的协助下进行操作和使用的。因损耗而更换的零部件来自乌克兰。目前，这些米格-21部队显然已被解散，目前几内亚共和国空军还装备有3架L-29喷气式教练机，部分安-12/14/24运输机，少量AS350、MD500“防御者”、米-8、SA330和SA342直升机。可能还有一些雅克-18被用于初级飞行训练。

技术参数

乘员：1名
发动机：1台推力73.5千牛(16535磅力)的图曼斯基 R-25涡轮喷气发动机
最高速度：2229千米/小时(1385英里/小时)
航程：1160千米(721英里)
实用升限：17800米(58400英尺)
外形尺寸：翼展7.15米(23英尺5.5英寸)；机长(包含空速管)15.76米(51英尺8.5英寸)；机高4.1米(13英尺5.5英寸)
起飞重量：10400千克(22925磅)
武器：在机腹下部装1门23毫米GSh-23双管机炮，载弹量约1500千克(3307磅)。

▼ 米高扬-格列维奇设计局 米格-21，几内亚共和国空军，科纳克里

只有3到4架米格-21还在几内亚共和国（几内亚—科纳克里）空军中服役。这些留存下来的米格-21已经在乌克兰进行过全面检修，并且全部以科纳克里国际机场的军用部分为基地。

技术参数

乘员：1名
发动机：2台推力44.1千牛（9921磅）的图曼斯基R-195涡轮喷气发动机
最高速度：975千米/小时（606英里/小时）
最大作战半径：750千米（466英里）
实用升限：7000米（22965英尺）
外形尺寸：翼展14.36米（47英尺1.5英寸）；机长15.53米（50英尺11.5英寸）；机高4.8米（15英尺9英寸）
起飞重量：17600千克（38800磅）
武器：1门30毫米（1.18英尺）GSh-30-2机炮；8个外挂架可挂装4400千克（9700磅）武器。

▼ 苏霍伊设计局 苏-25，战斗机飞行队，科特迪瓦空军，阿比让空军基地

图中所示的是科特迪瓦战斗机飞行队接收（于2003年2月）的2架单座型苏-25其中的1架，这些攻击机在2004年11月之后就失去了勤务能力，当时大部分科特迪瓦空军的飞机都被法军突击队破坏。

技术参数

乘员：1名
发动机：1台推力73.5千牛(16535磅力)的图曼斯基 R-25涡轮喷气发动机
最高速度：2229千米/小时(1385英里/小时)
航程：1160千米(721英里)
实用升限：17800米(58400英尺)
外形尺寸：翼展7.15米(23英尺5.5英寸)；机长(包含空速管)15.76米(51英尺8.5英寸)；机高4.1米(13英尺5.5英寸)
起飞重量：10400千克(22925磅)
武器：在机腹下部装1门23毫米GSh-23双管机炮，载弹量约1500千克(3307磅)。

▼ **米高扬–格列维奇设计局 米格–21bis，马里共和国空军，巴马科空军基地**

马里于上个世纪70年代中期从苏联直接引进了12架米格-21bis和4架米格-21UM。其中1架米格-21UM于1989年失事坠毁，其余的米格-21随后被封存在巴马科空军基地，但是近年来这些飞机之中还有少数零星地在飞行。这些米格-21bis已经被从捷克空军购买的二手米格-21MF所取代。

科特迪瓦（象牙海岸）空军

科特迪瓦于1999—2001年发生了一起成功的军事政变，接下来在2002年9月又开始内战，其空中力量投入到危机四伏的国内战场上。然而，在这种动荡不安的局面下，科特迪瓦政府转向东欧寻求帮助，希望组建一支装备喷气式作战飞机、相对强大的空军力量。直到2004年，科特迪瓦政府军拥有了一支小规模的、以大约4架苏–25攻击机为基础的空军力量，这些苏–25是在2002年从白俄罗斯引进的。这些苏–25（包括2架双座的苏–25UB型）主要供雇佣军使用。除此外，还从博茨瓦纳购买了2架二手的“打击能手”攻击机，从保加利亚购买了2架二手的米格–23MLD截击机。2004年，法军突击队采取了一次行动，不仅将科特迪瓦的大部分飞机破坏，还使剩余的飞机（阿尔法喷气、苏–25和大部分直升机）失去了勤务能力，处于废弃状态。如今，科特迪瓦主要依靠租赁和包机满足运输需要。

技术参数

乘员：2名
发动机：2台斯奈马克/透博梅卡·拉尔扎克04-C6，单台推力13.24千牛（2976磅）
最高速度：1000千米/小时（621英里/小时）
航程：670千米（415英里）
实用升限：14630米（19000英尺）
外形尺寸：翼展9.11米（30英尺）；机长11.75米（38英尺）；机高4.19米（14英尺）
起飞重量：8000千克（17600磅）
武器：1门30毫米（1.18英寸）DEFA 553机炮吊舱；可携带2500千克（5500磅）炸弹、火箭弹和可抛式副油箱。

▼ **达索–道尼尔公司 阿尔法喷气N，尼日利亚空军**

尼日利亚于1981到1986年从道尼尔公司采购了25架阿尔法喷气飞机（而非采取标准做法，从达索公司购买）。其中4架于1990年投入到塞拉利昂的战斗当中。尼日利亚空军中的该型机因各种事故损失了不下9架。

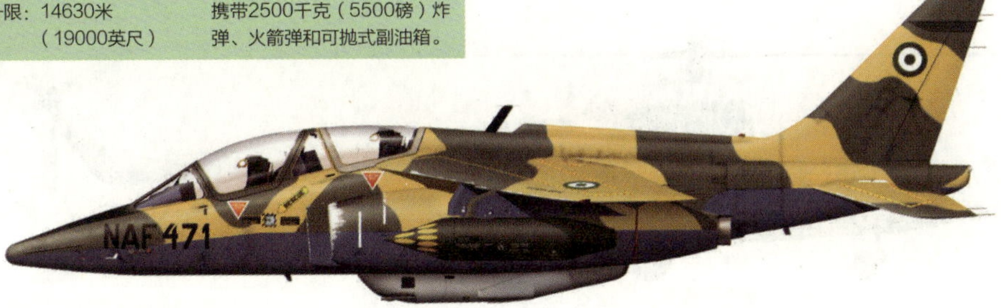

马里空军

马里共和国空军（FARMA）的飞机部署在2个空军基地内（巴马科和加奥），这些基地扮演着联队的角色，每个基地下辖1个战斗机和1个直升机中队。其使用的战斗机型号包括米格-17和米格-21MF，还有L-29喷气式教练机。运输机部队则装备了安-2、安-24/26和BT-67飞机。还有少量的AS350、米-8和米-24直升机在马里空军中服役。马里在阿加彻地带战争中动用其空军成功发起了对布基纳法索的作战行动，同时马里空军还在旨在扑灭图阿雷格叛乱和打击叛军基地（位于尼日尔）的行动中表现活跃。已知的马里空军基地包括：第100空军基地，位于巴马科（已不再使用）；第101空军基地，位于巴马科-赛诺；第102空军基地，位于莫普提-塞瓦雷。

尼日利亚空军和海军航空兵

作为该地区的主导国家，尼日利亚曾经拥有西非实力最强的空中力量，不过目前其武器库中只有一小部分还能够使用。以前尼日利亚空军（NAF）的主力是3个作战联队（装备米格-21和阿尔法喷气的第1和第2中队位于卡诺；3个联队本部分别位于马库尔迪、迈杜古里和凯恩吉），所有这些单位的飞机目前都已不在现役中。然而，从2010年开始，尼日利亚从中国引进了第一批15架新的歼-7战斗机，包含12架单座的歼-7NI截击机和3架双座的FT-7NI教练机，这些战机是和PL-9空对空导弹、火箭弹和炸弹一起交付的，将会部署在马库尔迪。尼日利亚空军中目前唯一的米格-21部队已经被证明是第21换装训练部队，该部队是位于马库尔迪的第64防空大队的一部分，预计该部队的职责是为歼-7部队的组建训练飞行员。

尼日利亚空军的运输力量由第221联队组成，下辖1个运输机中队（C-130H-30和G222）、1个直升机中队（AS332和BO105）、1个特种作战中队（米-24）和1个要员专机中队（BAe125和猎鹰 900）。训练司令部曾经有3个中队（1个中队使

技术参数

乘员：3名	外形尺寸：螺旋桨直径21.35米（69英尺10英寸）；机长18.42米（60英尺5英寸）；机高4.76米（15英尺7英寸）
发动机：2台1545千瓦（2225轴马力）卡里莫夫TV3-117VM涡轴发动机	起飞重量：11100千克（24470磅）
最高速度：250千米/小时（156英里/小时）	武器：6个外挂架可以挂载1500千克（3300磅）的武器。
航程：950千米（594英里）	
实用升限：6000米（19690英尺）	

▼ **米里设计局 米-171Sh，塞内加尔空军，瓦卡姆**

引进米-171Sh直升机是近年来塞内加尔空军现代化升级改造计划的一部分，图中所示这架米-171Sh和另外一架同型机部署在瓦卡姆（驻扎在利奥波德·塞达尔·森格尔国际机场的军用部分）。

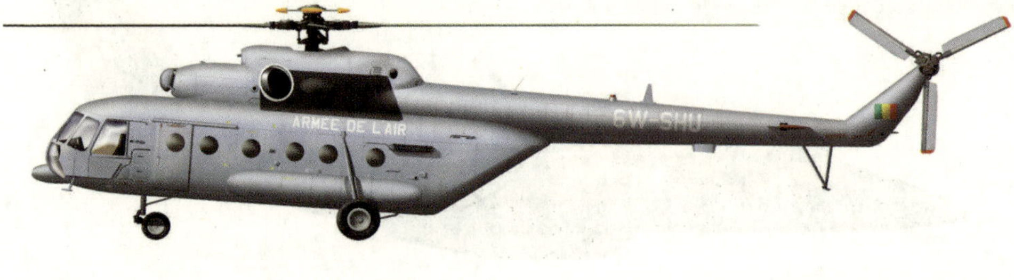

用PC-7，1个中队使用L-39，另1个使用米-34），但是目前可能大部分飞机都已退役。尼日利亚空军装备清单中的其它机型还有：阿尔法喷气教练机、ATR-42MP“测量师”海上巡逻飞机、福克27运输机、“空中甲虫”和“斗牛犬”初级教练机、Do27/28和Do228轻型运输机、MB339喷气式教练机。但这些飞机的勤务状态还是严重的问题。要员专机飞行队也使用一些注册为民用的飞机，机型包括：AW139、波音727、波音737、赛斯纳550、福克28和湾流IV/V。其它的直升机型号还有米-8和米-24/35武装直升机。

一支独立的尼日利亚海空航空兵装备山猫MK89（为部署在尼日利亚海军的护卫舰上而购买）和A109直升机，但是据报道，这些直升机出勤率也很低。

塞内加尔空军

塞内加尔空军由唯一的1个飞行大队组成（第1塞内加尔飞行大队），主要装备运输机和直升机。塞内加尔空军中效率最高的机型是F27战术运输机，是于上个世纪70年代中期引进的，还有2架米-35武装直升机和2架米-171运输直升机，是在最近引进的。“教师”喷气式教练机已经退役，剩下少量的“艾普斯龙”和“拉利耶”235教练机，后者主要作为武装教练机使用。塞内加尔空军主要从达喀尔国际机场执行任务，但也有一些分遣队部署在全国各地。2008年，塞内加尔接收了西班牙捐赠的2架UH-1H和2架C-212。其他的直升机型号还有AS355和米-2。

多哥

多哥空军分别部署在两个主要的空军基地内：尼亚姆图古空军基地和洛美空军基地。尼亚姆图古空军基地驻扎着1个战斗机中队，装备了6架巴西提供的EMB-326GB“沙万提人”，还有1个装备“艾普斯龙”的训练中队。据报道，多哥空军正对彻底翻新手头上的阿尔法喷气教练机并将其重新投入使用（装备战斗机中队）的计划感兴趣。洛美空军基地内驻扎着一个运输机中队，装备DHC-5和直升机；还有1个总统专机中队，装备包括：1架波音707、1架福克28和1架SA365。

技术参数

乘员：2名
发动机：2台斯奈马克/透博梅卡·拉尔扎克04-C6，单台推力13.24千牛（2976磅）
最高速度：1000千米/小时（621英里/小时）
航程：670千米（415英里）
实用升限：14630米（19000英尺）
外形尺寸：翼展9.11米（30英尺）；机长11.75米（38英尺）；机高4.19米（14英尺）
起飞重量：8000千克（17600磅）
武器：1门30毫米（1.18英寸）DEFA 553机炮吊舱；可携带2500千克（5500磅）炸弹、火箭弹和可抛式副油箱。

▼ 达索-道尼尔公司 阿尔法喷气E，多哥空军，尼亚姆图古空军基地

多哥是阿尔法喷气飞机的第一个海外客户，于1977年5月订购了5架。到了2000年，这些飞机中只有3架还在服役，也在当年被封存在尼亚姆图古空军基地内。

较小的中非国家

布隆迪、乍得、刚果布（刚果共和国）、刚果民主共和国、马达加斯加、卢旺达和乌干达

在中非，多年的武装冲突给该地区的空中力量打上了深深的烙印，卢旺达和乌干达的武装力量都被卷入到民主刚果（以前国名叫作扎伊尔，于1997年更换成现在的名字）的战争之中。

除了接下来要进行概述的各国之外，本地区的国家还包括中非共和国，拥有1支小规模的“中非飞行中队”，自1990年发生骚乱以来，该国成为了一个危机四伏的动荡国家，但是其飞行中队中确定有1架C-130、3架直升机，还有少量AL-60轻型运输机。

布隆迪

布隆迪国家陆军维持着一支小规模的空中力量，以1个直升机中队为核心，装备2—4架SA342，至少2架米-8MTV-5和1—2架米-24武装直升机。

▲ 米里设计局 米-24，布隆迪国家陆军，布琼布拉

图中这架米-24属于部署在布琼布拉国际机场的1个未知单位。除了米-24，布隆迪还拥有SA342L“瞪羚”和米-8，或许还有少量留存下来的SA316B云雀III直升机。

技术参数

乘员：1名
发动机：2台推力44.1千牛（9921磅）的图曼斯基R-195涡轮喷气发动机
最高速度：975千米/小时（606英里/小时）
最大作战半径：750千米（466英里）
实用升限：7000米（22965英尺）
外形尺寸：翼展14.36米（47英尺1.5英寸）；机长15.53米（50英尺11.5英寸）；机高4.8米（15英尺9英寸）
起飞重量：17600千克（38800磅）
武器：1门30毫米（1.18英尺）GSh-30-2机炮；8个外挂架可挂装4400千克（9700磅）武器。

技术参数

乘员：2-3名
发动机：2台1600千瓦（2200马力）Isotov TV3-117涡轴发动机
最高速度：335千米/小时（208英里/小时）
航程：1000千米（621英里）
实用升限：4500米（14750英尺）
外形尺寸：旋翼直径17.1米（56英尺7英寸）；机长17.5米（57英尺4英寸）；机高6.5米（21英尺3英寸）
起飞重量：12000千克（26500磅）
武器：1挺12.7毫米（0.5英寸）Yakuchev-Borzov机枪，4个S-8 80毫米（3.15英寸）火箭巢或超过3460千克（7612磅）的火箭弹或导弹。

▼ 苏霍伊设计局 苏-25，乍得国家飞行队，贾梅纳国际机场

TT-QAI号是乍得唯一一架能被识别出来的单座型苏-25（乍得空中力量还接收了2架双座的苏-25UB）。

乍得国家飞行队

乍得国家飞行队以恩贾梅纳国际机场和阿贝歇为基地，包括1个战斗机中队、1个直升机中队和1个运输机中队。2008年，乍得从乌克兰购买了3架苏–25攻击机（据报道共订购6架）。运输机中队的主要装备是安–26和C–130H，直升机中队使用的型号包括：云雀III、AS550、米–8/17/171和米–35。要员专机队装备1架比奇1900和1架DC–9飞机。乍得国家飞行队使用的机型还有：赛斯纳337、PC–6、PC–7、PC–9和SF260W。

刚果空军

刚果（刚果布）空军的组织结构和部队情况目前还不得而知，但在1990年，其基础是由法国提供的直升机及由苏联制造的战斗机和运输机。到2001年，这些飞机中留存下来的多数已不能使用了。

刚果民主共和国空军

20世纪90年代末之后，刚果民主共和国空军就进入了一种混乱的状态，目前，其所有的作战飞机（包括MB326和米格–23）

技术参数

乘员：1名
发动机：1台推力73.5千牛(16535磅力)的图曼斯基 R-25涡轮喷气发动机
最高速度：2229千米/小时(1385英里/小时)
航程：1160千米(721英里)
实用升限：17800米(58400英尺)
外形尺寸：翼展7.15米(23英尺5.5英寸)；机长(包含空速管)15.76米(51英尺8.5英寸)；机高4.1米(13英尺5.5英寸)
起飞重量：10400千克(22925磅)
武器：在机腹下部装1门23毫米GSh-23双管机炮，载弹量约1500千克(3307磅)。

▼ 米高扬–格列维奇设计局 米格–21bis，刚果（刚果布）空军，黑角空军基地

图中这架米格-21bis采用刚果（刚果布）空军的涂装，处于1999年9月时的状态，是刚果最后2架能够使用的米格-21之一，当时这2架米格-21驻扎在黑角空军基地。

技术参数

乘员：1名
发动机：2台推力44.1千牛（9921磅）的图曼斯基R-195涡轮喷气发动机
最高速度：975千米/小时（606英里/小时）
最大作战半径：750千米（466英里）
实用升限：7000米（22965英尺）
外形尺寸：翼展14.36米（47英尺1.5英寸）；机长15.53米（50英尺11.5英寸）；机高4.8米（15英尺9英寸）
起飞重量：17600千克（38800磅）
武器：1门30毫米（1.18英尺）GSh-30-2机炮；8个外挂架可挂装4400千克（9700磅）武器。

▼ 苏霍伊设计局 苏–25，刚果民主共和国空军，恩吉利国际机场

图中这架苏-25是刚果民主共和国于1999年11月引进的4架该型机其中之一。在这之后，已经有2架因为事故坠毁，还有2架留存，都驻扎在恩吉利国际机场的军用部分，很少起飞。

据信都已经封存起来，只剩下少量米-35直升机还能使用。刚果民主共和国于1999年从格鲁吉亚购买了4架苏-25攻击机，但到现在，只有2架还能用。据报道，刚果民主共和国空军的运输机型号包括：安-26、C-47、C-130、DHC-5和岛民。被提及的直升机型号还有：AS332、米-26、SA316和SA330。

马达加斯加空军

马达加斯加空军的所有作战飞机（包括米格-17和米格-21）和大部分以前装备的运输机都于上个世纪90年代中期封存在伊瓦多。据报道，在2008年，这些飞机已经作为废品处理了。留存下来的机型有米-8直升机，或许还有少量轻型固定翼飞机。

技术参数

乘员：1名
发动机：1台推力73.5千牛(16535磅力)的图曼斯基 R-25涡轮喷气发动机
最高速度：2229千米/小时(1385英里/小时)
航程：1160千米(721英里)
实用升限：17800米(58400英尺)
外形尺寸：翼展7.15米(23英尺5.5英寸)；机长(包含空速管)15.76米(51英尺8.5英寸)；机高4.1米(13英尺5.5英寸)
起飞重量：10400千克(22925磅)
武器：在机腹下部装1门23毫米GSh-23双管机炮，载弹量约1500千克(3307磅)。

▼ 米高扬-格列维奇设计局 米格-21bis，马达加斯加空军，伊瓦多空军基地

与马达加斯加空军曾经装备过的大部分飞机一样（只有少量直升机除外），所有的米格-21bis都已经退役并且被废弃在伊瓦多空军基地。

技术参数

乘员：2-3名
发动机：2台1600千瓦（2200马力）Isotov TV3-117涡轴发动机
最高速度：每小时335千米（每小时208英里）
航程：1000千米（621英里）
实用升限：4500米（14750英尺）
外形尺寸：旋翼直径17.1米（56英尺7英寸）；机长17.5米（57英尺4英寸）；机高6.5米（21英尺3英寸）
起飞重量：12000千克（26500磅）
武器：1挺12.7毫米（0.5英寸）Yakuchev-Borzov机枪，4个S-8 80毫米（3.15英寸）火箭巢或超过3460千克（7612磅）的火箭弹或导弹。

▼ 米里设计局 米-24，作战中队，卢旺达空军，基加利

图中这架米-24属于卢旺达空军作战中队（显然这是官方名称，该部队有时候也被称为米-24中队），该机以基加利国际机场的军用部分为基地。

卢旺达空军

卢旺达在上个世纪90年代经历了长期的内战，如今，其空军据悉拥有2个作战中队，其中1个中队装备2架米-24武装直升机，另1个中队装备大约8架米-8/17运输直升机。还有1架AS355和1架SA365仍然在使用中。

技术参数

乘员：1名
发动机：1台推力73.5千牛(16535磅力)的图曼斯基 R-25涡轮喷气发动机
最高速度：2229千米/小时(1385英里/小时)
航程：1160千米(721英里)
实用升限：17800米(58400英尺)
外形尺寸：翼展7.15米(23英尺5.5英寸)；机长(包含空速管)15.76米(51英尺8.5英寸)；机高4.1米(13英尺5.5英寸)
起飞重量：10400千克(22925磅)
武器：在机腹下部装1门23毫米GSh-23双管机炮，载弹量约1500千克(3307磅)。

乌干达人民国防军

乌干达空军的主力部队是：1个战斗机中队，装备6架米格-21；1个直升机中队，装备米-8/17和1架米-24。其他的机型还有：少量贝尔206、3架L-39和1架SF260教练机，2架运-12运输机。

▼ 米高扬-格列维奇设计局 米格-21bis，乌干达人民国防军

图中这架米格-21是乌干达经由以色列，从波兰购买的6架该型机之一，经过了以色列飞机工业公司的彻底检修。直到现在已经因为事故损失了3架。乌干达其他的米格-21战斗机来自乌克兰。

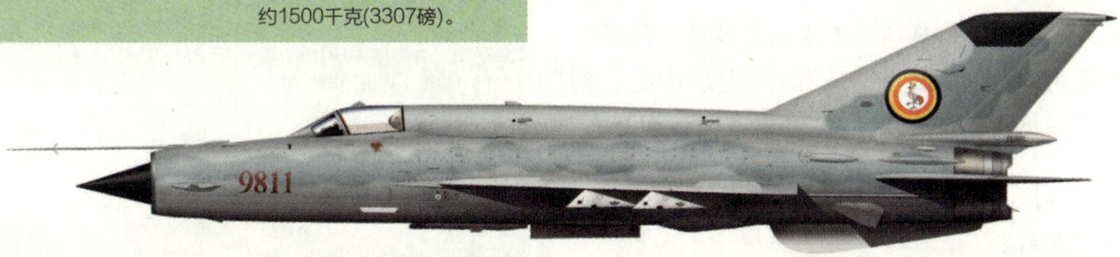

南非

南非空军

南非空军（SAAF）的实力在撒哈拉以南的非洲地区是首屈一指的，其空中力量久经实战考验并且拥有较高的装备水平，目前正处于引进一定数量先进新装备的过程中。

最初于1920年建立的南非空军，如今的经费预算与前些年相比要少得多，但还是努力在该地区保持优势地位。目前其主战力量首推28架狮鹫战斗机。其他的新装备还有：14架鹰Mk120、4架超级山猫300、30架A109通用直升机。同时，南非空军中的旧装备也退出了现役，而且根据合理化进程，关闭了一些不必要的空军基地。

南非空军中唯一一支现役的战斗机部队是第2中队，位于马克哈多空军基地，装备狮鹫战斗机。第16中队装备11架石茶隼式武装直升机，位于布卢姆斯普雷特空军基地。南非空军的运输机部队以沃特克鲁夫空军基地为中心，兵力包括：第28中队，装备C-130BZ；第44中队，装备C-212、CN235和赛斯纳185；第41中队，装备比奇200/300、赛斯纳208和PC-12；还有第21中队，一支混编要员专机部队。第35中队，装备C-47TP，主要执行海上巡逻任务，位于斯特普拉特空军基地。

训练大纲

南非空军的飞行学员在使用位于马克哈多空军基地的鹰式教练机（属于第85作战飞行学校）之前，先要在位于朗厄班韦赫地区的中央飞行学校进行训练，该地区还驻扎着“银隼”飞行表演队。直升机飞行员则在位于布卢姆斯普雷特空军基地的第87直升机飞行学校，使用A109、BK117和“大羚羊”直升机进行训练。

位于斯特普拉特空军基地的第22中队是一支混编直升机部队，装备采用海上任务配置的超级山猫和大羚羊直升机。第15中队的飞机部署在德班和伊丽莎白港，装备大羚羊和BK117。第17和第19中队同时装备A109和大羚羊，以斯普瑞特和沃特克鲁夫为基地。南非空军还拥有1支测试飞行队和1所发展中心，对多种机型进行测试飞行，坐落于澳沃贝格。

▲ **南非丹尼尔（Denel）公司 AH-2 石茶隼**

石茶隼项目于1984年启动，于1990年制造出第一架样机。这种武装直升机的作战能力有限，并且到目前为止，只为南非空军生产出12架。

技术参数

乘员：1名
发动机：1台推力80.5千牛（18100磅）的通用电气/沃尔沃公司RM12涡扇发动机
最高速度：2450千米/小时（1522英里/小时）
航程：4000千米（2485英里）
起飞重量：16500千克（36376磅）
外形尺寸：翼展8.6米；机长15.2米；机高4.5米
武器：1门27毫米（1.06英寸）毛瑟BK-27机炮，6个外挂架可以携RB71型天闪(Sky Flash)和Rb24“响尾蛇”空空导弹，小牛空对地导弹以及其他武器。

▼ **萨博集团 JAS39C 狮鹫，第2中队，马克哈多空军基地**

第1批2架单座型狮鹫于2009年11月交付给南非空军。狮鹫战斗机取代了以前作为南非空军主力战斗机的猎豹C/D，一共订购了17架JAS39C和9架双座的JAS39D。

较小的南部非洲国家

博茨瓦纳、纳米比亚、赞比亚和津巴布韦

尽管本地区相对比较和平（曾经强大的莫桑比克空中力量实际上已经解散），但津巴布韦政局不稳的状况还是引起了周边国家的警惕。

较小的南部非洲国家通常拥有着跟国家面积同样比例的空中力量。最小的莱索托和斯威士兰只有小规模的空中力量，主要执行准军事任务，而他们在该地区的邻国，大都装备有各型喷气式飞机。

博茨瓦纳国防军飞行联队

博茨瓦纳国防军飞行联队于1977年创立，最重要的基地是莫莱波洛莱，但是哈博罗内和弗朗西斯敦基地也可以使用。主要的作战部队是Z28中队，装备前加拿大空军的二手CF-5A/D。这些战斗机是博茨瓦纳于1996年订购的，总共13架，在2000年又增购了5架。博茨瓦纳国防军飞行联队的运输机部队包括：Z10中队，装备C-212、CN235和C-130B；Z1和Z12中队，装备岛民飞机。直升机部队包括：Z21和Z23中队，装备AS350和贝尔412。训练部队包括：Z7中队，装备PC-7。还有Z3中队，装备O-2A观测机，职责是发动反偷猎行动。要员专机飞行队位于莫莱波洛莱，包括1架贝尔412、1架比奇200和1架湾流IV。

纳米比亚国防军

纳米比亚的飞行中队包括1所私营的基础飞行学校和1所喷气式飞机飞行学校（使用由中国援助并派员实际操作的K-8教练机），还有1个战斗机中队，装备12架歼-7战斗机，该中队还在组建的过程中，但1个装备米-8、米-35、SA315/316的直升机中队和1个装备安-12、安-26和运-12的运输机中队已经积极展开行动，1支要员专机飞行队也可以执行任务。

赞比亚空军和防空部队

赞比亚有1个战斗机中队（曾经装备米格-19和米格-21），目前已经解散，只剩下1个装备K-8教练机的喷气式飞机训练中队，1个装备2架运-12的运输中队，1个装备AB205、AB212和米-8的直升机中队，有报道说还有1架米-24武装直升机。此外，赞比亚的专机飞行队似乎已经不在勤务状态。

津巴布韦空军

津巴布韦空军（AFZ）于20世纪90年代末期开始介入刚果民主共和国的武装冲突，以前津巴布韦空军有两座基地，分别是圭鲁-桑希尔和哈拉雷-马尼阿梅空军基地。津巴布韦空军中作战能力最强的机型是歼-7战斗机，有20架歼-7在津巴布韦空军中服役，其中包括2架双座的歼教-7，这些战斗机都参加了对刚果的战斗部署行动。训练

技术参数

乘员：1名
发动机：2台推力13千牛(2925磅力)的奥伦达公司制J85-GE-15涡轮喷气发动机
最高速度：1575千米/小时(978英里/小时)
航程：1400千米(660英里)
实用升限：12000米(41000英尺)
外形尺寸：翼展7.87米(25英尺10英寸)；机长14.38米（47英尺2英寸）；机高4.01米(13英尺2英寸)
起飞重量：9249千克(20390磅)
武器：机鼻上安装2门M39A2 20毫米(0.78英寸)机炮；2枚AIM-9响尾蛇空对空导弹，可挂装3200千克(7000磅)重的武器。

▼ 加拿大航空公司 CF-5A自由战斗机，Z28中队，博茨瓦纳国防军飞行联队，莫莱波洛莱空军基地

虽然机型写的是CF-5，但博茨瓦纳购买的前加拿大空军二手自由战斗机实际上是CF-116。这些战斗机于1996年开始交付，在这之前都经过了一定的改进，以适应加拿大空军对大黄蜂战斗机的过渡引入训练任务。

部队主要依靠大约30架SF260和11架K-8，后者取代了刚刚退役的鹰式教练机。津巴布韦空军的运输机部队部署在首都哈拉雷，兵力包括：1架安-12和1架伊尔-76，部分C-47TP、C-212和岛民飞机，还有大约15架FTB-337G“空中霸王”轻型运输机。津巴布韦空军的直升机部队主要依靠部分AB412和云雀III，还有6架米-24/35，后者参加过在刚果的战场行动。津巴布韦空军的要员专机运输飞行队装备2架AS532直升机，1架BAe146，可能还有少量留存下来的雅克-40飞机。

技术参数

乘员：2名

发动机：1台16.01千牛(3600磅)的盖瑞特TFE731-2A-2A涡扇发动机

最高速度：800千米/小时(498英里/小时)

航程：2250千米(1398英里)

实用升限：13000米(42650英尺)

外形尺寸：翼展9.63米(31英尺7英寸)；机长11.6米(38英尺)；机高4.21米（13英尺9英寸）

起飞重量：4330千克(9546磅)

武器：1门23毫米机炮吊舱，5个挂架可携带1000千克(2205磅)外挂燃料箱和武器。

中航工业江西洪都航空工业集团有限责任公司K-8，纳米比亚国防军，温特和克

现在看来纳米比亚只接收了4架K-8喷气式教练机，尽管中国方面的数据显示是交付了12架。中国对纳米比亚国防方面的影响是显著的，纳米比亚的飞行学员通过K-8教练机学会飞行之后，将会转到歼-7战斗机部队服役。

技术参数

乘员：2名

发动机：1台16.01千牛(3600磅)的盖瑞特TFE731-2A-2A涡扇发动机

最高速度：800千米/小时(498英里/小时)

航程：2250千米(1398英里)

实用升限：13000米(42650英尺)

外形尺寸：翼展9.63米(31英尺7英寸)；机长11.6米(38英尺)；机高4.21米（13英尺9英寸）

起飞重量：4330千克(9546磅)

武器：1门23毫米机炮吊舱，5个挂架可携带1000千克(2205磅)外挂燃料箱和武器。

中航工业江西洪都航空工业集团有限责任公司K-8，赞比亚空军和防空部队，恩多拉市

赞比亚一共购买了8架K-8，图中所示的是第1架在赞比亚未知训练单位服役的K-8教练机，基地位于赞比亚中北部的恩多拉市。作为一个苏制武器的前客户，赞比亚空中力量现在越来越转向中国。

技术参数

乘员：1名

发动机：1台推力68.65千牛(15432磅)的涡喷-13F加力涡轮喷气发动机

最高速度：2177千米/小时(1352英里/小时)

最大航程：1480千米(920英里)

实用升限：18200米(59711英尺)

外形尺寸：翼展7.15米(23英尺5.5英寸)；机长(包括空速管)15.76米(51英尺8.5英寸)；机高4.1米(13英尺5.5英寸)

起飞重量：10400千克(22925磅)

武器：1门23毫米机炮，可携带1500千克(3307磅)武器。

中航工业成都飞机工业（集团）有限责任公司歼-7NI，第5中队，津巴布韦空军，圭鲁空军基地

只有少量歼-7NI交付给津巴布韦空军，图中所示的是其中之一，绝大多数津巴布韦空军的歼-7N战斗机被NII型所替代（不同点是NII型有4个外挂架）。津巴布韦还购买了歼教-7BZ型。所有的歼-7战斗机都属于第5中队"箭"，部署在圭鲁空军基地。

第八章

大洋洲

澳大利亚和新西兰拥有该地区最重要的空中力量，澳大利亚国防军（ADF）的航空部队可提供强大的防御能力，以抵御可能来自东南亚国家的入侵。澳大利亚和新西兰都与美国签署了太平洋共同防卫组织（ANZUS）防御条约，并且支持联合国在太平洋地区的维和行动。皇家新西兰空军近年来一直活跃在东帝汶，而澳大利亚国防军参加的作战行动包括持久自由和伊拉克自由行动，以及联合国在东帝汶的任务，还有一些在非洲和大洋洲的小规模行动。

澳大利亚

澳大利亚皇家空军、海军舰队航空兵和陆军航空兵

澳大利亚拥有漫长的海岸线，需要一支强大的国防力量，而澳大利亚国防军三军的航空部队则在维护国家主权上发挥了关键作用。

澳大利亚国防军引进了一系列引人注目的新装备，包括：6架“楔尾”空中早期预警和控制（AEW&C）平台和作为F-111继承者的F/A-18F打击战斗机。确定加入澳大利亚国防军新装备阵容的还有大约100架F-35，预计从2012年开始取代“遗留”的旧型号F/A-18①。

澳大利亚皇家空军（RAAF）的新运输机包括4架C-17A，这些战略运输机为澳大利亚国防军提供了全球快速响应投送能力，还可以用来快速部署支奴干、MRH90和虎式等直升机；还有5架KC-30A加油机，这些新加油机取代了现有的波音707加油机，为澳大利亚国防军提供空中加油能力，还可以作为战略

澳大利亚皇家空军					
空军司令部，格兰布鲁克			**监视和报知大队**		
直属单位			**第42联队，威廉镇**		
航空行动支援大队	F/A-18A/B、PC-9/A、P-3C	爱丁堡	第2中队	“楔尾”预警机	威廉镇
空中作战大队，威廉镇			**空运大队，列治文**		
第78联队，威廉镇			**第84联队，列治文**		
第76中队	鹰 Mk127	威廉镇	第32中队	比奇350	东塞尔
第79中队	鹰 Mk127	皮尔斯	第33中队	KC-30A	安伯利
第2机种转换训练部队（OCU）	F/A-18A/B	威廉镇	第34中队	波音737-BBJ、CL-604	堪培拉国际机场
第81联队，威廉镇			**第86联队，列治文**		
第3中队	F/A-18A/B	威廉镇	第36中队	C-17A	安伯利
第76中队	F/A-18A/B	廷德尔	第37中队	C-130H/J	列治文
第77中队	F/A-18A/B	威廉镇	海上巡逻大队		
第82联队，安伯利			**第92联队，爱丁堡**		
第1中队	RF/F-111C、F/A-18F	安伯利	第10中队	AP-3C	爱丁堡
第6中队	F-111C、F/A-18F	安伯利	第11中队	AP-3C	爱丁堡
注：F/A-18F从2010年开始取代第1和第6中队的F-111。			第292中队	AP-3C	爱丁堡
前线空中控制开发部队	PC-9/A	威廉镇	**训练司令部，威廉姆斯**		
			中心飞行学校	PC-9/A	东塞尔
			第2战术训练中队	PC-9/A	皮尔斯

① 目前看来该计划难以实现。

技术参数

乘员：2名
发动机：2台推力97.9千牛(22000磅)的通用电气F414-GE-400加力涡扇发动机
最高速度：1900千米/小时(1190英里/小时)
最大航程：3330千米(2070英里)
实用升限：15000米(50000英尺)
外形尺寸：翼展13.62米(44英尺8英寸)；机长18.31米(60英尺1英寸)；机高4.88米(16英尺)
起飞重量：29900千克(66000磅)
武器：1门20毫米(0.78英寸)M61A2火神机炮、11个外挂点可携带6145千克(13550磅)的各型武器。

▼ **麦道/波音/诺斯洛普公司 F/A-18F 超级大黄蜂，第1中队，安伯利皇家空军基地**

澳大利亚皇家空军最新型的战机是双座的F/A-18F。该机型作为F-111的成功继承者，于2010年开始共引进了24架。

加油机使用。

澳大利亚国防军的直升机部队也在进行现代化，代表作是新购买的46架MRH90运输直升机，这些新直升机最终将会取代陆军现有的S-70A、UH-1H和海军使用的海王。澳大利亚国防军将会在MRH90和MH-60R中选择一种作为新的海上直升机，以取代现有的S-70B。澳大利亚皇家空军装备的第一种无人飞机是“苍鹭”1，这种无人机已经获得加拿大陆军的青睐，而且已经被应用于阿富汗战场。

▼ **洛克希德·马丁公司 AP-3C 猎户座**

澳大利亚皇家空军AP-3C飞机的母单位是海上巡逻大队，但越来越多地被用于执行陆地任务。经过改进的AP-3C携带新的任务设备，包括多模式雷达和新型光电传感器。

战斗序列

澳大利亚皇家空军的组织结构分为：空中作战大队（ACG）、监视和报知大队（SRG）、空运大队（ALG）和训练部队。

澳大利亚皇家海军舰队航空兵		
第723中队	AS350、A109	瑙拉
第816中队	S-70B	瑙拉
第817中队	海王Mk50A/B	瑙拉

澳大利亚陆军航空部队		
第1航空团		
第161（R）中队	贝尔206/CA-32，虎ARH	达尔文市
第162（R）中队	贝尔206/CA-32，虎ARH	汤斯维尔
第171（GS）中队	S-70A	霍尔斯沃西
第173（GS）中队	比奇350，比奇 200	奥基
第5航空团		
A中队	MRH90	汤斯维尔
B中队	S-70A	汤斯维尔
C中队	CH-47D	拉瓦拉克兵营/汤斯维尔
陆军航空学校		
贝尔206/CA-32，虎ARH，S-70A		奥基

后者还包含澳大利亚皇家空军特技飞行表演队“转盘”，装备PC-9/A教练机。

澳大利亚陆军航空部队（AAAvn）的主力机型是虎式武装侦察直升机（ARH），一共订购了22架。以前陆军空中机动部队装备6架CH-47D和35架S-70A，现在，随着MRH90的到来，UH-1H开始退役。陆航部队中的陆军第171中队主要执行反恐任务。澳大利亚陆军航空部队和皇家海军（RAN）的直升机飞行员培训由陆军航空学校负责。

澳大利亚皇家海军航空部队的中心基地是瑙拉，该基地也是澳大利亚唯一的海军航空站。S-70B直升机部署在澳大利亚皇家海军的护卫舰上。现有的海王海上支援直升机将要被MRH90所取代。AS350和A109直升机被用于新型直升机的飞行员引入过渡训练、观测和机组人员训练，还在偶尔执行舰载直升机任务。

技术参数

乘员：3—4名

动力系统：2台1210千瓦(1622马力)通用电气T-700-GE-401涡轴发动机

最高速度：357千米/小时(222英里/小时)

航程：2220千米(1380英里)

实用升限：5790米(19000英尺)

外形尺寸：螺旋桨直径16.36米(53英尺8英寸)；机长19.76米(64英尺10英寸)；机高5.13米(16英尺10英寸)

起飞重量：11113千克(24500磅)

武器：2挺7.62毫米舱门机枪，AGM-119“企鹅”反舰导弹，MK46鱼雷。

▼ 西科斯基飞机公司 S-70B-2海鹰，第816中队，安扎克号护卫舰地

如图所示，这架S-70B-2直升机携带AGM-119“企鹅”反舰导弹，该机是16架以瑙拉为陆上基地的同型机之一。其他的武器还有7.62（0.3英寸）舱门机枪和Mk46鱼雷。

技术参数

乘员：2名

动力系统：2台958千瓦(1303马力)MTU/罗·罗/特博梅卡MTR 390涡轴发动机

最高速度：315千米/小时(196英里/小时)

航程：800千米(500英里)

实用升限：4000米(13000英尺)

外形尺寸：旋翼直径13米(42英尺8英寸)；机长14米(46英尺2英寸)；机高3.83米(12英尺7英寸)

起飞重量：6000千克(13000磅)

武器：4个短翼下挂架可携带地狱火II空对地导弹和4枚空对空导弹。

▼ 欧洲直升机公司 虎ARH，第1航空团，第161（R）中队，罗伯茨兵营，达尔文市

图中这架虎式直升机携带地狱火II空对地导弹，该机是澳大利亚陆航在ARH项目中引进的22架虎式武装直升机之一，装备第161（R）和第162（R）中队，取代了刚刚退役的贝尔206B/CA-32还有UH-1H“炮艇机”。

▲洛克希德·马丁公司 C-130H 大力神

图中的大力神运输机属于澳大利亚皇家空军第37中队，部署于悉尼附近的列治文皇家空军基地，该中队装备有于1978年引进的C-130H，还有最新的C-130J（1999年抵达澳大利亚）。这些C-130用于运输部队、空投伞兵和货物，还有特种部队的渗透作战。

新西兰

新西兰皇家空军

新西兰皇家空军（RNZAF）的职责是捍卫领土和主权——该国拥有世界上面积最大的专属经济区。新西兰皇家空军的部队以海上巡逻、运输和直升机部队为基础。

新西兰皇家空军由三支部队组成，分别是：皇家空军海上巡逻部队、固定翼运输机部队和直升机运输部队。海上巡逻部队包括第5中队，装备6架P-3K，驻扎在奥克兰皇家空军基地；固定翼运输机部队由第40中队组成，装备5架C-130H和2架波音757-200运输机，也驻扎在奥克兰；直升机运输部队部署在奥哈基皇家空军基地，拥有装备UH-1H直升机的第3中队。

第42中队的职责是训练多发飞机飞行

◀卡曼公司 SH-2G 超级海妖

第6中队的超级海妖直升机同时被海、空军人员使用，飞行员都来自海军，但海军飞行员都是由空军培训的。这些直升机部署在特马纳号和特卡哈号护卫舰的甲板上。

员，使用5架“空中国王”200。该中队部署在奥哈基皇家空军基地，和直升机转换训练飞行队（属于第3中队）驻扎在一起。直升机转换训练飞行队是新西兰皇家空军UH-1H部队必需的培训单位，使用5架“苏族”直升机对飞行员进行转换训练。在奥哈基基地还有1个飞行员训练中队（PTS）和1所中央飞行学校（CFS），这两个单位共享14架CT-4“空中教练员”教练机，中央飞行学校负责教授飞行教练课程，还负责新西兰皇家空军飞行表演队“红跳棋”的后勤补给。

新西兰皇家空军购买了8架NH90直升机以取代现有的UH-1H，而训练单位拥有的“苏族”直升机将会更换成A109轻型通用直升机。

有5架SH-2G“超级海妖”直升机以海军的名义隶属于第6中队，该中队也是一个皇家空军/海军混编部队。不在皇家海军战舰上执勤的时候，这些“超级海妖”驻扎在弗努阿派的奥克兰皇家空军基地。

技术参数

乘员：11+4名
发动机：4台4910轴马力的艾莉森T-56-A-14涡轮螺旋桨发动机
最高速度：750千米/小时（466英里/小时）
航程：9000千米(5592英里)
实用升限：10400米（34100英尺）
外形尺寸：翼展30.38米（99英尺8英寸）、机长35.61米（116英尺10英寸）、机高10.29米（33英尺9英寸）
起飞重量：64400千克（142000磅）
武器：弹舱可携带9000千克（20000磅）的导弹、鱼雷、水雷和深水炸弹。

▲洛克希德·马丁公司 P-3K 猎户座，第5中队，奥克兰皇家空军基地

新西兰皇家空军拥有6架P-3K猎户座。首批5架是作为P-3B型于1966年购进的，又在1985年购买了1架澳大利亚皇家空军库存的P-3B。全部6架猎户座巡逻机都在80年代初期进行了航电设备升级，完成升级之后，型号名称改为P-3K。新西兰皇家空军的P-3K曾经在波斯湾执行任务，还在2003年5月到2004年2月间派出分遣队支援联军的“持久自由”行动。